Kellenberger | Rüegg

Vom Stein zur Atombombe

Vom Stein zur Atombombe

Ein Einblick in die
Wehrtechnik und Militärgeschichte
der europäisch-atlantischen Welt

Adolf Kellenberger
Text

Rosmarie Rüegg
Zeichnungen

Titelbild: Boeing B-29 und Hiroshima-Bombe „Little Boy"

Bibliografische Information der Deutschen Nationalbibliothek:
Die Deutsche Nationalbibliothek verzeichnet diese Publikation in der Deutschen Nationalbibliografie; detaillierte bibliografische Daten sind im Internet über dnb.dnb.de abrufbar.

Herstellung und Verlag: BoD – Books on Demand, Norderstedt

ISBN: 978-3-7504-8745-1

Inhaltsverzeichnis

Prolog

Die Natur hat dem Menschen den Reißzahn des Affen, die Pranken des Löwen und die Schnelligkeit des Pferdes versagt. Dafür gab sie uns die Zweischneidigkeit der Intelligenz. Werkzeuge und Waffen, die sich im Laufe der Jahrtausende vom Steinsplitter zum bearbeiteten Feuerstein entwickelten, sind erste Zeugen einer aggressiven Evolution, die bis heute nicht abgeschlossen ist.

Vom steinbewehrten Speer oder Pfeil zu den tief in ihren Silos drohenden Atomwaffen der Gegenwart war nochmals ein langer Weg.

Die Waffe, ursprünglich der Jagd und der Selbstverteidigung dienend, hat heute eine Eigendynamik entwickelt, die sich gegen die ursprüngliche Aufgabe richtet.

Einleitung

Die Probleme unserer Zeit sind global geworden. Niemand kann sich ihnen mehr entziehen. Die Rückbesinnung auf ursprüngliche Gemeinsamkeiten und das Wissen um den eigenen Weg werden immer wichtiger. In unserer Zeit mit ihren politischen, sozialen, wirtschaftlichen und technischen Umwälzungen vollzieht sich der Wandel (im Frieden wie im Kriege) mit zunehmender Geschwindigkeit. Der Druck nach immer mehr Leistung in immer kürzer werdenden Zeitintervallen lässt sich in allen Bereichen feststellen. Parallel zu diesem Leistungsdruck sind Trends zu immer komplexeren Organisationen, Produkten und Systemen feststellbar. Diese Vorgänge, die auch die Innovationszeit laufend verkürzen, führten zu einer hochgradigen Arbeitsteilung, die ihren sprachlichen Ausdruck im Begriff „Spezialist" fand. Diese Entwicklung können wir nicht aufhalten, aber das Bewusstsein für das Wesentliche, das Ganze, sollte erhalten bleiben. Die Kriegs- und Militärgeschichte, ja das gesamte Wehrwesen an sich, ist wiederum nur ein kleiner Teil in unserem menschlichen Dasein. Nicht zu klein, im Guten wie im Bösen, ist der Anteil der europäisch-atlantischen Waffen- und Kriegsgeschichte.

Der vorliegende Einblick in die Waffen- und Kriegsgeschichte Europas und der atlantischen Welt soll für an diesem Gebiet Interessierte Versuch und Ansporn sein, sich der Basis zu erinnern, auf die sich die allgemeine Waffentechnik und das Wehrwesen der Gegenwart bis kurz vor der Jahrtausendwende abstützten. Aus verständlichen Gründen konnte im Rahmen dieser Arbeit nur auf die großen, und für die Thematik wesentlichen Ereignisse eingegangen werden.

Ursprung

Seit über fünf Millionen Jahren leben Menschen auf der Erde, ein kurzer Augenblick, verglichen mit dem Alter unseres Planeten von ca. 4,6 Milliarden Jahren. Die frühesten Spuren menschenähnlicher Wesen wurden in Afrika gefunden. Um diese Zeit hatten die Ozeane und Kontinente mehr oder weniger ihre heutige Form angenommen.

Das 170 Millionen Jahre dauernde Zeitalter der Dinosaurier war längst vorüber; die Säugetiere hatten ihr Erbe angetreten. Die Vorfahren des Löwen, Elefanten und Nashorns waren um diese Zeit schon vorhanden, wie auch die kleinen Ahnen von Pferd, Wolf, Rind Schwein und Hirsch. Eine spezielle, affenähnliche Spezies ging um diese Zeit bereits aufrecht, bewohnte offene Flächen am Rande von Wäldern und lebte von Pflanzen, Früchten und kleinen Tieren. Aber im Gegensatz zu den übrigen Tieren zerlegten und zerkleinerten diese Wesen ihre Nahrung nicht mehr mit ihren natürlichen Werkzeugen, den Zähnen und Klauen, sondern mit den Kanten bearbeiteter Steine. Auf eine für uns immer noch nicht erfassbare Art hatten diese Wesen begonnen, sich aus dem millionenalten, komplizierten Kampf zwischen Fressen und Gefressen werden herauszulösen und die Grenze ihrer körperlichen Leistungsfähigkeit durch geistige Leistungen immer weiter hinauszuschieben.

Vor 15 000 bis 10 000 Jahren hatten die Nachkommen dieser Geschöpfe die Kontinente der Erde fast ganz besiedelt. Der erste Mensch (Homo erectus), der das Feuer beherrschen lernte und sich über Afrika hinaus verbreitete, lebte vor über 500 000 Jahren. In einer Zeitspanne von mehr als 200 000 Jahren drang er über die Ostküsten des Mittelmeeres nach Europa und Asien vor bis hin nach Java und Peking. Ihm folgte der Neandertaler vor ca. 70 000 Jahren. Überreste dieses Menschentyps finden sich von Südfrankreich bis Nordchina. Etwa von 50 000 bis 12 000 Jahren lebte der „Cro-Magnon"-Mensch in Europa, Nordafrika und den Kanaren. Mit ihm begann die Aufspaltung in die Großrassen der Gegenwart. Die verschiedenen Klimazonen, in denen der Mensch sich heimisch machte, sind einer der Gründe für die Herausbildung der drei wichtigsten Menschenrassen, die mit vielen Unterrassen heute noch bestehen. Die Ausbreitung des Menschen über die Erde wurde vor ca. 30 000 Jahren abgeschlossen als über die damalige Landbrücke, an der Stelle, wo heute die Beringstraße Asien von Amerika trennt, Nord- und Südamerika besiedelt wurden. Um diese Zeit drang der Mensch auch nach Australien vor, als dieser Kontinent von Asien aus leicht zu erreichen war. Die Ureinwohner Australiens stammen vermutlich von einer frühen Form der Europiden ab, die sich in Asien isoliert entwickelten, wie übrigens auch die Ainu Nordjapans und die Wedda Südindiens.

Zu den am meisten verbreiteten Rassegruppen gehören Negride, Mongolide und Europide. Zur letzteren Gruppe zählen außer den Europäern die Hamiten Nordafrikas, die Semiten und die vorderasiatischen Völker bis Indien. Der Europäer war Jahrtausende lang auf das Mittelmeer fixiert. Er war eine Rasse unter Rassen. Das Weltbild des Europäers war noch bis vor 500 Jahren sehr klein. Nord- und Südamerika, Australien, Ozeanien, Afrika südlich der Sahara und die riesige Landmasse Nordasiens waren völlig oder nahezu unbekannt.

Bis zu dieser Zeit war der Europäer den anderen Rassen wenig voraus. Das änderte sich erst mit dem gezielten Einsatz der Wehrtechnik auf dem Gebiet der Feuerwaffen, der Entwicklung des hochseegängigen Rahseglers im Zuge der allgemeinen Förderung des Seewesens, der Erfindung des Buchdruckes und dem Aufschwung und der Ausbreitung der europäischen Weltwirtschaft. Gerade letzterer Aspekt wird oft verkannt, denn obwohl die wirtschaftliche Macht Europas im Spätmittelalter unbedeutend war, konnte sie sich dennoch durchsetzen und wurde zum Zentrum eines weltumspannenden Wirtschaftssystems, das bis zum Ende des ersten Kolonialzeitalters bis zu den amerikanischen Unabhängigkeitskriegen klare Konturen gewann. Es scheint, dass dieser Aufschwung gerade wegen der politischen Zersplitterung Europas begünstigt wurde. Denn das Europa des späten Mittelalters, am Vorabend der Expansion nach Übersee, war die erste Weltwirtschaft, die nicht zugleich wie China oder das vergangene Imperium Roms auch ein Weltreich war, sondern ein in zum Teil sehr kleine politische Einheiten von Stadt- und Territorialstaaten zersplittertes Konglomerat. Aus diesem Grunde gerieten die Kaufleute Europas nicht unter die Kontrolle einer allmächtigen und nicht vorrangig an eine an wirtschaftlichen Überlegungen interessierte und ausgerichtete Bürokratie, sondern sie konnten in ihren Entscheidungen mehrheitlich kaufmännischen und nicht politischen Erwägungen folgen. Die Wirtschaft in Europa blieb nie statisch, wie etwa in China auf die Hauptstadt ausgerichtet, sondern es kam immer wieder zu Verschiebungen und Brüchen, in deren Gefolge die eine Region auf-, die andere abstieg. Heute dominiert der Europäer auch in Amerika, Australien und vielen anderen Plätzen der Erde. Dies ging in den wenigsten Fällen friedlich vor sich. Handelsinteressen, Aggressionstrieb, Bevölkerungsdruck und zum Teil reine Abenteuerlust erschlossen auf Kosten der ursprünglichen Einwohner neue Räume für den Europäer. Weniger kriegerische Gewalt (wie zumeist angenommen) als mitgebrachte Krankheiten führten vielfach zur Ausrottung der ansässigen Bevölkerung, vor allem auf dem südamerikanischen Kontinent. Die industrielle Revolution im 19. Jahrhundert hat die europäisch-atlantische Welt zur absoluten Dominanz auf diesem Planeten gebracht. Die großen Kolonialreiche dieses Zeitalters sind inzwischen verschwunden. Was blieb, ist ihr materielles Vermächtnis im Bereich der industrialisierten westlichen Kultur.

Vom Stein zum Eisen: Die Anfänge der Bewaffnung

Im natürlichen Bestreben, sich seine Feinde auf Distanz zu halten, waren die ersten Waffen des Menschen vermutlich hölzerne Knüppel und Stangen sowie geworfene Steine.

Die allmähliche Beherrschung verschiedenartiger Bearbeitungsmethoden für den Stein führte zu einem großen Anwendungsbereich dieses überall vorkommenden Materials. Der Mensch lernte, zusammengesetzte Geräte herzustellen wie zum Beispiel Beile oder Spieße mit steinernen Klingen und Spitzen. Man darf sich um diese Zeit die Jagd aber nicht nur um einen mit Waffen ausgetragenen „technischen" Vorgang denken. Am Anfang der Menschheitsgeschichte verschaffte zum Beispiel die Kunst des Fährtenlesens den Jägern einen wesentlichen Vorteil gegenüber den Tieren, das Aufspüren und Stellen war ebenso wichtig wie das Erlegen des Wildes. In dieser ursprünglichen Form wird diese archaische Kunst heute kaum mehr gepflegt. Zu ihren Meistern zählen in der Gegenwart noch die Buschmänner der Kalahari, die Aborigines Australiens und die Inuit der Arktis. Die Jäger dieser Völker wissen nicht nur die Zeichen in der Erde zu deuten, sondern können sich noch immer in das Wesen des verfolgten Wildes versetzen.

Eine wichtige Erfindung, die die Jagd vereinfachte, war der Pfeilbogen. Diese wirksame und zielsichere Fernwaffe ermöglichte die Erlegung von Tierarten, die sich dem Menschen bis anhin durch Flucht leicht entziehen konnten. Bereits um diese Zeit (vor 15 000–10 000 Jahren) stand der Mensch schon nicht mehr im Einklang mit der Natur. Mangels geeigneter Fernwaffen griffen die steinzeitlichen Jäger oft ganze Herden an, versetzten sie in panische Angst und trieben sie so über Steilhänge in den Tod. Bei Solutré in Frankreich sind Überreste von über 100 000 Wildpferden am Fuße einer Steilwand entdeckt worden. Die Knochenschicht umfasst ein Gebiet von 3800 m² und ist bis zu zwei Meter stark!

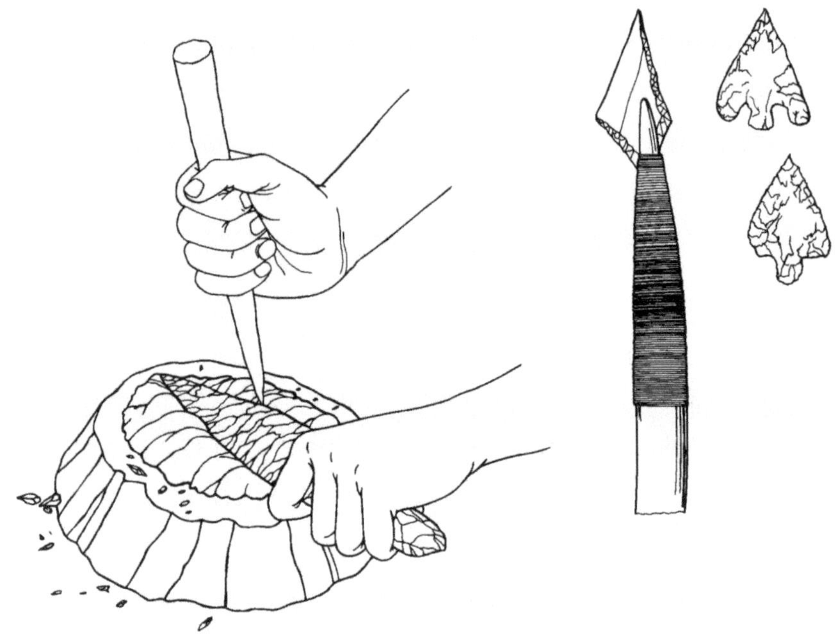

Urzeittechnik

Die Menschen der Urzeit formten sich ihre Waffen durch Schleifen, Schaben oder Behauen (Abschlagen) des Feuersteinkerns mit einem harten Stein. Angeschrägte Feuerstein-Pfeilspitzen wurden z. B. in einem Schlitz am vorderen Ende eines Pfeilschaftes eingesetzt, mit Harz geklebt und mit Tierdärmen oder Sehnen fixiert.

Das Vorhandensein weittragender Bogen sowie die Abrichtung des Hundes zur Jagd haben sicher ihren Teil zu einer Änderung der Wirtschaftsweise beigetragen. Der Mensch brauchte nicht mehr soviel Zeit für die Jagd aufzubringen. Er konnte sich nun mehr anderen Aufgaben zuwenden. Die Zähmung und Zucht weiterer Tiere, darunter auch des Pferdes, taten ein Übriges in dieser Richtung. Viehzucht folgte der Jagd und Landwirtschaft der Viehzucht. Kupfer und Bronze traten neben den Stein und verdrängten ihn mit der Zeit. Der nomadisierende Stamm wurde zur Dorfgemeinschaft und aus dieser die Stadt und daraus wiederum der Stadtstaat. Im Zuge dieser Entwicklung passte sich auch die Waffenentwicklung den neuen Gegebenheiten an: Die Waffe begann sich aufzuspalten in Jagd- und Kriegswaffe. Denn mit der Zeit führten Bevölkerungswachstum, Wohlstand und damit auch Wohlstandsgefälle zu sozialen Ungerechtigkeiten. Es brachen organisierte Kämpfe um Besitz, Grenzen und Handelswege aus. Die ersten Heere stellten die Sumerer auf, die vor mehr als 5000 Jahren zwischen Euphrat und Tigris lebten. Das sumerische Fußvolk, ausgerüstet mit Speer und Bogen, Lederhelm und einfachem Brustpanzer, focht bereits in dicht geschlossener Formation unter dem Schutz von ledergepanzerten Schilden. Eine wichtige Truppe waren auch Streitwagenformationen, bestehend aus klobigen vierrädrigen Esel-Karren, die von einem Lenker und einem mit Speeren bewaffneten Krieger besetzt wurden.

Die Kämpfer, bei denen es sich in der Anfangszeit wohl nur um Bürgerwehren handelte, begannen sich passiv zu schützen mit widerstandsfähiger Kleidung, wie zum Beispiel Brustpanzer, Kopfschutz und Schild. Verbesserungen im Bronzegussverfahren führten zur Entwicklung einer eigentlichen Kriegswaffe, dem langen Stichschwert. Mit dieser Waffe, die zu einer neuen Kampfweise führte, dem Fechten, begann sich der Schritt vom Jäger zum Krieger abzuzeichnen. Der Mensch der Bronzezeit trieb die Entwicklung in der Waffentechnik soweit, dass sie später lange Zeit in ihren Grundzügen nur noch in Details weiterverbessert werden konnte.

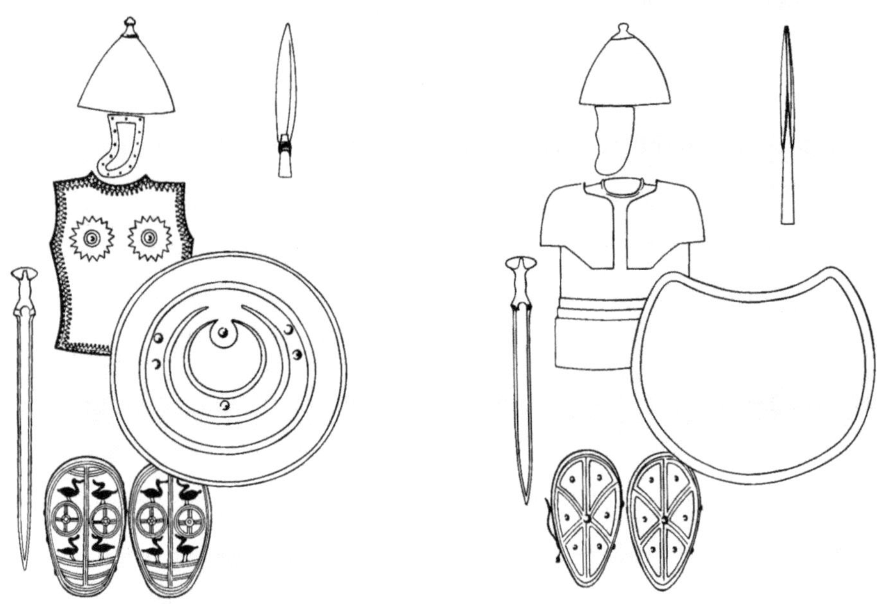

Bewaffnung der Spätbronzezeit

*Links: Mitteleuropäische Bewaffnung der Spätbronzezeit
(etwa 12. Jahrhundert v. Chr.)*

*Rechts: Griechische Bewaffnung der Spätbronzezeit
(etwa 15. Jahrhundert v. Chr.)*

Einer allgemeinen Durchsetzung des Schwertes und der damit verbundenen Fechtkunst, wie auch der weiteren metallischen Ausrüstung stand jedoch entgegen, dass Bronze wohl von großer Festigkeit und Haltbarkeit ist, seine Legierungsbestandteile jedoch immer Mangelware blieben.

Kupfer ist das älteste metallische Gebrauchsmaterial. Man nimmt an, dass es bereits vor rund 7000 Jahren verwendet wurde. Neben den Edelmetallen kommt nur das Kupfer (und zwar in recht seltenen Fällen) in metallischer Form vor. Im Allgemeinen sind die Metalle an Schwefel, Sauerstoff oder Kohlenstoff gebunden. In speziellen Verhüttungsprozessen, die sich mit der Zeit entwickelten, wurde das Metall von den anderen Elementen getrennt. Kupfer kann aber auch legiert werden. Durch Zusatz von bis zu 10 % Zinn entstehen die Zinn-Bronzen mit ihren braungelben Farbtönungen, die vor allem im Altertum weitverbreitet waren dank ihrer guten Eignung für den Formguss, ihrer hohen Korrosionsfestigkeit und ihren günstigen Festigkeitseigenschaften. Im Eisen aber hat der Mensch den vielseitigsten metallischen Werkstoff gefunden. Die eisernen Waffen wurden zudem rasch erschwinglicher als Bronzewaffen. In der Festigkeit waren sie der Kupfer-Zinnlegierung zudem stark überlegen. Probleme gab allerdings der Rostbefall, der jedoch mit verschiedenen Techniken gemeistert wurde: So zum Beispiel mit Verzinnen, Bemalen, Polieren usw. Anfänglich wurden nur kostbare Waffen und kleinformatige Schmuckstücke aus Eisen gefertigt. Erst um etwa 1000 v. Chr. wurde es im nachmykenischen Griechenland üblich, Schwerter, Lanzenspitzen, Äxte, Beile usw. sowie Wagenbeschläge und Pferdegeschirrteile aus dem neuen Material herzustellen. In Westeuropa findet sich das Eisen erstmals in Hallstatt (Österreich) um etwa 900 v. Chr. und in der La-Tène-Kultur (am Nordufer des Neuenburgersees) in der Schweiz um ca. 500 v. Chr.

Das Eisen wurde ursprünglich in Rennöfen oder im Rennfeuer aus Eisenerzen und Holzkohle gewonnen. Auf ein Holzkohlenfeuer wurde Erz und Kohle schichtweise solange aufgegeben, bis sich eine teigige, mit Schlacken durchsetzte Luppe bildete. Diese Luppe wurde anschließend ausgehämmert und zu Gegenständen verarbeitet. Erst viel später wurden Blasebälge eingesetzt, um mehr Zug in das Feuer zu bringen. Der Ofenschacht wurde immer höher gebaut. Der Stückofen war entstanden. Aber erst im Mittelalter konnte die Temperatur im Innern des Ofens dank wasserbetriebener Gebläse so weit gesteigert werden, dass das Eisen auch flüssig auslief. Dies ist die eigentliche Geburtsstunde des Hochofens. Das so erschmolzene Eisen war nicht mehr schmiedbar und konnte nicht mehr direkt verarbeitet werden. Es war spröde und roh und wurde deshalb Roheisen genannt. Um es in Stahl zu verwandeln, musste es gefrischt werden. Dies wurde durch die Einwirkung eines mit überschüssigem Wind betriebenen Holzkohlenfeuers möglich, dem sogenannten Frischfeuer. Bis weit ins 18. Jahrhundert hinein wurde so gearbeitet.

In der Frühgeschichte der Schweiz wurden die ersten Eisenbergwerke im Waadtland und im Rhonetal betrieben. Mit der Zeit wurde im ganzen Alpengebiet Eisen gewonnen. In der Schweiz vor allem im Berner Oberland, in Obwalden, Graubünden und am Gonzen. Auch im Jura wimmelte es eine Zeit lang von kleinen und kleinsten Hütten, in denen Erz zu Eisen verarbeitet wurde, bis im 15. Jahrhundert größere und leistungsfähigere Öfen gebaut wurden. Bassecourt, Matzendorf und Klus waren Orte mit bedeutender Eisenindustrie. Erst gegen Ende des 18. Jahrhunderts gelang der damaligen Eisenindustrie ein weiterer Fortschritt, als es möglich wurde, die Holzkohle durch Steinkohle und Koks zu ersetzen. Dies wurde erst möglich dank dem Hochofenbetreiber Abraham Darby, der 1713 in Coalbrookdale mit einem Meiler brauchbaren Koks erzeugen konnte durch Abschwefeln gut backender Kohle. Doch erst die Einführung eines besseren Frischverfahrens, des Puddelverfahrens, ebenfalls mit Kohle betrieben, gestattete zu Beginn des 19. Jahrhunderts, größere Luppen zusammenzuschweißen, so dass die Stücke nachher gewalzt werden konnten. Flüssiger Stahl wurde in Europa zum ersten Mal 1740 von Benjamin Huntsman in England und 1806 von Johann Conrad Fischer in Schaffhausen geschmolzen.

Zur modernen Entwicklung in der Stahlindustrie kam es aber erst nach den Erfindungen der Engländer Henry Bessemer und Sidney Gilchrist Thomas, denen es 1855 und 1879 gelang, flüssiges Roheisen mit Luft in Konvertern in kürzester Zeit zu frischen und in Stahl zu verwandeln. Mit der Einführung des Siemens-Martin Verfahrens durch Wilhelm und Friedrich Siemens (1856) sowie Pierre Martin (1864) in der zweiten Hälfte des 19. Jahrhunderts waren die notwendigen Voraussetzungen zur heutigen modernen Stahlgewinnung geschaffen. Im 20. Jahrhundert kam noch das

Elektro-Stahlerzeugungsverfahren dazu, welches Ländern ohne Kohle-
vorkommen ebenfalls den Aufbau einer Stahlindustrie ermöglichte. Veränderungen in der Technik der Kriegsmittel hingen im Verlauf ihrer Geschichte unter anderem mit Neuerungen in der Eisen- und Stahlerzeu-
gung zusammen.

Die Griechen (800–30 v. Chr.)

Den Griechen gelang es, ein inneres Gleichgewicht zwischen dem praktischen Verhalten des Nordländers und der oft überschäumenden Vitalität des Südländers zu entwickeln. Sie entwickelten eine Kraft, der wir die Grundlage unserer europäischen Kultur verdanken.

Neben geistigen und technischen Fortschritten gab es auch Entwicklungen im Kriegswesen. Bereits im 7. Jahrhundert v. Chr. formierten sich in Griechenland Elitekrieger zu einer Linie von meist acht Gliedern Tiefe. Im Angriff wurden sie unterstützt durch Bogenschützen und Schleuderer. Für den Kampf benötigte diese Formation, Phalanx genannt, ein ebenes und offenes Gelände, da die Schlachtreihen auf keinen Fall auseinanderreißen durften. Brach die geschlossene Reihe auseinander oder wurde sie in der Flanke gefasst, war die Schlacht verloren. Die Phalanx gab ihrem Führer nur wenige Möglichkeiten zur Lenkung und Beeinflussung vor und während der Schlacht. Ausnutzung des Geländes, Moral, Disziplin und zahlenmäßige Stärke im entscheidenden Augenblick waren die ausschlaggebenden Kriterien, die zum Sieg führten.

Trotz dieser offenkundigen Mängel siegten die Griechen in den Perserkriegen (492–480 v. Chr.). Ihre Führung war zudem in der Lage, den Krieg auf verschiedenen Kriegsschauplätzen, zu Lande und zur See, durchzuführen. Unter dem Druck der Ereignisse schufen sie eine bedeutende und siegreiche Kriegsflotte, deren wichtigster Kriegsschiffstyp, die Triere, sich

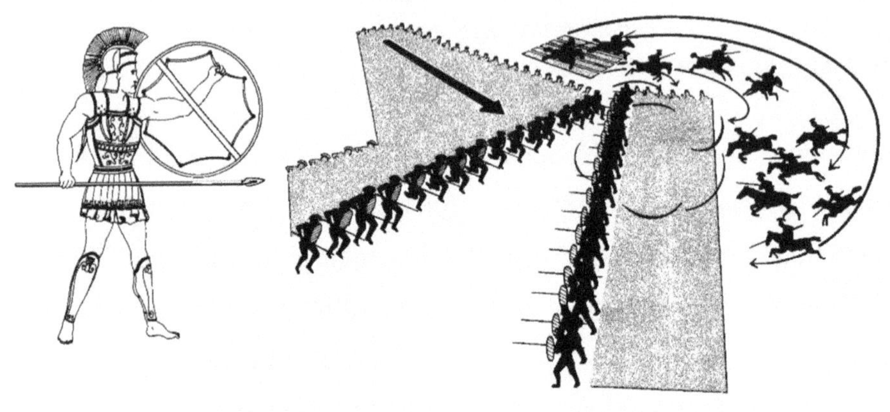

Die Schlacht bei Leuktra

Epaminondas verstärkte den linken Flügel seiner Phalanx auf Kosten des rechten derart, dass die Hopliten fünfzig Glieder tief standen und erst noch ein ansteigendes Gelände hinter sich hatten. Seinem rechten Flügel befahl er, nur langsam vorzugehen. Die Hopliten zur linken aber trieb er kraftvoll auf den Gegner zu. Unterstützt wurde dieses Vorgehen durch Reiterei, die der gegnerischen Phalanx in den Rücken fiel.

Links die Thebaner mit Epaminondas, rechts die Spartaner in der Schlacht bei Leuktra. Zur Ausrüstung des Hopliten gehörten ein leichter Rundschild, ein Helm, Brustpanzer und Beinschienen. Die Bewaffnung bestand aus einem Schwert und einer Stoßlanze.

in Abarten über Jahrhunderte hinweg im Mittelmeer halten sollte. Zu Kämpfen, wie später zur Zeit der Römer, kam es aber nicht, denn die Ruderschiffe wurden vornehmlich dazu benutzt, das gegnerische Schiff zu rammen, ihm die Planken einzudrücken. Die Methoden des Landkrieges wurden in der Folge weiterentwickelt. Die schwerbewaffneten Krieger (Hopliten) bekamen in verstärktem und organisiertem Maße Hilfe von Unterstützungstruppen. Auch Kriegsmaschinen, die sich vor allem für Belagerungen eigneten, wurden eingesetzt. Aber am Ablauf einer Schlacht änderte sich im Grunde nichts. Das blieb so, bis im Jahre 371 v. Chr. der Thebaner Epaminondas in einer Schlacht seine Gegner mit einer neuen Taktik überraschte.

Der Gedanke des Epaminondas ist als die erste Flügelschlacht und zugleich als Keimzelle aller Vernichtungsschlachten in die Kriegsgeschichte eingegangen. Es währe jedoch falsch zu glauben, der Erfolg sei lediglich auf eine theoretische Überlegung hin eingetroffen. Die Idee funktionierte, weil sie in der Praxis geübt wurde. Auch die Reiterei wurde aufgewertet. Sie half von nun an mit, Schlachten als operatives Element zu entscheiden. Hopliten, Leichtbewaffnete und Reiter verschmolzen zu einer organischen Einheit. Die Starre der Phalangenschlacht wurde so gemildert. Zur Zeit Alexanders des Großen stand die Phalanx meist sechzehn Glieder tief. Die ersten beiden Glieder führten den griechischen Hoplitenspieß. Die übrigen eine makedonische Waffe, die vier Meter lange Sarisse. Auf diese Weise konnten die weiter hinten stehenden Hopliten beim ersten Zusammenprall mit dem Gegner ihre Waffen entscheidend einsetzen. Im Belagerungstross wurden auch Torsionsschleudergeschütze mitgeführt. Im Gegensatz zum vorher benutzten Prinzip der Armbrust konnte beim Torsionsgeschütz die Spannkraft der Sehnenbündel erheblich gesteigert werden. Diese antike Artillerie verschoss Pfeile oder Steinkugeln. Der Aufbau dieser Geschütze war aber zu langwierig. Sie konnten daher in einer offenen Feldschlacht nicht mit Erfolg eingesetzt werden. Die Verbesserungen, die das griechische Heerwesen nach dem Tode Alexanders in der nachfolgenden Diadochenzeit im Einzelnen noch erfuhr, waren im Grunde nicht mehr wesentlich. Erwähnenswert ist noch, dass die „Panzerwagen" der Antike, die Elefanten, von den Persern erstmals eingesetzt, nun auch bei griechischen Heeren zu finden waren.

Unter den Diadochenstaaten herrschte ein Gleichgewicht der Kräfte. Kriegsgelüste einzelner Fürsten und Staaten wurden gebremst durch sofortige Allianzbildung der übrigen hellenistischen Königreiche. Der kultivierte Osten war daher für Eroberungs- und Kriegsabenteuer versperrt, dagegen war im „barbarischen" Westen noch alles offen. Pyrrhus, König von Epiros, war ein solcher Abenteurer. Ehrgeizig wie Alexander, verfügte er über einen perfekten militärischen Apparat, dem nur eines fehlte, die Möglichkeit loszuschlagen. Als er von Tarras, dem heutigen Tarent in Süditalien, um Hilfe angegangen wurde, weil sich das griechische Kulturzentrum in Italien von barbarischen Stämmen bedroht fühlte, sah er seine Stunde für gekommen.

Die römische Militärmacht
(753 v. Chr.–476 n. Chr.)

Als die Römer das antike Griechenland überwanden, machten sie sich das für sie Beste der griechischen Kultur zu Eigen und gaben nach fast 500 Jahren das Erbe, bereichert um römisches Recht, Kriegs- und Zweckbaukunst, an das Abendland weiter.

Im Frühjahr 280 v. Chr. landete bei Tarent eine Vorausabteilung von 3000 Mann unter dem Befehl von Kineas, einem thessalischen Offizier, während Pyrrhus das Gros seiner Truppen versammelte. Nachdem er seine gesamte Streitmacht vereinigt hatte, die aus 20 000 Mann Fußtruppen, 3000 Reitern, 2000 Bogenschützen, 500 Schleuderern und 20 Kriegselefanten, aber ohne zugesagte Hilfstruppen bestand, rückte er gegen die „Barbaren" vor, als er erfahren hatte, dass eine große römische Armee plündernd heranzog. Pyrrhus beobachtete von seinem Lager bei Heraclea aus, wie die Römer den Fluss Siris überquerten. Die dabei gezeigte Disziplin beeindruckte Pyrrhus tief und er erkannte, dass er sofort die Initiative an sich reißen musste. In der bewährten Taktik Alexanders des Großen sollte seine Phalanx den Feind halten, während er selbst mit 3000 Reitern den Angriffsstoß führen würde. Doch sein Gegner, der römische Fußsoldat, der Legionär, war für Pyrrhus und sein Heer etwas völlig Neues. Die Römer trugen große Schilde, die sie in der Abwehr zusammenfügten, kurze Wurfspeere und schwere Kurzschwerter. Die Legionäre gliederten sich in kleinen Blocks (Manipel) und diese wiederum im übergeordneten Verband, der Legion. Die hohe Beweglichkeit dieser

Verbände machte Pyrrhus zu schaffen. Auch die durch Verbündete verstärkte Reiterei der Römer gab ihm große Probleme auf, so dass er seine Phalanx angreifen lassen musste.

Die Schlacht bei Heraclea wurde zu einer der mörderischsten in der antiken Kriegsgeschichte. Die flexiblere römische Aufstellung riss die Phalanx des Pyrrhus auseinander. Die Legionäre stießen in jede Lücke, schlugen mit ihren Kurzschwertern zu, nachdem sie die geschlossenen gegnerischen Schlachtreihen mit Speerwürfen erschüttert hatten. Die Phalanx des Pyrrhus begann zu zerbröckeln, als es endlich gelang, die Kriegselefanten gegen die Reiterei des rechten römischen Flügels einzusetzen. Die Reiterei floh und brachte im Zurückweichen die Formation der Römer durcheinander. So konnte das Heer von Pyrrhus noch einmal zum Angriff antreten, um ihn diesmal erfolgreich abzuschließen. Dieser Sieg war noch kein typischer „Pyrrhussieg".

Doch auf Dauer bewährte sich die römische Zucht und Taktik. Selbst in den drei Niederlagen gegen Pyrrhus mit seinen Elefanten und riesigen Gewalthaufen, bewaffnet mit überlangen Spießen, bewiesen die Römer eine bisher unbekannte Festigkeit, die letztlich dem thessalischen Heer einen zu großen Blutzoll abforderte. Der Kampf der Römer gegen die Griechen war in erster Linie ein Kampf des Spießes gegen den Wurfspeer. In der ersten Phase des Kampfes rückte die griechische Phalanx, zumeist 16 Reihen tief, mit erhobenem Langspieß vor. Die römischen Manipel griffen in offener Schlachtordnung, gewöhnlich 12 Reihen tief, an.

In 32 Meter Entfernung wurden leichte Wurfspieße (Pila) in großen Mengen geschleudert. Diese bohrten sich in den Rüstungen fest oder rissen Schilde zu Boden. In der Halbdistanz wurden schwerere Spieße geworfen, die Legionäre zogen das Schwert und formierten sich zur dichten Schlachtordnung. Der Einsatz der Wurfspieße hat ihren Tribut gefordert, die gegnerische Phalanx durch Tote und herumliegende Schilde in Unordnung gebracht. Dies war der entscheidende Moment zum Einbruch der Römer. Beim Aufprall fingen die Legionäre den Stoß der Langspieße mit ihren Schilden ab. In ihrem aggressiven Vorgehen nutzten die Legionäre die kleinsten Lücken in der Phalanx zum Einbruch aus. In den Zweikämpfen mit dem Schwert blieben meistens die Römer Sieger, da die Griechen ungeübte Schwertkämpfer waren und auch kleinere Schilde als die Römer mit sich trugen.

Nach dem Abzug der Griechen, Tarent zeigte noch hartnäckigen Widerstand bis ins Jahr 272 v. Chr., beherrschte Rom jetzt unumschränkt Süd- und Mittelitalien mit Etrurien und den griechischen Städten. Rom war aber nicht von heute auf morgen zur späteren Großmacht aufgestiegen. Dieser Prozess hatte fünf Jahrhunderte gedauert, in denen die Stadt selbst zweimal von fremden Heeren besetzt worden war.

Römische Heere waren nach den Kämpfen gegen den glücklosen Pyrrhus nur noch zu schlagen, wenn der Gegner weit überlegen war, sich auf eine noch überlegenere Taktik stützte oder wenn sie aus irgendwelchen

Gründen von ihrer gewohnten Schlachtordnung abwichen. Das letztere war 216 v. Chr. der Fall in der Schlacht bei Cannae gegen den karthagischen Heerführer Hannibal. Auf ihre zahlenmäßige Überlegenheit bauend, griffen die Römer unter Terentius Varro nach alter Phalangentaktik an.

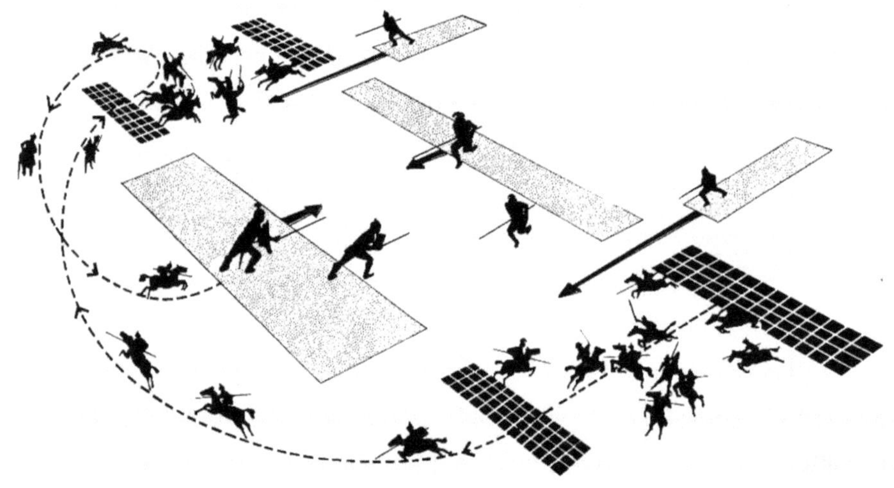

Cannae, die klassische Umfassungsschlacht der Antike

Im Vordergrund die Römer. Einfache Blocks: Fußvolk. Gemusterte Blocks: Reiterei. 80 000 Römer wähnen sich in der Überzahl und in günstiger Position gegen 50 000 Karthager, die zudem mit dem Rücken zum Meer stehen.

Die geschickt aufgestellten Truppen Hannibals umfassten die Römer und schlugen sie vernichtend.

Cannae, die erste Vernichtungsschlacht, erhielt unheilvolle Bedeutung in der Kriegsgeschichte. Immer wieder versuchten Feldherren es Hannibal gleichzutun und Vernichtungssiege zu erringen. Vor allem in Deutschlands jüngster militärischer Vergangenheit war ein Cannae das große, einzig erstrebenswerte Kriegsziel. So geschehen 1870 bei Sedan, 1914 bei Tannenberg und in vielen großen Schlachten des Zweiten Weltkrieges. Dabei wurde verdrängt, dass Hannibal wohl Schlachten gewinnen konnte, aber nicht den Krieg. Die Konzentration auf die große, endgültige Entscheidungsschlacht beeinflusste somit strategisches Denken. Bis Cannae hatten sich die ins Gefecht geführten Truppen (Treffen) in der Gliederung der Legionen abgezeichnet. Die hinteren Treffen dienten bei längeren Gefechten aber mehr einer Ablösung der vorderen. Unter Publius Cornelius Scipio wurden die hinteren Treffen für selbständige Aufgaben eingesetzt. Erst damit erhielten sie einen wahren Treffencharakter. Die Schlacht bei Zama auf afrikanischem Boden 202 v. Chr., die mit einem Sieg der Römer über Hannibal endete, tilgte den Erzfeind Karthago aus der Geschichte. Obwohl wirtschaftlich schwer angeschlagen, ging Roms Militärmacht gestärkt aus den „Punischen Kriegen" hervor. Lagertaktik und Technik wurden weiter ausgebaut. Die römischen Legionäre schleppten ihr Schanzzeug, ihre Lagerpfähle usw. mit sich, um jederzeit ein festes Lager aufschlagen zu können. Der Manneszucht wurde größte Bedeutung zugemessen. In ihr lag die Stärke des römischen Militärwesens begründet.

In den Punischen Kriegen gegen Karthago war der römische Legionär mit einer hemdartigen ärmellosen Tunika bekleidet, über die der lederne, in der Herzgegend mit Metall verstärkte Lederpanzer geschnallt war. Vereinzelt wurden zudem Kettenpanzer getragen. Das Schuhzeug bestand aus einer benagelten Ledersohle, die durch ein Bändersystem am Fuß festgehalten wurde. Ein Kriegsmantel diente als Kälteschutz und als Lagerdecke. Den Kopf schützte ein Helm aus Bronzeblech, er wurde auf dem Marsch über die Schulter gehängt. Als passiven, beweglichen Schutz trug der Legionär einen leichtgewölbten rechteckigen Schild aus geleimten Brettern, die mit Kalbfell bezogen waren. Neben einem Dolch führte der Legionär nach Cannae ein neues Schwert. Es war dies ein Nachbau des spanischen Kurzschwertes, das die karthagischen Elitetruppen benutzten. Die Römer machten daraus eine der vollkommensten Blankwaffen. Einzig die Tatsache, dass zu ihrer Handhabung hohe Fechtkunst Voraussetzung war, ließ diese Waffe nach dem Untergang der römischen Militärmacht aussterben. Das Schwert, Gladius genannt, besaß eine Klingenlänge von etwa 60–70 cm, war breit ausgeschmiedet, beidseitig geschärft und besaß eine oft verstärkte scharfe Spitze. Das Heft des Schwertes war lang und kräftig und besaß keine Parierstange. Die Klinge steckte in einer hölzernen, mit Leder überzogenen Scheide und hing an einem Wehrgehänge dem Legionär von der linken Schulter zur rechten Hüfte herab. Der Spieß war im ganzen römischen Heer durch den Wurfspieß, „Pilum" genannt, ersetzt worden. Das Pilum bestand in seiner vollendeten Form aus einem etwa 1,30 Meter langen Holzschaft, auf dem eine gleichlange Eisenspitze mit Zusatzgewicht bis zu ihrer halben Länge

eingefügt und mittels Klammern am Schafte befestigt war. Die Gesamtlänge des gut ausgewogenen Pilum betrug etwa 2 Meter.

Römische „Artillerie"

*Links Katapult mit senkrecht schwingendem Arm, rechts eine Balliste zum
Schleudern schwerer Bolzen oder Steinkugeln.*

Obwohl traditionell eine Landmacht, schufen sich die Römer in den punischen Kriegen eine Kriegsflotte, bei der sie eine neue Einrichtung einführ-
ten. Die Schiffe, es waren Galeeren mit durchgehendem Deck und aufge-
setztem Kampfturm, wurden mit Enterbrücken ausgerüstet, die vom eigenen Schiff auf das feindliche herabgelassen werden konnten. Über sie
hinweg stürmte der, der karthagischen Besatzung überlegene, römische
Legionär und eroberte das gegnerische Schiff im Nahkampf. Diese Erfin-

dung konnte sich aber nicht lange halten, da bei schlechtem Wetter viele Schiffe infolge der Ausmaße der hochgezogenen Brücken verloren gingen.

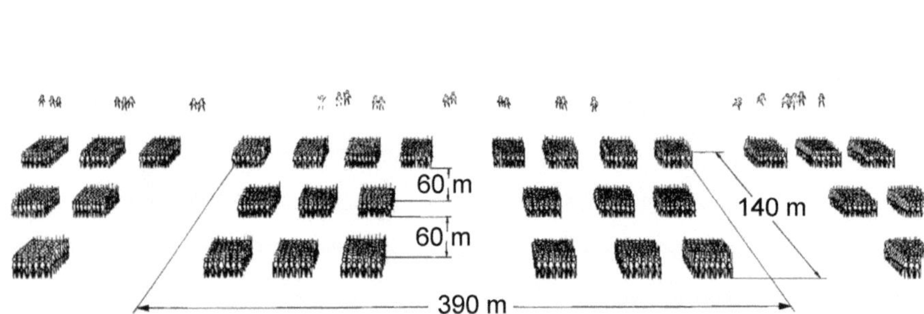

Römische Gefechtsgliederung

Die Legion ist in drei Treffen aufgeteilt. In der Darstellung stehen zwei Legionen vor dem Feind im Hintergrund.

In der langen Kriegsgeschichte Roms gab es naturgemäß immer wieder Reformen im Heerwesen, auch wurden unentwegt Verbesserungen in der Waffentechnik durchgeführt. Gajus Marius, ein großer Reformator des römischen Wehrwesens, organisierte die Legionen neu, verbesserte und vereinheitlichte die Ausrüstung. Im Heer wurden nun auch leichte Wurfmaschinen mitgeführt. Verwendung fand diese „Artillerie" im Stellungskrieg, in der Lagerverteidigung und (bei Cäsar) gelegentlich auch in der offenen Feldschlacht.

Unter Gajus Julius Cäsar wurde auch der Wurfspieß (Pilum) weiter verbessert. Man verkürzte ihn und gab ihm eine Klinge aus Weicheisen mit gehärteter Spitze. Beim Einschlag in den feindlichen Schild bog sich nun die Pilumklinge nach unten und behinderte nun durch den durchhängenden Speerschaft den Schildträger erheblich in seiner Beweglichkeit. Im Übrigen wurde das Pilum immer noch im Salvenwurf geschleudert, um den Gegner zu erschüttern. Bei der Gliederung in drei Treffen brach das erste nach dem Pilumwurf in den Gegner ein, das zweite ersetzte die entstandenen Verluste und löste abgekämpfte Einheiten ab. Mit dem dritten Treffen wurde der Durchbruch herbeigeführt. Cäsar schied erstmals Reserven aus und behielt sie auch bis zur Entscheidung zurück.

Zur Zeit von Gajus Julius Cäsar hatte das römische Heer in Gliederung, Ausrüstung und Führung seine höchste Vollendung erreicht und kurz darauf auch überschritten. Soziale Missstände, eine allgemeine Kriegsmüdigkeit, das allmähliche Auseinanderfallen der römischen Geldwirtschaft sowie die Aufnahme fremder Söldner in das Heer waren erste Anzeichen des beginnenden Niederganges. Beim Bau des Limes, einem großen Grenzwerk, wurde es offensichtlich. Rom hatte seine dynamische Angriffskraft aufgebraucht. Germanische Angreifer jenseits der Grenze mussten bei Übergriffen nicht mehr mit sofortigen Gegenschlägen rechnen. Es kam soweit, dass sich Feldherren im Kampf gegen Jugurtha, König von Numidien (um 160 bis 104 v. Chr.) bestechen ließen und so einen jahrelangen Krieg gegen diesen nur sehr lässig führten. Die Dekadenz des römischen Imperiums kennzeichneten aber auch Plünderung und Bettel, Lieferantenbetrug und Spekulationsschwindel sowie Zins- und Kornwucher.

Das römische Heer, einstmals der Schrecken des Altertums, wurde durch Völker aus dem Norden überwunden. Die Auflösung Roms fiel mit der Völkerwanderung zusammen. Von überall her drängten neue Völker ans Licht der Geschichte. 378 n. Chr. besiegten die Goten ein oströmisches Heer. Es war ein Sieg der Reiterei über die Fußtruppen, die ihre Bedeutung verloren. Die nächsten tausend Jahre beherrschte der Berittene das Schlachtfeld. Im Westen wurde der Reiter der germanischen Völkerwanderungsheere zum Elitekrieger, der besonders bei den Franken eine große Entwicklung durchmachte.

Römischer Legionär aus der Zeit um 100 v. Chr. Er ist bewaffnet mit zwei Wurfspießen, einem Schwert und einem Dolch. Über einer kurzen Tunika, unter der halblange Hosen getragen wurden, ist ein aus Eisenbändern zusammengenieteter Kürass geschnallt.

Völkerwanderung, Mittelalter (410–1500)

In den unsicheren Zeiten, die nach dem Falle Roms folgten, wurden von Germanen, Kelten und Romanen die Grundlagen der abendländischen Kultur gelegt. Nach den Wirren der Völkerwanderung entstand eine neue, vor allem geistige Einheit der Völker im Westen und in der Mitte Europas. Das einigende Band war die römische Kirche unter Führung des Papstes. Seine Armeen waren die Bischöfe, die alles durchdringende Geistlichkeit und später die Kreuzfahrer oder Kreuzritter.

Von nun an wurde es schwierig, sich wirksam vor den Einfällen nomadisierender Völkerschaften zu schützen, die nacheinander in Europa ihre Visitenkarte abgaben. Das Lehenswesen (Abgabe von Land und Güter auf Lehnbasis) weitete sich aus. Der Lehensherr wurde mit seinen Rittern und Söldnern zum natürlichen Schutzherrn der örtlichen Bevölkerung. Die Lehensherren ihrerseits waren Vasallen der Grafen und Herzöge. Diese Entwicklung teilte die europäischen Länder in kleine und kleinste Einheiten, die nur lose miteinander verbunden waren. Die zum Kriegsdienst herangezogenen Unfreien erhielten mit der Zeit eine höhere soziale Stellung. Zusammen mit den Adligen bildeten sie allmählich den Ritterstand. Mit dem Ritterstand schuf das Mittelalter auf dem Gebiet des Kriegswesens etwas Neues, die Ritterehre. Dieses Idealbild des christlichen Streiters wirkt bis in unsere Zeit nach. Der Kreuzzugsaufruf von Papst Urban II. im Jahre 1095 hatte wohl entscheidenden Einfluss auf diese Entwicklung. Mit seinem Kreuzzug rief der Papst eine Bewegung ins Leben, die das Töten nicht wie bisher als absolute Todsünde für einen Christen ansah, sondern unter bestimmten Umständen geradezu als Pflicht, um Gottes

Reich auf Erden zu verwirklichen. Gottesdienst und Kriegsdienst standen sich nicht mehr unversöhnlich gegenüber, der Krieger war nicht länger ein der Hölle Verfallener, sondern ein Gottesstreiter (miles christianus).

Hunnen (Attila 441–453) und Tartaren fielen im frühen Mittelalter in wilden, ganze Landstriche überflutenden Horden aus dem Osten immer wieder in Europa ein. Gegen diese äußerst mobilen Völker waren Fußtruppen zu unbeweglich. Mit ihnen konnte den Reitervölkern und später auch den längs der Küsten Europas zuschlagenden Wikingern nur mit der Gegenwaffe einer eigenen Reiterei wirksam begegnet werden. Zur Zeit Karls des Großen (747–814) waren die Staatswesen in Europa nicht mehr fähig, Truppen nach Art der Römer aufzustellen. Die Bevölkerung war auch mit der Zeit unkriegerisch geworden. Es musste daher zwangsläufig zu einem besonderen Kriegerstand kommen, der später im Rittertum gipfelte.

Die Wikinger (altnord). Vikingr = Mitglied einer Gefolgschaft, auch Nordnormannen, Normannen, in Osteuropa Rus oder Waräger genannt, waren als Seeräuber, Kaufleute, Eroberer und Staatengründer in weiten Teilen Europas präsent. Im 8. Jahrhundert fielen sie zum ersten Mal in West-Europa ein und bedrohten neben den britischen Inseln auch das westliche Frankenreich. Im Laufe des 9. und 10. Jahrhunderts zerstörten sie Städte wie Köln, Bonn, Trier und Paris. Auf ihren Streifzügen gründeten sie Niederlassungen in England. In Irland setzten sie sich zeitweise fest. Dublin wurde die Hauptstadt eines norwegisch geprägten Königreiches. Doch auch auf den Hebriden, den Orkney- und Shetland-Inseln blieben sie nicht lange. Erst weiter nordwärts konnten sich die Wikinger festsetzen. Die weiteste Expedition führte von Grönland aus nach Nordamerika. Die Wikinger waren aber nicht nur Räuber und brutale Mörder. Wikingische Kaufleute schufen ein Fernhandelsnetz insbesondere auf russischen Flüssen wie Wolga und Dnjepr, über die sie das Schwarze und das Kaspische Meer erreichten.

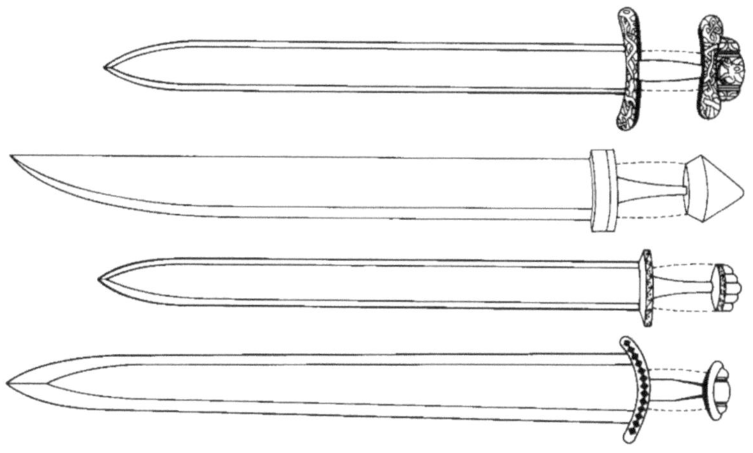

Schwerter der Wikinger

Die Mehrzahl der Klingen war zweischneidig und ungefähr 80 cm lang. Die kreuzförmigen Griffe dieser Schwerter mit kurzer Parierstange besaßen einen schweren Knauf am Ende der Griffangel, um das Ausbalancieren des Klingengewichtes zu erleichtern.

Den Höhepunkt des Zeitalters christlichen Rittertums bildeten die Kreuzzüge zwischen Ende des 11. und Ende des 13. Jahrhunderts. Der unmittelbare Anlass für die Kreuzzüge war die Bedrohung Konstantinopels, das östliche Bollwerk des Christentums, am Ende des 11. Jahrhunderts durch die türkischen Seldschuken. Der erste (undisziplinierte) Zug (1095) endete in einer Katastrophe. Im Jahre 1096 setzten französische, deutsche, normannische und italienische Ritter erneut einen Kreuzzug in Bewegung und eroberten nach einer Belagerung von 40 Tagen Jerusalem. Danach setzte ein furchtbares Massaker unter Moslems und Juden ein. Der christliche Impuls ging bald unter in Wogen privater Streitereien und persönlicher Habgier, zudem wurden die „befreiten" Länder nicht dem Papst oder dem Kaiser unterstellt, sondern in Lehensstaaten aufgeteilt. Die Kreuzzüge hatten aber auch Auswirkungen auf den Handel und den Bau von europäischen Burgen. Deren Stil änderte sich grundlegend, nachdem die Kreuzfahrer aus dem Orient zurückgekehrt waren, wo sie die massiven und fast uneinnehmbaren Festungen des byzantinischen Kaiserreichs tief beeindruckt hatten. Der einfache Bergfried aus Stein, die Wälle und Gräben früherer Jahrhunderte wichen nun doppelten Reihen dicker Mauern, die von hohen und nun runden Türmen geschützt wurden.

Als ein weiterer Meilenstein in der Entwicklung der Idee des Rittertums darf das Hoffest Friedrich Barbarossas im Jahre 1184 angesehen werden. An diesem Anlass stellte sich politische Größe in höfischer Repräsentation glanzvoll zur Schau. Die ganze Gesellschaft bekannte sich zur Ritterschaft und der Hof des Kaisers wurde glanzvoller Sammelpunkt. Mit der Ausweitung auf neue Personengruppen änderten sich die Ansprüche an den Ritter und seine Qualität. Seine Erkennungszeichen, das Pferd und die Bewaffnung blieben, aber er sollte nun zusätzlich über verfeinerte

Lebensformen verfügen und sich sittlichen Normen unterwerfen. Das Rittertum war damit zu einem Erziehungssystem geworden.

Während des 11. und 12. Jahrhunderts wurde in Westeuropa eine weitgehend identische Schutzbekleidung getragen. Sie bestand aus einem knielangen Kettenhemd mit dreiviertellangen Ärmeln. Hergestellt wurden diese Kettenhemden aus ineinandergreifenden Eisenringen. Als Kopfschutz diente dem Ritter ein konischer Eisenhelm mit Nasenschutzeisen. Den beweglichen, passiven Schutz bildete ein großer mandelförmiger Schild. Das Ketten- oder Panzerhemd wurde ab dem 12. Jahrhundert vermehrt auch durch Schuppenpanzer ersetzt. Ab der zweiten Hälfte des zwölften Jahrhunderts wurden außerdem über die Schutzbekleidung lose fallende „Waffenröcke" getragen, die später reichen heraldischen Schmuck trugen.

Das Kettenhemd, stets weiter verbessert, reichte bald bis etwas unter das Knie und besaß Ärmel mit ausgearbeiteten Fäustlingen. Panzerhosen umschlossen die Beine samt Füssen. Auch Ringelpanzer für Pferde kamen in Mode, ebenso reich verzierte Pferdedecken. Im 14. Jahrhundert wurden in zunehmendem Maße auch Plattenharnische getragen. Das Schwert erhielt in der Ritterzeit eine große, beinahe mystische Bedeutung. Man schätzte es hoch ein und gab es vielfach von Generation zu Generation weiter. Es wurde zum Symbol der Gerechtigkeit und des Rittertums. Das Schwert gehörte zu jeder mittelalterlichen Ausrüstung. Nicht nur der adelige Berittene setzte es ein, auch für den Kämpfer zu

Fuß war es eine wichtige Beiwaffe. Das ritterliche Schwert aber erfuhr von seinem Träger eine spezielle Wertschätzung, die in der Schwertleite und dem Ritterschlag, gipfelte. Das frühe Ritterschwert lässt sich unschwer von den Wikingern herleiten, die es auf ihren Raubzügen über ganz Europa verbreiteten. Griff und Klinge bildeten die beiden hauptsächlichsten Bestandteile des Schwertes, welche ihre Funktion im Wesentlichen stets beibehielten. Besondere Sorgfalt erfuhr die Bearbeitung der Klinge. Nicht nur auf Qualität wurde geachtet, auch der aufgebrachte Schmuck spielte je nach Stand und Finanzkraft des Besitzers eine bedeutende Rolle. In seiner langen Geschichte passte sich das Schwert immer wieder den neuen Gegebenheiten an: Zur Zeit der Merowinger und Karolinger war es eine reine Schlagwaffe. Es musste so schwer geschaffen sein, dass es den Eisenhelm und/oder das Kettengeflecht von Hemd und Brünne zu

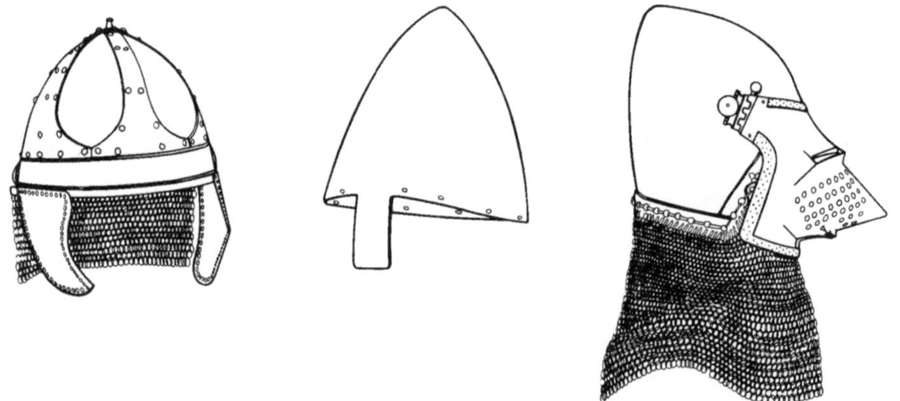

Kopfschutz

Links: Helm eines fränkischen Fürsten aus dem 6. Jahrhundert.
Mitte: Normannischer Helm aus dem 11./12. Jahrhundert.
Rechts: Beckenhaube mit Visier um 1390.

durchschlagen vermochte. Im 11. und 12. Jahrhundert führte die Verbesserung in der Fechtweise zu einer Verlängerung der Parierstange, um ein besseres Auffangen des gegnerischen Schlages zu erreichen. Mit der Zeit waren Schwerter mit breiter Klinge für den Schlag und solche mit eleganterer Stoßklinge im Gebrauch. Im 15. Jahrhundert ging die Einheitlichkeit der Schwertform verloren. Das ritterliche Schwert erreichte nun seine ästhetisch und technisch vollendete Form und unterschied sich stark in Länge, Geschmeidigkeit und Eleganz von jenem des Fußvolkes. Im Rahmen der Entwicklung immer schwererer Rüstungen entstand in der zweiten Hälfte des 15. Jahrhunderts das schwere Schwert zu anderthalb Hand und daraus wiederum der Zweihänder.

In dieser Zeit schufen die Schweizer eine spezielle kurze Schwertart, den Schweizerdegen. Er war gleichzeitig als Schwert zu Hieb und Stoß und als Langdolch zu verwenden. Die Schwertschmiede widmeten der Klinge ihre größte Aufmerksamkeit. Sie waren stets bemüht, höchstmögliche Biegsamkeit mit größter Härte zu kombinieren. Dementsprechend folgen sich chronologisch: einfach gehärtete-, zusammengesetzte-, einsatzgehärtete (zementierte) Klingen, und Klingen, halb aus Stahl und halb aus Eisen. Eine weitere, dem Ritter wichtige Waffe war die Lanze. Diese bestand aus drei Teilen: Dem Schaft aus gutem Holz, der Handhabe und dem Lanzeneisen. Daneben kamen auch kunstvoll gefertigte Hiebwaffen, wie Streitäxte und Streitkolben zum Einsatz. Die lange Zeit wichtigste Fernwaffe des Mittelalters war der Bogen. Es gab ihn in zwei Grundfor-

men: den einfachen Bogen und die Armbrust. Geführt wurden beide Fernwaffen vornehmlich von den Fußtruppen.

Armbrustschützen beim Spannen ihrer Waffen

*Der Vorteil des einfachen Zielens und der großen Durchschlagskraft
musste mit langsamerer Schussfolge bezahlt werden, denn mit einfacher Arm-Muskelkraft konnten diese Geräte nicht mehr gespannt werden.*

Die Armbrust diente den europäischen Jägern und Kriegern eineinhalb
Jahrtausende als wirkungsstarke Fernwaffe, bis sie schließlich im 15.
Jahrhundert der verbesserten Feuerwaffe weichen musste. Die Wirkung
der Armbrust war gefürchtet und so ist es nicht verwunderlich, dass sie
1139 am 2. Konzil im Lateran bei Strafe der Exkommunikation vom Papst
verboten wurde. Zwischen 1905 und 1930 wurden die Gefallenen der

Schlacht von Visby (1361), als der Dänenkönig Waldemar IV. die gotländische Landbevölkerung vernichtete, auf Schusswunden durch Armbrustbolzen untersucht. Von 1572 Gefallenen wurden bei 16,2 % Schussverletzungen am Skelett festgestellt, 10 % wiesen Kopfschüsse auf. Man fand in den Köpfen Bolzeneisen in verschiedenen Lagen. Ein Teil steckte im Schädeldach oder in der Schädelbasis, andere lagen frei im Schädel-

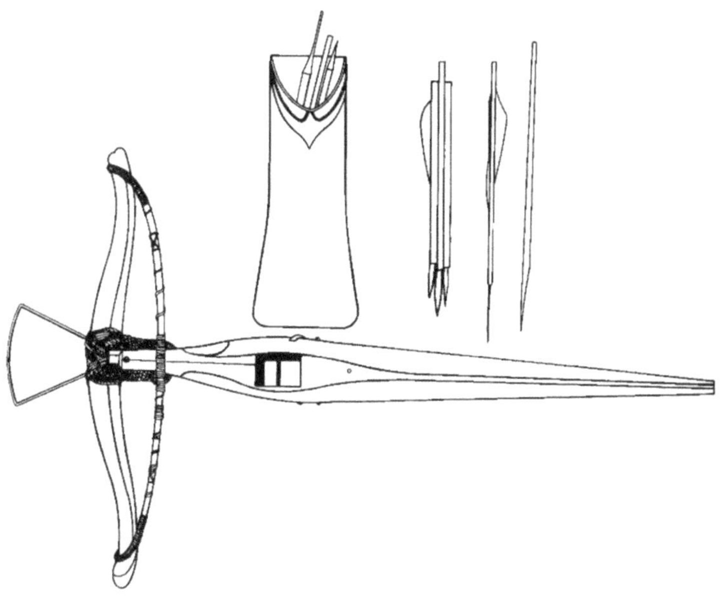

Die Herstellung einer Armbrust erforderte Arbeitsteilung

Der Armbruster fertigte den hörnernen Bogen und die Säule mit dem Abzugmechanismus (Nuss, Abzugbügel, Stegreif). Die Spannvorrichtung fertigte der Windenmacher, er gehörte der Schmiedezunft an. Der Pfeil-Macher stellte den Pfeil mit Eisenspitze und Befiederung her. Als in der zweiten Hälfte des 15. Jahrhunderts der Hornbogen durch den Stahlbogen ersetzt wurde, gesellte sich noch der Bogenschmied zur Herstellergruppe.

innern. Es ist anzunehmen, dass zusätzlich noch viele der Gefallenen Bolzenschüssen in die Weichteile erlegen sind. Auch wenn dabei der Getroffene nicht gleich der Verletzung erlegen sein muss, konnte dies auch noch nach vielen Tagen eintreffen, wie es der Tod von König Richard I. zeigt, der an einer Wundinfektion starb. Bis zum 15. Jahrhundert standen Armbrustschützen stets in der vordersten Kampflinie. Nach 1400 war die Armbrust eine so teure Waffe geworden und hatte eine so große Bedeutung im Kriege erlangt, dass Armbrustschützen z. B. in Spanien der Rang eines Ritters zuerkannt wurde.

Gefürchtet war der einfache Bogen vor allem in der Hand der englischen Langbogenschützen. Diese konnten mit ihren schweren, eineinhalb Meter langen Kriegsbogen Pfeile über 300 Meter weit verschießen. In den Händen dieser gut ausgebildeten und diszipliniert kämpfenden Kriegsleute, die nach einer neuen Taktik in Linie aufmarschierten, wurde diese Waffe schlachtentscheidend. Die Bogenschützen sicherten England ein Jahrhundert lang die Überlegenheit in seinen Kriegen auf dem Kontinent. Der englische König Eduard III. setzte bei Crécy (1346) zielsichere Langbogenschützen gegen französische Reiterei und genuesische Armbrustschützen ein. Franzosen und Genueser unterlagen, sie hatten keine Chance gegen die weit-, und schnellschießenden Bogenschützen. Der Nachteil des englischen Bogenschützen war, dass er relativ statisch im Verband kämpfen musste, in einer Art Igelstellung, die sich schlecht für eine offensive Kriegsführung eignete. Erst viel später wurde gegen die Bogner die einzig richtige Taktik, sie nämlich nicht anzugreifen, durch

Truppen unter Johanna von Orléans instinktiv erfasst. Ritterehre ließ derlei Überlegungen im Normalfall aber nicht zu. Der Ritter stritt als Einzelkämpfer auch in der Schlacht. Persönliche Tapferkeit und Waffenehre waren ihm wichtiger als der Ausgang des Gefechtes. Große körperliche Kraft war wesentliche Voraussetzung für einen Ritter, der ja nicht nur Schlachten, sondern auch unzählige und nicht ungefährliche Turniere standeshalber zu überstehen hatte. Panzerung und Waffen wogen schwer. Solchermaßen ausgerüstet konnte nur jemand überleben, der über entsprechende Körperkräfte verfügte und sich ständig übte.

Im 14. Jahrhundert begann der Anfang vom Ende der Ritterschaft. Einer der Gründe war das Wiederauferstehen von schlagkräftigen und geschlossen kämpfenden Fußtruppen. Sie waren in der Lage, Reiterheere abzuwehren und auch gegen sie vorzugehen. Die im Grunde auf germanische Ursprünge zurückgehende Taktik des Gevierthaufens führten die alten Schweizer (wieder) ein. Bereits in ihrer ersten Schlacht gegen ein Ritterheer, bei Morgarten 1315, wurde die klassische Einteilung des Schweizer Spießheeres in drei Gewalthaufen sichtbar. Das Markenzeichen des alten Schweizers war neben dem Langspieß die Halbarte. Diese Stangenwaffe, sie ist im Aufbau komplizierter als ihr Äußeres vermuten ließe, hatte eine Mehrfachfunktion. Mit der Beilklinge konnte gegen das Pferd geschlagen und mit der Stoßklinge zugestochen werden. Die kurze Rückenklinge diente als eine Art Panzerstecher.

Im Laufe der Zeit haben sich auch diese Stangenwaffen verändert und verfeinert. Unfein hingegen blieben die Kriegsbräuche der alten Schweizer, der Eidgenossen. Den alten, einträglichen Brauch des Gefangenenmachens und Lösegelderhebens schafften sie praktisch ab. Die Kriege sollten von nun an wieder blutiger verlaufen.

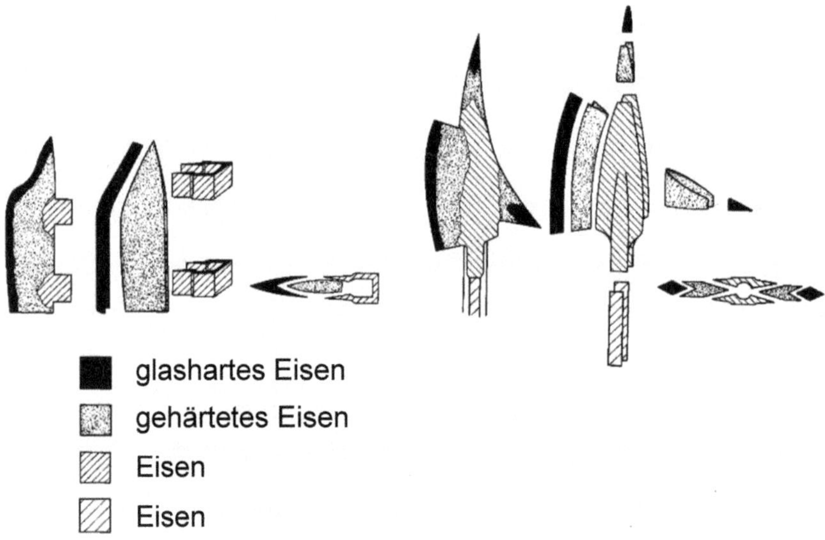

Halbarten-Schmiedetechnik

Links: Halbarte des 14. Jahrhunderts, aus vier Teilen bestehend.
Rechts: Halbarte des 17. Jahrhunderts, aus 10 Teilen bestehend.

Renaissance und Reformation (1350–1600), erstes Aufkommen der Feuerwaffen

Die Renaissance nahm ihren Anfang in Italien um die Mitte des 14. Jahrhunderts mit einem wiedererwachten Interesse an der Antike. Geendet hat sie nach über zwei Jahrhunderten, in denen fremde Länder entdeckt, und die Reformation die Autorität des Papstes in Frage stellte.

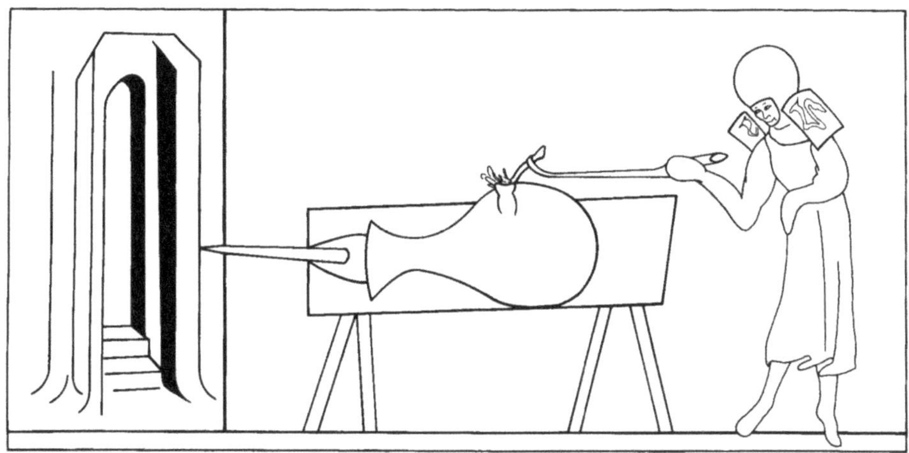

Feuertopf – Der Beginn des Pulvergeschützes

Die erste bildliche Darstellung einer Pfeilbüchse findet sich in einer Handschrift von Walter de Milemete (1326). Das pfeilartige Projektil ist im Begriffe, das Rohr des vasenförmigen Geschützes zu verlassen.

Ein wesentlicher Grund des nun kommenden Niederganges der Ritterzeit war das Aufkommen der Feuerwaffen. Ihre Entwicklung nahm nicht nur Einfluss auf den Fortschritt der Taktik und Technik, sondern bewirkte auch Veränderungen im sozialen, kulturellen und wirtschaftlichen Leben. Die Feudalherren verließen ihre unsicher gewordenen Burgen und wurden

Höflinge von Kaisern und Königen. Die Städte gewannen an Macht und Einfluss, während der Ritterstand zunehmend verarmte.

Es ist sicher unnötig, an dieser Stelle das alte Thema „wer hat nun zuerst Feuerwaffen ...", ebenfalls aufzugreifen. Es sei nur kurz bemerkt, dass mit großer Wahrscheinlichkeit chinesische Alchimisten im Verlaufe ihrer Forschungsarbeit im 10. Jahrhundert n. Chr. Pulver herstellten. Die Chinesen kannten bald einfache Bomben, Granaten und Raketen und benutzten vermutlich um 1120 bereits ein einfaches Geschütz im Kriege. Die Geschichte hat aber bewiesen, dass europäische Waffenbauer die Probleme um das Geschützwesen am besten meisterten. Die Erfindung des Schießpulvers war für sich allein nutzlos, es musste erst noch die Zusatzerfindung des schussfesten und entsprechend lafettierten Geschützrohres gemacht werden, um die freigesetzte zerstörerische Energie zu nutzen. Aufgezeichnet wurde das erste Pulverrezept in Europa vom Franziskanermönch Roger Bacon aus Ilchester (1214–1294), doch erst etwa 60 Jahre später tauchten die ersten Pulvergeschütze auf.

Kriegsführung und Mentalität der Krieger wurden durch die Feuerwaffe, insbesondere der Artillerie, mit der Zeit von Grund auf verändert. Der Krieger hatte sich schnell daran gewöhnt, dass zu einer Schlacht das Dröhnen der Kanonen gehörte, ja er weigerte sich bald, ohne Artillerievorbereitung zum Sturm anzutreten.

Neben der Feuerwaffe darf aber eine weitere wichtige „zivile" technische Neuerung aus dieser Zeit nicht unerwähnt bleiben, die Erfindung der Buchdruckerkunst 1445 durch Johannes Gutenberg. Dank dem Buchdruck entstand in ganz Europa eine breite, weltliche Gelehrtenschicht. Das Schulwesen nahm zu, bald gab es kaum noch Angehörige der Ober- und Mittelschicht, die des Lesens und Schreibens nicht mächtig gewesen wären. Die Stadt Zürich nutzte die neue Erfindung im Jahre 1504 zur Einladung für ein großangelegtes Schützenfest, das vor allem Gäste aus Süddeutschland bringen sollte, um die nach dem Schwabenkriege entzweiten Gemüter wieder zu versöhnen. Die große Zahl der zu verschickenden Einladungsschreiben legte es dem Rate der Stadt nahe, von Gutenbergs „Schriftvervielfältigungsmöglichkeit" Gebrauch zu machen. Zusammengefallen mit dieser Entwicklung ist auch die von Italien ausgehende Wiedergeburt der griechisch-römischen Antike. Ganze Gelehrtenkreise beschäftigten sich mit der Erforschung und Verbreitung antiker Schriften. Zur Renaissance konnte diese Geistesbewegung jedoch nur werden dank der großen Verbreitungsmöglichkeiten antiker Bildung mit Hilfe Gutenbergs Erfindung. Auch antike militärische Schriften erlebten ihre Wiederauferstehung und wurden zum Gedankengut bedeutender Heerführer. Doch erst zu Ende des 16. Jahrhunderts sollte ein Kriegsmann und Fürst unter Anknüpfung an den Florentiner Niccolò Machiavelli und der Antike, seine Truppen nach römischem Vorbild in den Kampf führen.

Eine weitere Neuerung, die bald große Folgen zeigen sollte, zeichnete sich im Schiffsbau ab. Die gängige Form des Kriegsschiffes, die Rudergaleere, die sich in der Abart der Galeasse (Ruderschiff mit starker Besegelung) über lange Zeit im Mittelmeer gehalten hatte, wurde verdrängt durch das reine Segelschiff. Das gedruckte Buch (die Bibel), die Artillerie und das Segelschiff wurden zu den drei wichtigsten Stützpfeilern der mittelalterlichen europäischen Zivilisation. Ihnen verdanken wir im Guten wie im Bösen die heutige Dominanz der europäisch-atlantischen Welt mit all ihren Einrichtungen, die damit im Zusammenhang stehen. Die gleichzeitige Entwicklung von Geschütz und Segelschiff und ihr Verschmelzen zu einem Waffensystem wurden zu einem entscheidenden Faktor, der es dem Europa der Renaissance erlaubte, sich in der Welt tonangebend zu etablieren. Das Segelschiff wurde dem Europäer zum Schlüssel, der das Tor zur weiten Welt öffnete. Chinesen, Japaner und vor allem die Europa am meisten konkurrierenden Moslems wurden in ihrer Expansion gehemmt, weil sie kein Gegengewicht zum besegelten und mit Feuerwaffen bestückten Kriegsschiff schufen. Das zeigte sich bereits in der Seeschlacht bei Lepanto 1571. Die vernichtende Niederlage einer massierten türkischen Flotte durch die Streitkräfte des Don Juan de Austria, unter dessen Befehl Truppen und Schiffe aus Spanien, Venedig, Genua, Malta und dem Kirchenstaat (mit Schweizer Söldnern) standen, bewies, dass neben Führungskunst und Mut eine neue Waffe, das mit Kanonen schwerbestückte Segelschiff, der alten Kampfmethode auf See, mit von Sklaven bemannten Rudergaleeren, überlegen war.

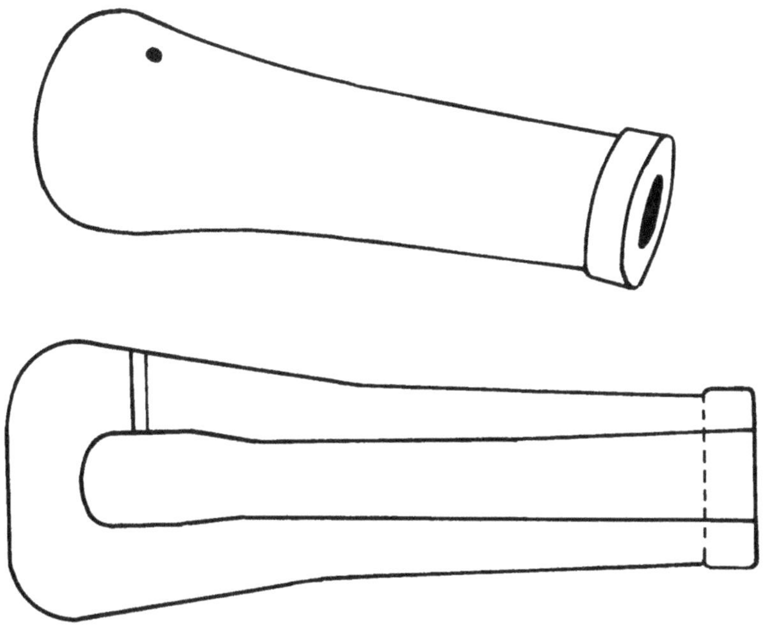

In Bronze gegossenes Pulvergeschütz, gefunden bei Loshult in Südschweden. Es ist eines der ältesten erhaltenen Pulvergeschütze, und wurde vermutlich im 14. Jahrhundert gegossen.

Die ersten Geschützrohre gehörten zwei verschiedenen Typen an. Der eine bestand aus einem beidseits offenen Rohr, das aus Eisenstäben von rechteckigem Querschnitt im Feuerschweißverfahren zusammengefügt und mit darüber geschrumpften Eisenringen gegen das Zerspringen gesichert wurde. Das Rohr nahm an seinem hinteren Ende einen nach vorne offenen Zylinder auf, den man mit Pulver und der Kugel füllte und mit dem Rohr verkeilte. Es handelte sich bei diesem Typ bereits um einen Hinterlader, wie er von Schmieden hergestellt wurde. Im nämlichen Verfahren wurden auch Vorderlader hergestellt, zumeist in sehr großen Kalibern.

Der andere Typ bestand aus Bronzeguss und wurde mit einem geschlossenen Ende gefertigt, ähnlich einer in die Länge gezogenen Glocke. Tatsächlich wurde dieser Typ auch von Glockengießern entwickelt. Das große Problem in der Anfangszeit des Geschützwesens war das Pulver. Das damals verwendete Schießpulver bestand aus einer Mischung von Salpeter, Schwefel und Holzkohle. Anfangs rechnete man mit fast gleichen Teilen. Der Engländer Bacon führte 1260 in seiner Formel sieben Teile Salpeter, fünf Teile Hasel-Holzkohle und fünf Teile Schwefel auf. Im 16. Jahrhundert hatte sich jedoch bereits die fast moderne Zusammensetzung mit 75 % Salpeter, 15 % Holzkohle und 10 % Schwefel herausgebildet.

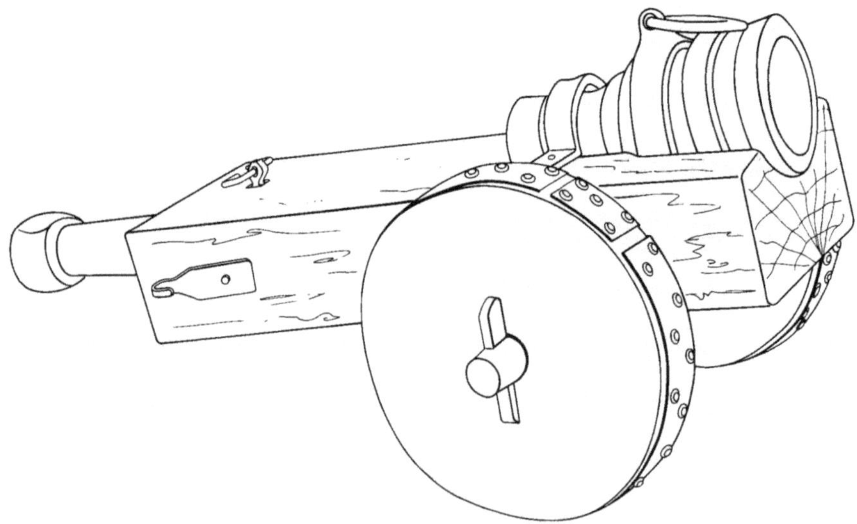

Mörser aus dem 15. Jahrhundert

Das Rohr (Mündungsdurchmesser 17 Zentimeter) ist leicht konisch und etwas kürzer als der Pulverraum.

Rüstungen aus dem 16. Jahrhundert

Links: Harnischgarnitur für Mann und Pferd, Plattnerarbeit des Hans Ringler, Nürnberg, für den Pfalzgrafen Ottheinrich, 1533.
Rechts: Schweizerischer halber Harnisch, gefertigt von L. Hofmann, Frauenfeld, 1541–1595.

Alle Pulvermischungen der Frühzeit der Geschützentwicklung besaßen den Nachteil, dass sie mehlartig waren und sich auf dem Transport rasch entmischten. Fußtruppen führten in der ersten Zeit nur Feuertöpfe und Faustrohre. Bei den Rittern waren die Geschütze von Anfang an verhasst. Mit der Feuerwaffe war der einfache Fußsoldat auf dem Schlachtfeld ebenso mächtig wie sein berittener Herr, ein unerträglicher Gedanke für einen stolzen Adligen. Trotzdem wollte sich der Ritterstand nicht geschlagen geben. Der Ritter vertauschte das Kettenhemd mit der vollen Rüstung. Dieses stählerne Kleid, vom schweren Helm mit geschlossenem Visier bis zu den Beinschienen, vermochte ihn besser zu schützen gegen die Wirkung von Langbogenpfeilen, Armbrustbolzen und in der Anfangszeit auch gegen leichte Feuerwaffen.

Die ursprüngliche Funktion der Rüstung als passiver Schutz im Kampf trat allmählich zurück, ihr geschlossener Eindruck löste sich mehr und mehr auf, bis zuletzt nur noch ganz kleine Attribute der ehemaligen Pracht getragen wurden. In den Burgunderkriegen triumphierte der Fußsoldat über Ritterheere, die sogar über starke Artillerie verfügten. Bei Grandson und Murten (1476) errang die neuzeitliche schweizerische Infanterie ihre ersten großen Siege über feudale, mit Artillerie verstärkte spätmittelalterliche Ritterheere. Gefestigt wurde diese Tatsache 1477 bei Nancy, wo der Führer der burgundischen Partei, Herzog Karl der Kühne, selbst den Tod fand.

Brachten in der offenen Feldschlacht die englischen Langbogner und eidgenössischen Krieger die Ritter in Bedrängnis, gerieten ihre befestigten Behausungen, die Burgen in existenzbedrohende Not. Im Laufe des Mittelalters waren die militärisch genutzten Festungen (z. B. Kreuzritterburgen, Stadtbefestigungen usw.) mit ihren starken Mauern, Schießscharten, Bastionen usw. immer uneinnehmbarer geworden. Die mittelalterliche Kriegsführung bestand daher auch zum größten Teil aus langwierigen Belagerungen, die vielfach, mangels geeigneten Geräts, erfolglos endeten. Mit dem Aufkommen der Geschütze, der Artillerie, trat ein spürbarer Wandel ein. So unterwarf z. B. Karl VII. in nur einem Jahr (1449/50) sechzig englische Burgen in der Normandie, während man früher manchmal Monate für die Bezwingung einer einzelnen Festung gebraucht hatte.

Doch die Uhr begann nicht nur für den Ritterstand schneller und schneller abzulaufen. Die Schweizer bekamen bald Nachahmer, doch sie sahen die Zeichen der Zeit nicht. In den italienischen Kriegen zwischen 1494 und 1525, in denen sich Franzosen und Habsburger gegenüberstanden, erlitten die schweizerischen Pikenträger schwere Verluste durch französische Artillerie und ebenso diszipliniert kämpfende gegnerische Infanterie (z. B. deutsche Landsknechte). In den Mailänderkriegen hatten sich die Eidgenossen viel Ruhm, aber auch die Furcht derjenigen erworben, die unter ihrer rücksichtslosen Kriegsführung zu leiden hatten. Bald glaubte kein einflussreicher Fürst mehr, auf Schweizer Söldner verzichten zu können. Dies brachte für die Eidgenossenschaft schwere Gefahren. Denn in dieser Zeit wuchs ein neuer eidgenössischer Kriegertyp heran. Das alte Heer, das den eigenen Boden verteidigte, gab es nicht mehr. Nun zog der Berufskrieger aus Lust an Krieg und Abenteuer, aus Gier nach Beute und Erfolg, ins Feld. Der Schweizer Söldner kämpfte für seinen Soldgeber und nicht für die Heimat. Für die Obrigkeiten war es daher nicht mehr möglich militärische Erfolge eidgenössischer Kontingente politisch für die Eidgenossenschaft auszuwerten. Die ausländischen Mächte suchten und fanden ihre Anhänger in den eidgenössischen Orten. Im undurchsichtigen Netz sich durchkreuzender Interessen wurde es im Laufe der Zeit immer weniger möglich, eine zielgerichtete Außenpolitik zu führen. Die Schweizer Reisläufer bestimmten das Kriegsgeschehen mit bis zur Schlacht bei Novara 1513. In einer fünfstündigen blutigen Schlacht besiegten sie ein durch deutsche Landsknechte verstärktes französisches Heer mit ihrer herkömmlichen Nahkampftaktik. In einem grausamen Gemetzel Mann gegen Mann wurde dieser Sieg errungen. Novara war aber der letzte große Schweizersieg und damit die „letzte Schlacht des Mittelalters". Denn das Schwergewicht begann sich nun eindeutig von den bevorzugten Nahkampfwaffen auf die Fernwaffen zu verlagern. Die Legende von der Unbesiegbarkeit der Schweizer war nach Marignano (1515) beendet, nicht aber ihr weiterhin bestehender und gesuchter Kampfwert.

Dagegen wehrte sich der Zürcher Reformator Huldrych Zwingli, der selber als Feldprediger bei Marignano dabei war, mit aller Schärfe und Erfolg. Vor allen dank seinem Einfluss hatte Zürich rasch und konsequent jedem Solddienst abgeschworen. Dem Argument seiner Gegner, das Pensionenwesen sei eine wirtschaftliche Notwendigkeit, begegnete Zwingli mit der Überzeugung, die Schweiz sei in der Lage, sich selber ausreichend zu ernähren. In der Folge nahm die zürcherische Landwirtschaft unter dem Einfluss der Reformation einen stürmischen Aufschwung. Dies war nur möglich dank einem von Zwingli verwirklichtem neuen Arbeitsethos. Mit der einfachen und ursprünglich benediktinischen Regel „Bete und arbeite" erfuhr bei Zwingli die Arbeit eine starke Aufwertung, die sich im Rahmen des Calvinismus weiter fortsetzte und eine enorme Steigerung des Lebensstandards auslöste.

Neben Geschützen wurden nun auch zunehmend Handfeuerwaffen eingesetzt. Obwohl die ersten noch ungefüge und klobig waren und ihres Gewichtes wegen meistens bei Belagerungen Verwendung fanden (Hakenbüchsen), war ihr Vormarsch nicht mehr aufzuhalten.

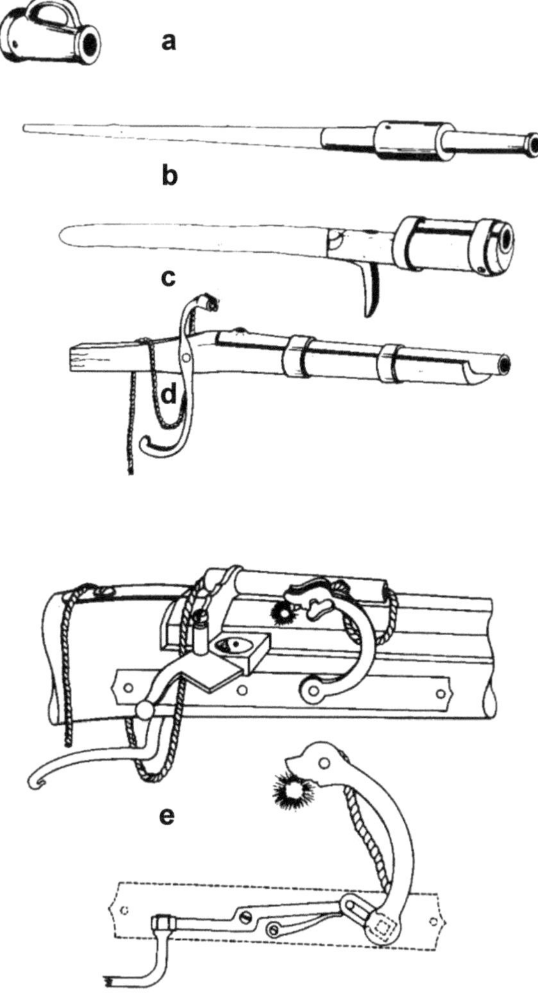

Entwicklung der Handfeuerwaffen

a) Faustrohr

b) Handbüchse mit Stiel, noch ohne Zündmechanismus (vor 1399)

c) Hand-büchse mit Haken (spätes 14. Jahrhundert)

d) Handbüchse mit Serpentine

e) Luntenschloss gewehr

Bei den ersten Handfeuerwaffen ist der primitive und schmucklose Aufbau nicht zu übersehen. Das ist auf die in den Anfängen steckende neue Technologie zurückzuführen, z. B. die Herstellung langer Rohre. Zudem waren die ersten Handrohre in erster Linie knechtische Waffen. Für die Artillerie war bald eine Schutzpatronin gefunden: Die heilige Barbara, deren Fest am 4. Dezember noch heute von der einschlägigen Branche gefeiert wird.

Eine entscheidende Verbesserung war die Erfindung des gekörnten Schießpulvers. Durch die Knollenbildung des Pulvers vergrößerte sich die Gesamt-Abbrandoberfläche des Pulvers, es brannte schneller ab und entmischte sich nicht mehr. Aber nicht nur die Pulver- und Rohrherstellung, sondern auch die Lafettierung der Geschütze bot Schwierigkeiten.

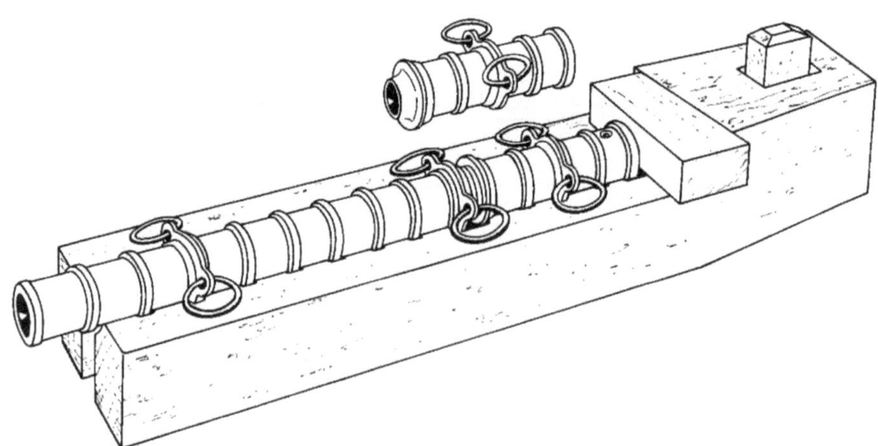

Schiffs-Kammergeschütz

Schweres englisches Schiffs-Kammergeschütz des 16. Jahrhunderts in hölzerner Bettung.

Je schwerer die Geschütze wurden, umso schwieriger war es, die Rohre fest zu lagern, sie zu richten, zu bewegen und den immer grösser werdenden Rückstoß aufzufangen. Balancierende Schildzapfen gab es erst gegen 1490, und Schildzapfenscheiben, die den Spielraum im Schildzapfenlager aufhoben, besaßen erst die Lafetten Kaiser Maximilians. Für die offene Feldschlacht waren solche Geschütze viel zu schwer und unbeweglich. Auch das Laden und Richten nahm zu viel Zeit in Anspruch. Kleine Geschütze waren aber zu wenig wirksam und besaßen ebenfalls

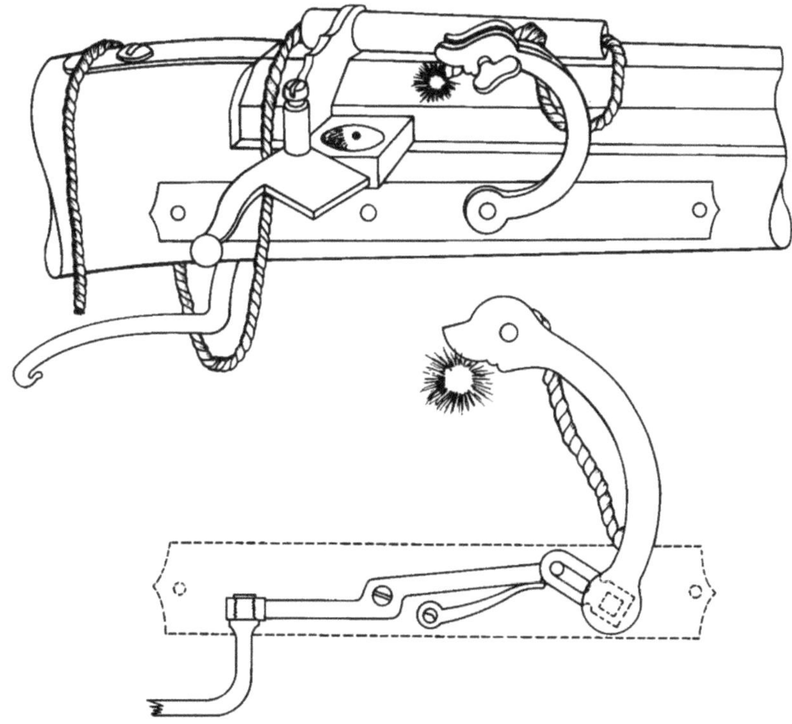

Einfaches Luntenschloss

Später entwickelten sich daraus Luntenschnappschlösser und Kombinationen mit Steinschlössern.

eine zu geringe Schussfolge. Das galt auch für die Handfeuerwaffen, obwohl hier viel getan wurde, um die Zielsicherheit und die Feuergeschwindigkeit zu erhöhen. Eine wichtige Erfindung war das Luntenschloss, bei dem ein Hahn mit eingeklemmter Lunte gegen die Kraft einer Blattfeder in eine Pulverpfanne niedergedrückt werden konnte.

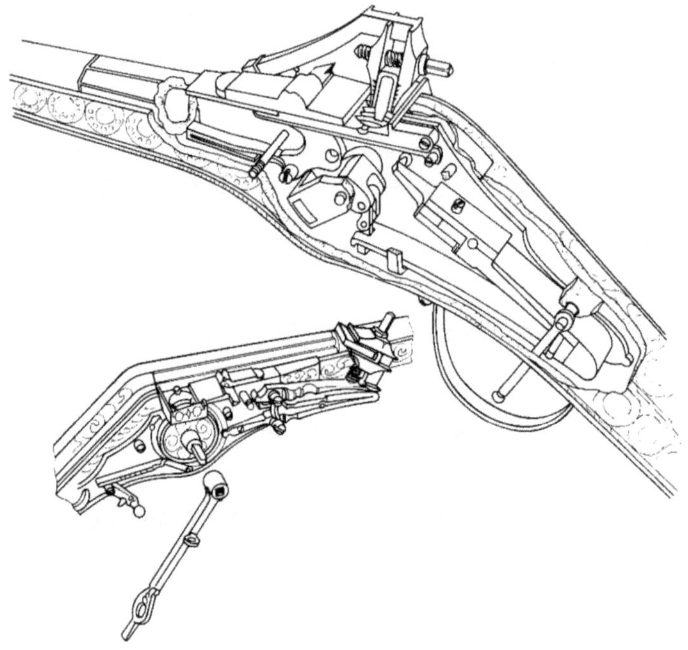

Radschloss einer deutschen Pistole um 1580
Mit dem Schlüssel wird das Rad durch eine kurze Drehung gespannt.

Bis zum Anfang des Dreißigjährigen Krieges waren die Handfeuerwaffen sehr schwer gehalten, um den Rückstoß der großkaliberigen Büchsen in Grenzen erträglich zu machen. Für den gezielten Schuss legte man diese Waffen auf leichte Gabeln auf. Ein Luntengewehrschütze hatte ein recht beschwerliches Hantieren mit seiner Waffe. Noch schwieriger wurde dies für einen Berittenen. Die Lösung dieses Problems war das Radschloss. Dieser aufwendige Mechanismus verteuerte die Herstellung beträchtlich. Es war daher nicht möglich, ganze Armeen mit Radschlosswaffen auszurüsten. So blieb bis zu seiner Ablösung das Radschloss der Reiterei, der Jagd und vornehmlich einer vermögenden Oberschicht vorbehalten.

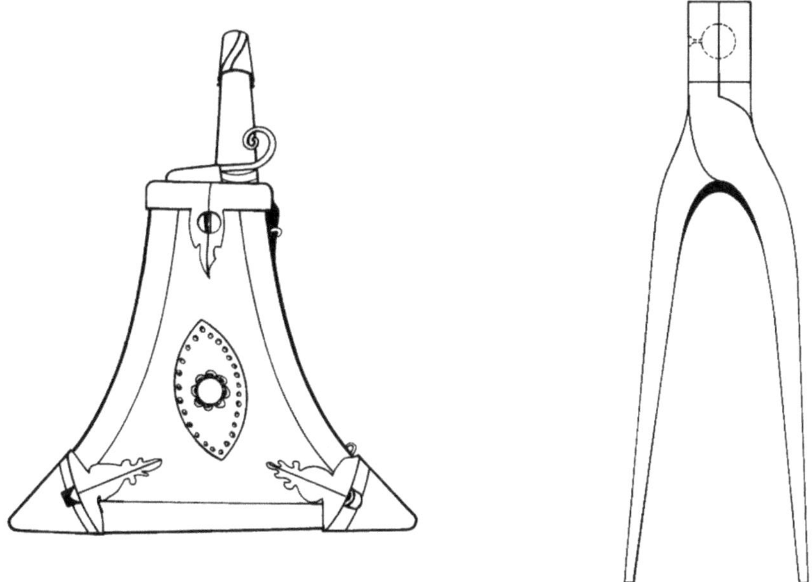

Links: Pulverflasche: Das lange Ausgussröhrchen diente als Pulvermaß.

Rechts: Kugelzange: Mit ihrer Hilfe konnte sich der Soldat seine Kugeln selber gießen.

Allgemein machte die Entwicklung der Feuerwaffen, insbesondere der Artillerie im 16. Jahrhundert große Fortschritte. Neben Flachbahnkanonen gab es auch Mörser für den Bogenschuss. Nach 1550 wurde in Deutschland das Bombenschießen erfunden. Die neuen Geschosse (Granaten) für Mörser waren mit Schwarzpulversprengladung und Zünddocht ausgerüstet. Mathematiker begannen sich nun auch zunehmend mit der Ballistik zu befassen. Für die Praxis ergaben sich jedoch keine neuen Möglichkeiten. Bis ans Ende des 18. Jahrhunderts richteten die Kanoniere ihre Kanonen und Mörser mit Hilfe von einfachen Richtinstrumenten.

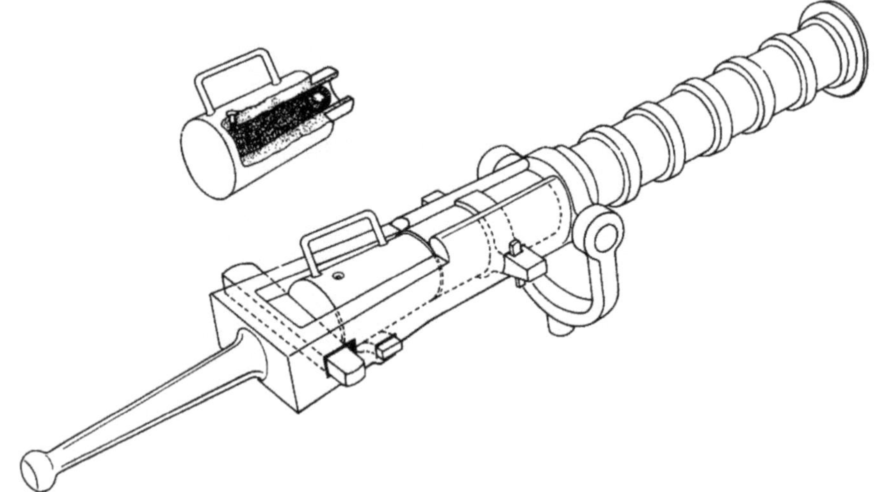

Ein Kammerstück (Drehbasse um 1470)

Eine geladene Kammer wurde hinter das Rohr eingelegt und durch einen Keil fixiert. Solche Waffen wurden vor allem auf Schiffen eingesetzt. Pro Rohr standen mehrere (bereits geladene) Kammern zur Verfügung was zur Sicherheit auf dem Schiff im Gefecht wesentlich beitrug.

Zur See kam die Feuerwaffe, insbesondere das Geschütz, ebenfalls immer häufiger zum Einsatz. Der grundsätzliche Unterschied zwischen der Feld- und Schiffsartillerie bestand in der frühzeitigen Einführung von Kartuschen auf den Schiffen für die schweren Geschütze. Der Grund waren die Lehren der Frühzeit der Schiffsartillerie, als viele Schiffe durch die Explosion des eigenen Pulvervorrates verloren gingen. Pulverlöffel, wie sie an Land allgemein üblich waren, dienten auf See bald nur noch als Notbehelf. Die ersten Kartuschen bestanden aus Segeltuch oder Papier. Es ist nicht bekannt, ob anfangs starke Segeltuchbeutel lediglich als Pulver-Transportmittel zum Geschütz dienten, oder sofort leichte Segeltuchumhüllungen verwendet wurden, die mit dem Inhalt im Kanonenrohr festgerammt wurden und beim Abschuss mitverbrannten.

Hinterlader-Kammergeschütze konnten mit rascher Schussfolge abgefeuert werden. Nach jedem Schuss wurde der Keil, der die Kammer hielt, herausgeschlagen und diese gegen eine geladene Kammer ausgewechselt. Bei größeren Kammergeschützen wurde die Kugel direkt in das Rohr eingelegt und dann erst die neue, mit Pulver gefüllte und mit einem weichen Holzpropf verschlossene Kammer eingesetzt. Zwischen Kammer und Holzbettung wurde zudem ein Stück Blei, Leder oder ähnliches als Puffer wirkendes Material gesteckt. Während sich die portugiesischen Seefahrer mehrheitlich auf Kammergeschütze verließen, bevorzugte man in Mitteleuropa das gegossene Bronzegeschütz. Es ist anzunehmen, dass gegossene Bronze-Geschütze und Stückpforten etwa zur gleichen Zeit eingeführt wurden. Die damals üblichen Kastelle auf den Schiffen waren zu hoch und zu schwach gebaut für die schweren Bronzestücke. Die Geschütze mussten demzufolge im Unterraum untergebracht werden. Um bei schwerer See nicht unnötig Wasser zu übernehmen, wurden vor die Geschütze, die zum Gefecht „ausgerannt" wurden, Klapptüren, die Stückpforten angebracht.

Die bei Lepanto eingesetzten Ruder-Segelschiffe (Galeassen) waren ein Versuch, hohe Manövrierfähigkeit unabhängig vom Wind, bei hoher Widerstandsfähigkeit des Rumpfes, mit möglichst vielen Geschützen und guter Besegelung zu kombinieren. Die größten Galeassen bei Lepanto trugen drei Masten mit Lateinersegel und einen vierten dazu, oder ein Bugspriet, der über den Steven vorauslehnte und Rahsegel führte. In nördlichen Ländern konnte sich die Galeasse nicht durchsetzen. So geriet dieser Schiffstyp dort zu einem reinen Segelschiff, aber mit kleineren

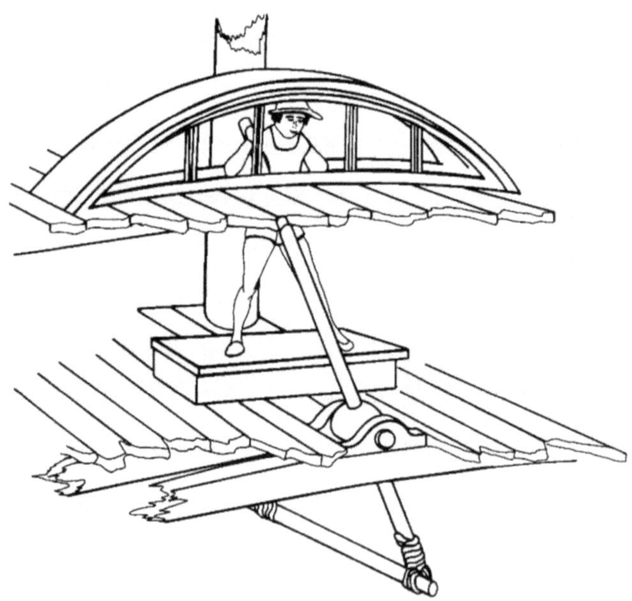

Kolderstock

Gegen Ende des 16. Jahrhunderts kam bei größeren Schiffen der Kolderstock allgemein in Gebrauch. Mit seiner Hilfe konnte der Ruder gänger beim Steuern zugleich die Segel beobachten, was besonders beim Kreuzen ins Gewicht fiel.

Abmessungen als im Mittelmeer. Der vorherrschende Schiffstyp in der zweiten Hälfte des 15. und 16. Jahrhunderts war die Karacke, die im Mittelmeerraum durch Umgestaltung der nordischen (Hanse)-Kogge entstand. Sie wurde bald zum bevorzugten Schiffstyp der spanischen Kolonisten bei ihren Amerikafahrten. Auf Grund ihrer Seefähigkeit wurden die Karacken auch im Atlantik und im Nordseegebiet ein beliebter Schiffstyp. Aus der Karacke entwickelte sich wiederum ein noch größeres Handels- und Kriegsschiff, die Galeone. Die Galeonen waren ca. 50 Meter lang, 14 Meter breit und besaßen eine Wasserverdrängung von bis zu 1600 Tonnen. Die ursprünglich vier Masten wurden bald auf drei beschränkt. Galeonen besaßen mehrdeckige Kastelle, von denen das hintere höher als das vordere war. Mit besonderer Sorgfalt wurde namentlich das (Spiegel)-Heck des Schiffes ausgearbeitet, in dem sich auch der Kommandostab befand.

Auf die Galeonen stützte sich die portugiesische und spanische Seeherrschaft. Zu jener Zeit besaß die englische Krone noch kein Interesse an Entdeckungsfahrten. Nur die englischen Kaufleute empfanden es bitter, dass ihr Handel praktisch auf die europäischen Küsten beschränkt blieb. Bis zur Regierungszeit der englischen Königin Elisabeth I. (1533–1603) beherrschten Portugiesen und Spanier die See, letztere auch große Teile des europäischen Festlandes. Als erste schufen die Spanier ein ausgewogenes Verhältnis zwischen Pikenieren und Musketieren innerhalb ihren Einheiten. Der Marquis von Pescara verschmolz neue Techniken mit traditionellem Kriegshandwerk zu einer Synthese, die „Tercio" (Drittel einer

Armee) getauft wurde. Mit ihren Tercios, großen quadratischen Haufen, gaben die Spanier auf den europäischen Schlachtfeldern den Ton an. Die Tercios waren aus dem Bestreben heraus entstanden, den Schützen gegenüber den Spießerhaufen größeres Gewicht zu geben. Da die Schützen noch nicht auf sich allein gestellt kämpfen konnten, lehnte man sie als Flügel an die Gevierthaufen der Spießer. Je mehr nun Spießerhaufen gebildet wurden, umso mehr Möglichkeiten bestanden für den Einsatz der Schützen in diesen Formationen. Um alle Schützen gut und sicher anlehnen zu können, stellten sich die spanischen Tercios in zwei, drei Linien auf.

Als Treffen konnte man diese Formationen aber noch nicht bezeichnen, weil die Schützen vor dem Zusammenprall mit dem Feind in die Lücken zwischen den Spießerhaufen treten mussten. Als Prototyp des modernen Regiments waren die Tercios nicht nur eine taktische Einheit, sondern eine geschlossene menschliche Gemeinschaft, in der Ordnung und Zusammengehörigkeitsgefühl (wie bei den alten Schweizern) gepflegt wurde. Dementsprechend verhielten sich die Tercios über ein Jahrhundert lang untadelig im Kampf (1525 bis Rocroi 1643).

Die Bildung dieser Schachbrettformen war möglich geworden durch Veränderungen bei der Reiterei, denn diese ging nun mehr und mehr zum Angriff mit der Feuerwaffe über. Mit gefällter Lanze wurde kaum noch attackiert. Das Heerwesen der damaligen Zeit gründete sich auf das Söldnerwesen, das ein Hemmschuh für eine geordnete Kriegsführung war.

Gewaltige Trosse behinderten alle Bewegungen. Diese Trosse kamen zusammen, weil der Söldner, soweit er verheiratet war, Frau und Kinder mit ins Feld nahm. Das war nicht unbegründet, gab es doch in dieser Zeit weder Feldküchen und Bäckereien, noch ein Sanitätswesen. Neben den Ehefrauen gab es auch noch große Scharen von Prostituierten und Nebenfrauen usw. Tross und Lager schufen den Grund für die Zuchtlosigkeit der Landsknechtheere. Im Gefecht war die Disziplin besser, obwohl selbst dann der Kriegsherr sich seiner Truppen nicht sicher sein konnte. Der Grund dafür lag in der Organisation der Söldnerwerbung. Der Werber war zumeist Eigentümer seiner Söldner, über die er nach Belieben verfügte. Er übernahm die Verantwortung in jeder Richtung, militärisch und finanziell. Wie ein Unternehmer trug er Gewinn und Verlust. Da der Söldner Waffen und Kleidung selbst mitbrachte, brauchte der Werber kein eigenes Geld für die Ausrüstung einzuschießen. Gefahr für den Kriegsherrn gab es jedoch, wenn das Geld für den Sold ausging. Meuterei oder gar Überlaufen zum Feind konnte dann leicht eintreten. Die selbst für damalige Zeiten zum Teil unerhörten Zustände geißelte 1589 in einer Veröffentlichung der Philologe Justus Lipsius. In seinem rein philosophischen Werk führte er unter anderem einen Vergleich zwischen den Römern und den Truppen seiner Zeit durch. Seine Anschauungen gipfelten in der Erkenntnis, dass Truppen seiner Zeit, nach römischer Kriegskunst kämpfend, sich die Erde unterwerfen könnten. Diese Schlussfolgerungen blieben nicht ohne Folgen. Bereits 1590 begann Moritz von Oranien zusammen mit seinem Vetter Wilhelm Ludwig von Nassau ein Heer aufzustellen, das als die erste disziplinierte Armee der Neuzeit bezeichnet werden kann.

Im 16. Jahrhundert waren die gesamten Niederlande (Holland/Belgien) durch die Erbteilung im Jahre 1555 in die Hand des totalitären Regimes Spaniens gelangt. Die Macht Philipp II. stützte sich auf das Feuer seiner Regimenter und der Inquisition mit ihren Scheiterhaufen. Im Bewusstsein ihrer Ohnmacht und der trotzigen Hoffnung, dass letztlich nur der längere Atem zählt, nahmen sich die Niederländer die nötige Zeit zum Widerstand. Die erste Generation bereitete das Feld in geistiger Hinsicht vor. Die zweite Generation (jene Willhelm des Schweigers) begann direkt zuzuschlagen und die dritte Generation mit Moritz von Oranien, Friedrich Heinrich und Willhelm Ludwig (der Vater des Drills) konsolidierte die Erfolge.

In dem Aufstands- und Widerstandskrieg der Niederländer gegen die spanische Herrschaft, dem sogenannten 80-jährigen Krieg (1568–1648), standen sie immer einer erdrückenden Übermacht gegenüber. Nur durch intensive Anspannung aller Kräfte sowohl auf politischem, ökonomischem, militärischem und technischem Gebiet konnte im Laufe der Zeit ein erfolgreicher Freiheitskampf geführt werden. Die knappen niederländischen Kräfte bedurften dabei einer zielgerichteten Anwendung, die sich in einer reflektierten Umgestaltung des Militärwesens äußerte. Neben eigenen zeitgenössischen Studien bedienten sich die Führer und Organisatoren der Heeresreform, Moritz von Oranien (1567–1625), Willhelm Ludwig von Nassau (1560–1620) und Graf Johann der Mittlere von Nassau-Siegen (1561–1623), alter Erfahrungen aus antiken Überlieferungen. Allerdings nicht, wie man annehmen könnte, unkritisch und in heldenhafter Verehrung, sondern mit Sachverstand nur dasjenige auswählend, das sich in die eigene Zeit mit Aussicht auf Erfolg umsetzen ließ.

Mit diesem Heer, nach antikem Vorbild geschaffen, konnten schmale Haufen gebildet werden, die höchstens zehn Mann, meist aber nur fünf oder sechs Mann tief standen. Um den sofortigen Durchbruch durch die dünnen Linien zu verhindern, führte Moritz von Oranien eine echte Treffenbildung ein. Die neue Gliederung erlaubte gleichzeitig, die Zahl der Schützen auf das Verhältnis 2:1 zu den Pikenierern zu bringen, denn nun konnten sie an jeden kleinen Haufen angelehnt werden. Entscheidend bei dieser taktischen Neuerung war die größere Beweglichkeit gegenüber den schwerfälligeren spanischen Tercios. Das Exerzieren mit diesen kleinen taktischen Verbänden erforderte eine ganze Anzahl von Führern und Unterführern, die bei den Landsknechten noch nicht nötig waren. Diese Führer waren die ersten Offiziere und Unteroffiziere im modernen Sinn. Die Oranier hatten durch die Aufstellung von „Halbregimentern" die spezifische Aufgabe des Bataillons erfunden. Das Bataillon vermochte anhaltend zu feuern und mit der Geschmeidigkeit antiker Manipulartaktik in der Schlacht zu agieren. Mit diesem taktischen Spielraum konnten auch Vorteile aus Geländehindernissen gezogen, günstige Gelegenheiten abgewartet und stets die Initiative behalten werden.

Die gelockerte Schlachtordnung gab der Reiterei wiederum neuen Auftrieb. Sie konnte, ausgerüstet mit Karabiner, Pistole und Blankwaffe, durch ihre Attacken die lockere Schlachtordnung der Infanterie wieder aufbrechen. Infanterie und Kavallerie waren nun nicht mehr so stark dem massierten Feuer der Artillerie ausgesetzt. Das führte zur Zusammenfassung der Batterien mit Salvenfeuer, denn die Verminderung der Fronttiefe gab der Artillerie geringere Wirkungsmöglichkeiten. Selbst in großen Heeren wurde deshalb die Anzahl der Geschütze herabgesetzt. Die Belagerungstaktik wurde ebenfalls erheblich verändert. Die Niederländer, aber auch die Franzosen hatten neue Methoden des Festungsbaues erdacht. Die einzelnen Werke wurden nun mit flankierenden Bastionen, vorgestellten Forts, alle im polygonen Grundriss, errichtet. Das Zentrum bildete ein turmartiges Kernwerk, unter dem Plattformen für die Artillerie standen. Außen befanden sich als Schutzwall die Kasematten mit ihren Batterien um das Kernwerk. Als Festungsmaterial wurden Erdwerke bevorzugt, sie konnten schnell und billig aufgeworfen werden.

Absolutismus und Aufklärung (1600–1762)

In dieser Zeit unumschränkter königlicher Macht wurden Vernunft und Experiment für die Denker der Aufklärung zur Richtschnur bei der als nun möglich erachteten Enträtselung der Weltgesetze.

Die gleichen Gegensätze, die schon die Menschen des 16. Jahrhundert entzweit hatten, führten im 17. Jahrhundert zum dreißigjährigen Wüten. Religiöse und militärpolitische Feindschaften sowie divergierende staatstheoretische Ansichten ließen Europa aus den Fugen gehen. Erst nach dem Vertrag von Münster hatte Europa seine Identifikation wiedergefunden, gerade noch rechtzeitig genug, um sie gegen die neu angelaufene türkisch-islamische Invasion im Donauraum zu verteidigen.

Das Jahr 1609 brachte zwei Ereignisse, die am Beginn der modernen Wissenschaft stehen und den Keim zum Riss im sozialen Gefüge Europas legten. Der Astronom Johannes Keppler formulierte seine Theorie der elliptischen Bewegungen der Planeten um die Sonne, und Galileo Galilei baute im selben Jahr das erste astronomische Fernrohr, mit dem er die von Keppler stipulierten Bewegungen der Planeten studierte. Doch bei Anbruch des 17. Jahrhunderts wirkte sich das nun erwachte wissenschaftliche Denken noch nicht auf den Durchschnittsbürger aus. Europa litt unter den Nachwirkungen der Reformation. Religionskriege begannen den Kontinent zu überziehen.

Um das Jahr 1600, am Vorabend der großen europäischen Kriege, spielten die Pikenträger nicht mehr die allein tragende Rolle. Ein Teil war auf die Schützen übergegangen, deren Handfeuerwaffen an Wirksamkeit gewannen. Die neue Infanterietaktik verhalf der gut ausgerüsteten Kavallerie wieder in den Sattel. Die schwere unbewegliche Artillerie aber geriet ins Hintertreffen. Je mehr das Heer an Beweglichkeit gewann, je schneller Infanterie und Kavallerie zu feuern vermochten, desto hinderlicher schien die Artillerie zu sein. Nur die schweren Geschütze entgingen dem nun einsetzenden allgemeinen Misskredit, denn sie waren für die Belagerung von Festungen und Städten unentbehrlich. Dieser tote Punkt der Artillerie sollte überwunden werden durch Gustav II. Adolf, König von Schweden.

Doch zur See gewann das Geschütz stetig mehr an Bedeutung. Die erste große Seeschlacht, die ausschließlich mit der nun dominierenden neuen Waffe, der breitseitig bestückten Galeone, ausgetragen wurde, fand 1582 vor St. Michaels (Azoren) statt. Diese Seeschlacht kann als Zwischenstadium eingestuft werden. Die Gegner, mehrheitlich Franzosen unter Filippo Strozzi und Spanier, geführt vom gefürchteten Admiral Marques de Santa Cruz, lieferten sich weder einen echten Artillerie- noch Enterkampf. Sieger blieb jedenfalls der Anhänger der Tradition des Enterkampfes, Admiral de Santa Cruz. Der nächste große Kampf zwischen kanonenbestückten Segelschiffen war der Einsatz der spanischen Armada gegen England im Jahre 1588. In dieser Auseinandersetzung unterschieden sich Schiffe und Taktik der Kontrahenten nun deutlich. Die spanischen Einheiten wiesen hohe Vor- und Achterkastelle auf. Im starken Gegensatz dazu waren die

Schiffe der Engländer im Verhältnis zur Breite länger und besaßen auch weniger Aufbauten. Sie konnten so wesentlich höher an den Wind gehen und waren somit bessere Segler. Die Entwicklung von Segelschiffen, die „kreuzen" konnten, das heißt von Schiffen, denen es ein ausreichend tiefer Kiel und eine in spitzem Winkel zur Schiffsrichtung einstellbare Besegelung ermöglichte, nicht nur mit seitlichem Wind zu segeln, sondern gegen die Windrichtung Raum zu gewinnen, hat den Engländern zuerst den Sieg über die an reiner Kampfkraft überlegene spanische Armada möglich gemacht und ihnen auch den entscheidenden Vorsprung in der weiteren Erforschung und Beherrschung der Weltmeere gesichert. Die englischen Breitseiten waren aber noch zu schwach, um die spanischen Galeonen ernsthaft zu beschädigen. Die Niederlage der spanischen Armada wurde durch die Unkenntnis der Spanier über die englischen Küstengewässer und durch schwere Stürme verursacht.

Nach der Niederlage der Armada verlagerte sich das Schwergewicht des Seehandels nach England. Berühmte Seefahrer jener Zeit waren Sir Walter Raleigh, Sir Humphrey Gilbert, Kapitän John Smith und andere. 1600 wurde die ostindische Kompanie gegründet, die ihre Tätigkeit auf Indien konzentrierte und einen bedeutungsvollen Beitrag zu den Kolonisationsbestrebungen Englands leistete. In kurzen Abständen folgten nun weitere Entdeckungsfahrten und Gründungen neuer Kolonien. 1620 erreichten britische Pilgerväter mit dem Schiff „Mayflower" die amerikanische Küste im heutigen Massachusetts und gründeten dort eine Niederlassung. Während sich auf dem europäischen Festland die Heere zerfleischten und der

Kontinent langsam in einen Zustand von Gesetzlosigkeit und Barbarei verfiel, machte der Schiffbau weitere Fortschritte. Die Zahl der viereckigen Segel nahm zu, bis zu vier an jedem Mast, und das Lateinersegel blieb nur am vierten Mast bestehen. Decks und Kanonen nahmen ebenfalls an Zahl zu und im Laufe der ersten Hälfte des 17. Jahrhunderts verwandelte sich die Galeone in einen mit 102 Kanonen bestückten Dreimaster mit

„Sovereign of the Seas"

Englisches Kriegsschiff, 1637 von Phineas Pett als größtes und schön stes Kriegsschiff jener Zeit erbaut. Beim Bau wurden erstmals wissen- schaftliche Erkenntnisse verwendet und angewandte Mathematik und Geometrie herangezogen. Die Bewaffnung bestand aus 102 über drei Decks verteilte Kanonen. Die Rumpflänge des Schiffes betrug 57 Meter, die Länge über alles 76 Meter und die Breite 15,2 Meter.

Rahsegeln. Der Weg zum späteren Linienschiff begann sich abzuzeichnen. Abzuzeichnen begann sich aber auch der schlechte Ruf des Europäers in aller Welt, dessen zwiespältiges Verhalten Schrecken, Hass und auch Minderwertigkeitsgefühle vor allem bei jenen Völkern erzeugte, die abrupt mit ihm in Berührung kamen. Nur festgefügte Staaten vermochten dem europäischen Druck zu widerstehen, so zum Beispiel Japan, dessen militärische Tradition und hochentwickelte Kultur ein dauerndes Festsetzen von Kaufleuten aus europäischen Ländern verhinderte.

Im Dreißigjährigen Krieg, einem der großen Tiefpunkte in der europäischen Geschichte, bedrohte der Europäer die Außenwelt und zugleich seine eigene und damit sich selbst. Apokalyptische Reiter jagten als Folge der Reformation durch Europa. Ihr Hufschlag war in Frankreich kaum verhallt, als sie im heiligen römischen Reich, das später auf den Zusatz „deutscher Nation" zurückbuchstabiert wurde, den drei Jahrzehnte (1618–1648) währenden Bruderkrieg entfesselten. Zu Anfang des Krieges beherrschten zwei Feldherren, Tilly und Wallenstein, die Szene. Beide waren Anhänger der spanischen Schule, ihre Truppen formierten sich schachbrettartig. Wallenstein, ein kalter Verstandesmensch mit brutaler Methodik, bezahlte und nährte seine Truppen gut, aber die Rechnung beglichen letztlich die Gebiete durch die er zog. Eine gewisse Disziplin seiner Truppen rührte aus Furcht vor ihm und von einem speziellen Belohnungssystem her. Doch auch seine Söldner waren unzuverlässig und plünderten gewissenlos das Land.

Dann aber griff Gustav Adolf (1549–1632) König von Schweden in das Geschehen ein, das als religiöser Aufstand in Böhmen begonnen hatte und nun nach und nach fast ganz Europa in einen Strudel schrecklicher Ereignisse zog. Der König verfügte über ein großes Land mit viel natürlichen Ressourcen (30 % der damaligen westeuropäischen Eisenerzproduktion), aber wenig Volk. Dementsprechend war es notwendig von Artillerie und Kavallerie einen größeren Anteil an der Last des Kampfes, als bei anderen Armeen üblich, zu fordern. Gustav Adolf hatte sein Heer nach niederländischem Vorbild aufgebaut. Mit eigener, blaugelber Uniform ausgerüstet und hervorragend diszipliniert, können seine Truppen als erste nationale Armee angesprochen werden. Das Heer des Schwedenkönigs fand nicht seinesgleichen in Europa. Gustav Adolf hatte eine Reihe verschiedener Neuerungen technisch-taktischer Art in seiner Armee eingeführt, die es ihm gestatteten, es unbesorgt mit den gefürchteten, spanisch ausgebildeten Pikenträgern aufzunehmen. Es war ihm klar geworden, dass die dichten Menschenmassen der Tercios ein hervorragendes Ziel für Gewehrfeuer abgeben würde, wenn es sich technisch durchführen ließe, sie schneller als es mit dem schweren und aufgelegt schießenden Luntengewehr möglich war, zu attackieren.

So wurden zwei Drittel der Pikeniere zu Musketieren gemacht, und zusammen mit dem letzten Drittel Pikenträger in sechs Mann tiefen Reihen aufgestellt. Um die Truppen beweglicher zu halten, wurden zudem die Handfeuerwaffen leichter gebaut, auf die Auflagegabel verzichtet und die Rüstungen fast ganz aufgegeben. In der sogenannten „schwedischen

Ordonnanz" wurden Richtung, Zwischenräume und Abstände genau eingehalten. In ihrer taktischen Ordnung, Brigade geheißen, wechselte immer eine Pikenier- mit einer Musketierabteilung. Die Schützen, auch Musketiere genannt, schossen jetzt in Salven, wobei das erste Glied feuerte, sich anschließend hinter das zweite Glied zum Laden durch Lücken hindurchzog und diesem das Feuern überließ. Zugleich feuern konnten zwei Glieder, wenn die Schützen des ersten niederknieten. Bei drohenden

Pikenier in Abwehrstellung

Seine Pike stützt sich am rechten Fuß ab. Die Zurückbildung der Rüstungen führte zum Ersatz des Schwertes durch Degen und Säbel. Der Degen ist besser für den Stoß geeignet, der Säbel, als einseitig geschliffene Hiebwaffe, wurde vor allem von der Reiterei bevorzugt.

Kavallerieangriffen zogen sich die Musketierabteilungen hinter die Pikenierabteilungen zurück. Die entstandenen Lücken wurden durch Pikeniere, die hinter der ersten Linie ein zweites Treffen bildeten, ausgefüllt.

Die kleinen schwedischen Spießerhaufen waren außerstande, allein den alles niederwerfenden Stoß auszuführen. Sie wurden zur Hilfswaffe der Musketiere. Die mehr defensive Wirkung des Musketier-Salvenfeuers musste daher durch weitere Maßnahmen unterstützt werden, sollte der Endzweck des Ganzen voll zum Tragen kommen, nämlich die Schwächung und das Auseinanderreißen der gegnerischen starren Formationen, bevor sie die eigenen Reihen erreichten. Eines dieser Mittel war die Reiterei. Sie wurde unter Gustav Adolf fast ebenso radikal verändert wie die Infanterie. Die übliche Art, wobei Kürassiere auf eine Infanterieformation zusprengten, ihre langen Pistolen abfeuerten, sich zurückzogen, nachluden und den Angriff wiederholten, schaffte er ab. Die schwedische Kavallerie wurde darauf gedrillt, den neu eingeführten Stoßdegen (Pallasch) zu gebrauchen. Bei der Attacke folgte Schwadron auf Schwadron, so dass sich alles in Angriffsrichtung drängte. Gustav Adolf wusste aber genau, wie stark Infanteriefeuer angreifender Reiterei zusetzen konnte. So sah der große Reformer vor jedem Kavallerieangriff vorbereitendes Artilleriefeuer vor.

Der größte Umbruch vollzog sich deshalb in der schwedischen Artillerie. Die damals im Kriege eingesetzten Feldkanonen waren zu schwer, um schnelle Stellungswechsel durchzuführen. Sie wurden ins Feld gezogen und gingen dort in Stellung. Die Pferde wurden sofort nach dem Abprotzen nach rückwärts in eine Deckung verbracht. Von dieser Feuerstellung aus wirkten die Kanonen dann über die ganze Schlachtdauer. Der Schwedenkönig etablierte die Artillerie als eigenständige Waffengattung und führte leichtere Geschütztypen ein, wobei er die breite Palette an Kalibern auf 24-, 12- und 6-Pfünder vereinheitlichte. Neben den schwer beweglichen Kanonen gab es fortan eine 4-Pfünder-Begleitartillerie, die man den Regimentern zuteilte. Diese Regimentsstücke verdichteten das Feuer zur verheerenden Wirkung mittels Kartätschen, was eine bedeutende Innovation des Königs darstellte. Regimentsstücke waren vergleichsweise leicht und konnten daher von einem einzigen Pferd fortbewegt werden. Neben dem Kartätschenschuss lud man die Regimentsstücke u. a. mit leichten Holzkartuschen, an denen zugleich die Kugel befestigt war. In der gleichen Zeit, da ein Musketier sechs Schüsse abgab, feuerte ein Vierpfünder achtmal. Mit dieser einfachen Maßnahme konnte überall die Tiefe der schwedischen Schlachtreihen vermindert werden, was wiederum die Verwundbarkeit der Infanterie herabsetzte. Es sind auch „Lederkanonen" bekannt, die der König einsetzen ließ. Allerdings lösten massive, dafür schwerere Kanonenrohre bald wieder jene in Verbundbauweise ab.

Diese neuartig ausgerüstete und gegliederte schwedische Armee traf am 17. September 1631 in der Ebene von Breitenfeld (nördlich von Leipzig) auf die kaiserlichen Truppen mit Tilly und seinen Reiterführern Pappenheim und Fürstenberg zusammen. In dieser Schlacht wirkte sich zum ersten Mal die Artillerie voll aus. Nachdem die Kürassiere Pappenheims durch mit Musketieren verstärkte schwedische Kavallerie vom Schlachtfeld vertrieben worden waren, Fürstenbergs Reiter, die in den Rücken der Schweden fielen, vom zweiten schwedischen Treffen praktisch vernichtet wurden und die Tercios durch Gustav Adolfs Reiterei pausenlos unter Druck standen (damit sich der Gegner nicht gegenseitig unterstützen konnte), griffen die schwedische Infanterie, Kavallerie und Artillerie in das Geschehen ein. Die Artillerie, durch Musketiere unterstützt, feuerte Schuss für Schuss in die dichten Massen der kaiserlichen Infanterie. Ohne die Unterstützung der eigenen Kavallerie vermochten die Tercios Tillys sich der Schweden nicht mehr zu erwehren. Bei Anbruch der Dämmerung begann die Flucht. Von den 40 000 Kaiserlichen blieben 7000 auf dem Schlachtfeld. 6000 ergaben sich den siegreichen Schweden, die mit rund 26 000 Mann zur Schlacht angetreten waren.

Mit Gustav Adolf und seinen Soldaten hatten neue taktische und technische Möglichkeiten in den Dreißigjährigen Krieg Eingang gefunden. Beweglichere Pikeniere mit verkürzten Piken, Musketiere mit schnellschießenden Gewehren (es wurden Papierpatronen verwendet) leichte bewegliche Artillerie mit schneller Schussfolge und eine Reiterei, die fähig war, Attacken vorzutragen, waren die wesentlichsten Merkmale der technischen Seite des Sieges. In taktischer und organisatorischer Hinsicht waren bemerkenswert: Der Einsatz verbundener Waffen mit Musketieren und Reitern, sowie die Tatsache, dass sich das Heer des Schwedenkönigs auf ein funktionierendes Versorgungssystem abstützen konnte. Vorräte, Ausrüstung und Kleidung wurden in Magazinen gelagert und die

Rechnungen der Lieferanten pünktlich bezahlt. Dies allein schon bedeutete eine Revolution.

Bei Lützen (1632) trafen Gustav Adolf und Wallenstein aufeinander. 12 000 Kaiserliche und 14 000 Schweden lieferten sich einen achtstündigen Kampf. Wallensteins Tercios blieben in der Defensive, bis sie den stürmischen Attacken der schwedischen Kavallerie weichen mussten. Gustav Adolf kam im Getümmel ums Leben. Seine Nachfolger, die Generäle Bauer, Torstensson und Wrangel, führten die neue Taktik bei den unter ihren Fahnen stehenden Heeren und deutschen Verbündeten ein. Nach Lützen wurde aus dem Dreißigjährigen Krieg, militärisch gesehen, eine unbedeutende Angelegenheit, obwohl noch manche Schlacht geschlagen wurde, die von bekannten Namen wie Turenne, dem großen Condé, Montecuccoli und weiteren geführt wurden. Aber wie in keinem anderen Krieg dieser Zeit hatte vor allem die zivile Bevölkerung furchtbar unter den Kriegsereignissen zu leiden. Es trat eine allgemeine Verrohung ein, auch die so vielgerühmten Schweden verloren nach dem Tode ihres königlichen Führers jede Disziplin, sie wüteten nun meist noch schlimmer als ihre Gegner. 1634 erfolgte die Absetzung und Ermordung Wallensteins durch eine Obristenverschwörung, im gleichen Jahr erlebten die Schweden eine katastrophale Niederlage bei Nördlingen, 1635 beginnt Frankreich den Krieg gegen Spanien, im Juli 1636 fallen kaiserliche Truppen in Nordfrankreich ein, im Oktober erfolgt wiederum ein schwedischer Sieg bei Wittstock, 1639 vernichtet der niederländische Admiral Tromp die letzte große Kriegsflotte Spaniens, 1642 haben die Schweden wieder das Übergewicht im Reiche und 1643 vernichtet eine französische Armee unter Louis de Bourbon, Duc d'Enghien und Vetter Ludwigs XIV., der später als „Grand Condé" berühmt wurde, bei Rocroi die spanische Eliteinfanterie. Rocroi war eine Entscheidungsschlacht. Sie verhalf Frankreich und seinen Verbündeten wieder zum Aufstieg und machte die Gegenseite mit Ausnahme Spaniens geneigt, den nun bald dreißig Jahre währenden Krieg zu beenden. Aber obwohl nach Rocroi die Macht der spanischen Terzios gebrochen war, führten all dies Wüten und all diese Schlachten und die bekannten Anführer erst nach weiteren fünf Jahren zu einem Ergebnis. Der westfälische Friede, 1648 in Münster geschlossen, war ein Friede der Erschöpfung.

Am Schluss des Dreißigjährigen Krieges war auch das Ende der bisherigen Ausrüstung, Bewaffnung und Taktik abzusehen. Die Tercios, der lange Spieß der Infanterie sowie der schwere Vollharnisch der Reiterei verschwanden. Die Söldner wurden durch Berufstruppen ersetzt. Die allgemeine Kriegsmüdigkeit trug dazu bei, dass die immer noch bestehenden Spannungen und Konflikte begrenzt und damit lokalisiert blieben. Die Zivilbevölkerung in Stadt und Land blieb davon vielfach unberührt. In den folgenden Kriegen ging es ausschließlich um politische Streitigkeiten, mehr um geschicktes Manövrieren als um Zerstörung. Die mit hohen Kosten gedrillten Soldaten konnten nun auch nicht mehr so leichtfertig wie früher aufs Spiel gesetzt werden.

Marquis de Louvois, Kriegsminister Ludwigs XIV., führte eine taktische Neuerung ein, die Aufstellung des Infanterieheeres in Linien. Seine Truppen rückten in drei Linien vor, machten nach Trommelklang genau 80 Schritte in der Minute und feuerten ihre Salven nur noch nach festgelegtem Ablauf ab. Diese Soldaten waren nun nicht mehr Knechte irgendwelcher Kriegsherren, sondern sie trugen des Königs Rock. Im Zeitalter des Absolutismus hatte sich das Heer zu einem Instrument des Herrschers gewandelt. Es war auf ihn verpflichtet und diente ihm zur Durchsetzung seines politischen Willens. Die Theorie von der göttlichen Ordnung des Mittelalters wurde abgelöst durch eine neue gesellschaftliche Ordnung, in der alles bei einer weltlichen Zentralgewalt, dem Monarchen, zusammenlief. Der Staat verkörperte sich im Monarchen, der von „Gottes Gnaden" mit göttlichem Recht regierte.

Die Soldaten im absolutistischen Zeitalter wurden aber immer noch angeworben. Die langen Dienstzeiten und die ständigen Kleinkriege verhinderten zumeist eine Ausmusterung, so dass mit der Zeit stehende Heere entstanden. Eine wichtige Neuerung war bei der Infanterie auch auf technischer Seite eingeführt worden: das Steinschloss. Es tauchte etwa um 1630 auf, wurde in der Frühform als Schnappschloss bezeichnet und entwickelte sich in verschiedenen Variationen zum Batterieschloss. Das Steinschloss ermöglichte es erstmals allen Heeren, schnellschießende Feuerlinien ins Gefecht zu bringen. In dieser Zeit entstand auch ein spezieller Typ Infanterist, der Grenadier, dessen vordringliche Aufgabe im Gefecht das Werfen von Handgranaten war. Sein Einsatz erfolgte häufig an Brennpunkten des Kampfes, zum Beispiel zum Sturmangriff oder zur Abwehr gegnerischer Kavallerie. Bis zum 19. Jahrhundert trugen die Grenadiere charakteristische „Grenadiermützen", die ihnen ein martialisches Aussehen verleihen sollten. Mit der Verbesserung der Schusswaffen verloren dann diese Elitetruppen ihre Bedeutung, die Bezeichnung aber blieb als historischer Begriff weiter bestehen bis in unsere Zeit.

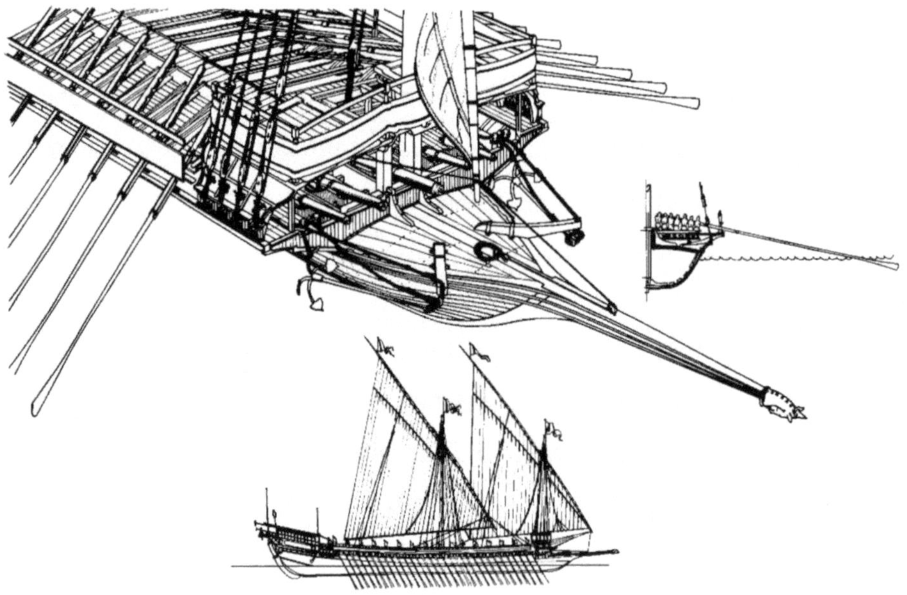

Französische Galeere mit Buggeschützen, Baujahr 1720

Die letzte Seeschlacht als Kombattanten fand 1717 nahe Kap Matapan statt. Die schwersten Jagdgeschütze dieser Galeeren waren 36-Pfünder, sogenannte Coursier, die im Jagdkurs (also in Fahrtrichtung) schossen. Die größten französischen Galeeren, die „Realen", mit bis zu sieben Ruderern pro Ducht, erreichten Gesamtzahlen von 462 Galeerensträflingen.

Auch auf See wurden Veränderungen spürbar. Die Initiative war hier auf die Holländer übergegangen, nachdem wie bereits erwähnt, 1639 eine große spanische Flotte in englischen Gewässern durch den holländischen Admiral Tromp nahezu vernichtet wurde. Diese Niederlage war der Anfang vom Ende der spanischen Großmacht, die bei Rocroi auch ihre bis dahin gefürchtete Infanterie verlor. Im taktischen Bereich vor allem begann sich der See- vom Landkrieg in wesentlichen Punkten zu unterscheiden. Der wichtigste war, dass die Taktik des Gruppenangriffs durch diejenige des Angriffs in Kiellinie abgelöst wurde. Diese neue Gefechtstaktik beendete die Nachahmung von Infanterietaktiken auf See und markierte zugleich den Bruch mit den Kampfmethoden von Galeeren.

Galeeren wie auch die Infanteristen feuerten in Richtung ihres Angriffszieles, ihres Vormarsches. Mit Breitseitenbatterien bestückte Schiffe wirkten jedoch im rechten Winkel zu ihrer Marschrichtung. Ihre am besten gesicherte Front lag dort, wo marschierende Truppen ihre schwer zu schützende Flanke hatten. Die Kiellinie war die logische Konsequenz aus der Breitseitenaufstellung der Geschütze und ihrer erhöhten Feuergeschwindigkeit. Es wurde schwierig, einzelne Schiffe zu entern oder niederzukämpfen. Die angegriffenen Schiffe konnten sich ja nun durch Abfallen oder Aufkommen gegenseitig unterstützen. Die Kiellinie trug, unabhängig davon, ob sie die Niederländer schon vorher eingesetzt hatten, wesentlich dazu bei, dass die Flotte der Engländer in den schweren Kämpfen gegen die Niederlande erhalten blieb. Nach hartem Ringen (1650) waren die

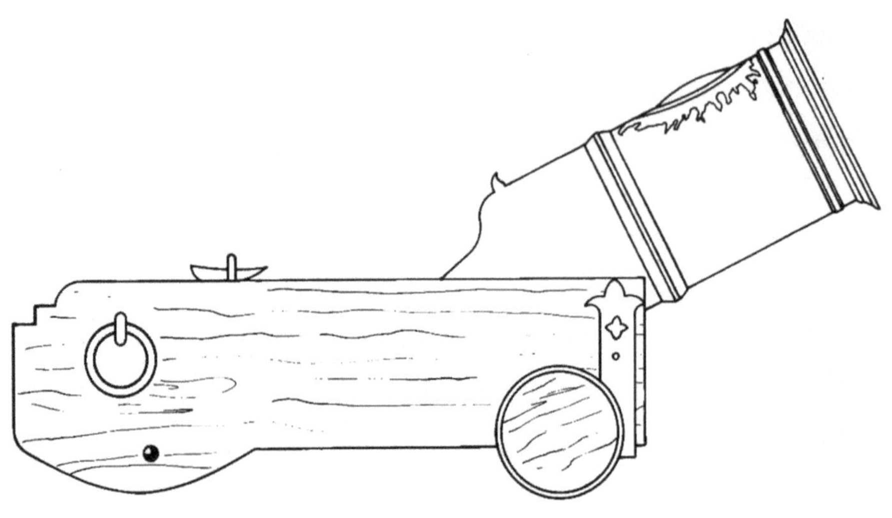

Schiffsmörser (1682) für Mörserschiffe (Bombarden)

Ein Franzose, Du Quesne, führte die neue Waffe auf einem neuen Schiffstyp ein. Die Bomben dieses Schiffsmörsers wogen ungefähr 200 englische Pfund, ein geradezu erstaunliches Gewicht, wenn man bedenkt, dass normale Schiffsvollkugeln der damals größten Geschütze 48 englische Pfund (22 kg) wogen.

Engländer in Seemannschaft und Geschützwesen ihren Rivalen überlegen, ebenso im Schiffbau und in der taktischen Lehre. Sie lösten sich auch als erste vom Nahkampf und Entern. Langsam machte sich jedoch Traditionalismus im Schiffbau und Formalismus in der Taktik breit. Die Initiative ging an die Franzosen über. Schöpfer der französischen Seemacht war Jean Colbert, Finanzminister unter Ludwig XIV. Unter Colbert wurde der Schiffbau in Frankreich eine Wissenschaft, die den mehr handwerklichen Methoden der Engländer überlegen war. Bei Colberts Tod (1689), war die französische Flotte auf hoher See jeder anderen gewachsen.

Gegen Ende des 17. Jahrhunderts vollzog sich in Frankreich nicht nur im Schiffsbau eine bemerkenswerte Entwicklung. Frankreich wurde führend im Festungsbau, in der Organisation der Artillerie und in der allgemeinen Waffentechnik. Vauban und de Vallière setzten Zeichen in dieser Epoche. Ersterer im Festungsbau, letzterer in der Vereinheitlichung des Geschützwesens.

In der Kunst des Festungsbaues und der Belagerung wurde Sébastien Le Prestre de Vauban (1633–1707) berühmt. Vauban entwickelte ein zusammenhängendes System von befestigten Städten und Festungswerken. Er empfahl das überkreuzte Feuer der Artillerie, den Gebrauch von Kanonen, um Breschen zu schlagen und die Verwendung von Explosivgeschossen, um Erdwälle aufzureißen. 1688 erfand er das Ricochet-Schießen. Vauban setzte 300 alte Städte und Festungen in Stand, baute 33 neue und leitete 53 Belagerungen – alle erfolgreich. Auch auf dem Gebiet des Geschützwesens wurde viel getan. Wichtig war hier vor allem die Vereinheitlichung der Kaliber. Ein von Generalleutnant de Vallière entworfenes und nach ihm benanntes System vereinheitlichte nicht nur die Kaliber der Kanonen, sondern stellte auch eine feste Beziehung zwischen Rohrdurchmesser/Rohrgewicht als auch Pulverladung und Geschoss her. Das beginnende 18. Jahrhundert war nicht nur auf technischem Gebiet bedeutungsvoll; um 1700 war zum Beispiel die Pike zugunsten des Bajonetts verschwunden und damit der Fußsoldat im modernen Sinn geboren. Ins politische Bewusstsein des Europäers trat nun mit Russland eine neue Großmacht. Zar „Peter der Große" erklärte am 19. August 1700 den Schweden den Krieg mit dem Ziel, Einfluss im Ostseeraum zu gewinnen. Aber erst in der Schlacht von Poltawa (1709) vermochten die Russen die Schweden entscheidend zu schlagen. Die schwedische Armee unter dem jungen König Karl XII. hatte durch russische Rückzugsgefechte mit rücksichtsloser Verwüstung Ostpolens und der Ukraine und einem ständigen

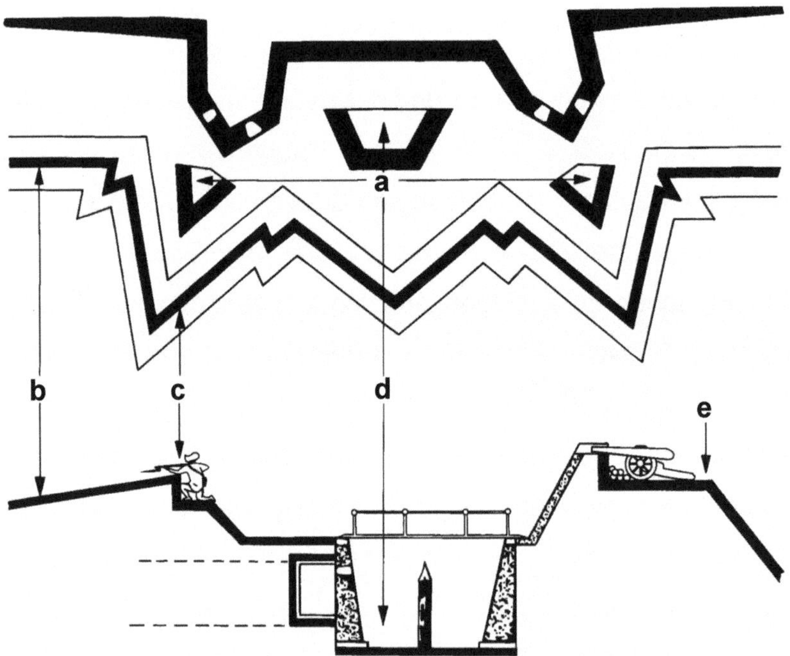

Bastionen-Aufbau nach Vauban (Ende 17. Jahrhundert)

a) Ravelins und Hornwerk, b) Glacis, c) Konterscarpe-Schützenstand, d) Wehrgraben, e) Bastion

Kleinkrieg viel von ihrer Kampfkraft verloren. Die Schlacht selbst konnte der schwedische Soldatenkönig nur mangelhaft leiten, da er ernstlich verwundet war. Der Engländer Marlborough fasste den Ausgang dieser Schlacht in einem Satz zusammen: „Zehn Jahre ununterbrochene Erfolge und zwei Stunden mangelnde Führung“.

War mit Russland eine neue Großmacht entstanden, die bis heute Bestand hat, so musste im gleichen Zeitraum eine andere abtreten. Im Jahre 1697 waren die Türken ein weiteres Mal fest entschlossen, einen endgültigen Sieg über die europäischen Mächte im Donauraum zu gewinnen. Ihr Oberkommando verfügte über mehr als 100 000 Mann. Demgegenüber verfügte der kaiserliche Feldherr, Prinz Eugen von Savoyen, über nicht viel mehr als 30 000 Mann, als es zum Kampf kam.

Doch der Prinz ließ sich nicht von Zweifeln überwältigen. Auch als er merkte, dass es die Türken fertig gebracht hatten, ihn durch eine geschickte Täuschung von seiner Verbindung mit seiner Basis Peterwardein (dem heutigen Petrovaradin) abzuschneiden und sich direkten Zugang zum Donautal, und damit zur Hauptstadt Wien, zu verschaffen, gab er sich nicht geschlagen, sondern verfolgte den Gegner in einem Dreitagemarsch, wobei 90 km zurückgelegt wurden. In bester Marschordnung gelangten die Truppen Prinz Eugens unter dem Schutz des alten römischen Limes in die türkische Flanke. Die auf den langen Märschen disziplinierte kaiserliche Armee verunsicherte den türkischen Sultan durch ihre in tadelloser Ordnung aufgestellte Streitmacht. Die Türken brachen den Kontakt ab und versuchten den Vormarsch nach Wien durch das Theisstal fortzusetzen. Ohne seinen Truppen Zeit zur Rast zu geben, verfolgte der Prinz den Gegner und erzwang eine Schlacht in dem Moment, als die Türken auf einer Schiffbrücke über den Fluss Theiss setzten. Aus der Bewegung heraus konnte das weit überlegene türkische Heer umzingelt

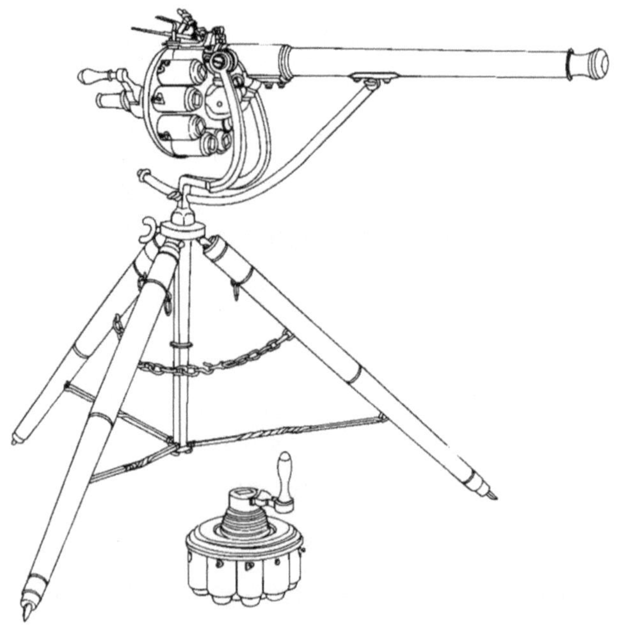

Aus der Zeit, als die Türken noch eine Gefahr für Europa bedeuteten

James Puckles Revolvergewehr (1715) sollte nach dem Willen seines Erfinders runde Kugeln gegen Christen und viereckige gegen Türken verschießen. Funktion der Waffe: Das walzenförmige und austauschbare Magazin wurde durch eine Feststellkurbel gehalten (gasdichter Übergang zum Lauf), die man lösen musste, um das Magazin eine Ladung weiterdrehen zu können. Gezündet wurde das Pulver in den einzelnen Kammern mit einem Steinschlossmechanismus.

werden. Die Artillerie (sie wurde mit Winden und Seilen das Steilufer der Theiss heruntergelassen) nahm den einzigen Fluchtweg der Türken, die Schiffbrücke, unter gezieltes Feuer. Die Janitscharen (türkische Elitetruppen) warfen sich im Gegenstoß immer wieder auf den Feind, ohne gegen die österreichischen Linien anzukommen. Ihr Elan brach im Feuer der mustergültig aufgestellten kaiserlichen Linieninfanterieregimenter zusammen. Um ihrem Feuer die größtmögliche Wirkung zu geben, befahlen die Offiziere Prinz Eugens die Schussabgabe jeder Generalsalve einzeln. Dem koordinierten Feuerschlag aus Steinschlossgewehren hatten die Türken mit ihren langsamer schießenden Luntenschlossgewehren nichts Gleichwertiges entgegenzusetzen und verloren die Schlacht. Prinz Eugen hatte infolge seiner an Truppen schwächeren Position auf seine Überlegenheit an Feuerkraft bei entfalteter Schlachtordnung gesetzt. Seine marschierenden Kolonnen blieben aber der Gefahr eines osmanischen Reiterangriffs immer ausgesetzt. Sie hätten nur ein verzetteltes Feuer abgeben können und währen wohl vernichtet worden. Die Fähigkeit zum raschen Übergang in die breite, auseinandergezogene Schlachtordnung, in der eine Großzahl der Gewehre zum tragen kam, war die richtige Antwort und ein feuerspeiender Damm gegen angreifende Menschenmassen.

Nach 1717 endeten die größeren kriegerischen Ereignisse dieses Krieges. Die Türken und damit die islamische Welt, die jahrhundertelang um die Vorherrschaft auf dem Kontinent mit den Europäern gerungen hatte, stellten von nun an keine existentielle Bedrohung mehr für Europa dar. Die Auseinandersetzungen mit diesem zähen Gegner brachten mit der

Zeit auch eine waffentechnische Neuerung in die europäischen Heere, den persisch/türkischen Säbel. Diese in Kämpfen mit nicht oder wenig gepanzerten Kriegern erfolgreich eingesetzte Waffe ist ein typisches Beispiel für die Wechselwirkung zwischen Bewaffnung und Körperpanzerung.

Der Sieger von Peterwardein, Prinz Eugen von Savoyen, wirkte weiter als Begründer der österreichischen Großmacht und als großer Vertreter der Lineartaktik. Die Lineartaktik zur Vollendung brachte jedoch ein Feldherr und König, der eben dieses Instrument erfolgreich gegen die Nachfahren Prinz Eugens anwandte: Friedrich II., König von Preußen. Im Jahre 1740 hatte er sich der reichen österreichischen Provinz Schlesien bemächtigt. Dieses Land bedeutete einen großen Zuwachs für Preußens Territorien, brachte aber auch jahrelange Kriege und Rivalitäten mit den Österreichern, vorab mit ihrer Kaiserin Maria Theresia ein. Dass Friedrich II. (der Große genannt) den Kampf gegen Österreich und seine mächtigen Verbündeten schließlich gewinnen konnte, ist eine der großen Leistungen in der europäischen Kriegsgeschichte. Friedrichs Erfolge sind wesentlich auf seine gesunden strategischen Grundsätze, „Wer alles conservieren will, der conserviert nichts!", hervorragende Untergebene, z. B. Seydlitz und ein bestens ausgerüstetes sowie gedrilltes Heer zurückzuführen.

Unter Friedrich II. ergänzten sich Taktik und Technik optimal. Seine im Gefecht aufmarschierenden Soldaten kämpften in Linien von drei Mann Tiefe. Ihr Vorgehen im Gefecht war eine dauernde Folge von Schießen,

Laden und Vorrücken; und das mit der Genauigkeit einer Maschine. Der einzelne Mann wurde Teil eines Ganzen; als Zahn eines Zahnrades, das als Einheit oder Verband wiederum nur die Aufgabe hatte, minuziös mit den anderen ineinanderzugreifen. Die Theorie des radikalen Materialismus und Mechanismus trieb hier hohe Blüten, neben die „Homme-Machine" trat die „Armee-Machine". Interessant ist in diesem Zusammenhang, dass gerade Friedrich II. als Vertreter des aufgeklärten Absolutismus – er sah sich als erster Diener des Staates –, auf diesem Gebiet als unerreicht galt. Alle Maßnahmen waren im Bestreben begründet, durch Massenwirkung die mangelhafte Treffleistung der Einzelwaffe auszugleichen. Die ungenügende Treffgenauigkeit der mit glatten Läufen ausgestatteten Infanteriegewehre schloss ein Zielen aus; es galt als Zeitverlust und war geradezu verboten. Der Feuergeschwindigkeit hatte sich alles unterzuordnen. Wieviel Pulver beim Abbeißen der Papierpatrone abhanden kam usw., trat als unwesentlich zurück gegenüber dem „geschwind, geschwind" der Ladegriffe. Die Kompliziertheit des Ladens, Feuerns und gleichzeitigen Vorrückens war groß und für einen im Gefecht stehenden Soldaten nicht mehr bewusst durchführbar. Daher wurde dem Drill zur größtmöglichen Steigerung der Feuergeschwindigkeit große Aufmerksamkeit geschenkt. Friedrich II. legte auf diesen Ausbildungszweig allergrößten Wert. Er ließ ununterbrochen bei jeder sich ergebenden Gelegenheit üben, ja er überprüfte den Fortschritt höchst persönlich mit der Uhr in der Hand. Doch die Feuerwirkung war umstritten.

Bei einer Reichweite des Infanteriegewehres von 400 Schritten eröffnete man den Feuerkampf etwa auf 300 Schritte, eine tatsächliche Wirkung war jedoch erst ab etwa 200 Schritt (160 Meter) feststellbar. Entscheidender als das Feuer scheint die auf diesem Gebiet vorbildliche preußische Armee durch ihre Disziplin und den Zusammenhalt der Front und ihrem mit unaufhaltsamem Vorrücken demonstrierten Siegeswillen gewirkt zu haben. Das Feuer diente demzufolge nur der Erschütterung des Gegners. Den Höhepunkt aber bildete der Einbruch mit dem aufgepflanzten Bajonett oder vielmehr der Wille, den Einbruch auch tatsächlich durchzuführen. Angriff bedeutete somit unbeirrbar vorgebrachte körperliche Gewalt, direkt, unmittelbar. Der Preußenkönig hat dies klar zum Ausdruck gebracht in seinen Generalprinzipien: „Das Feuer, so die Infanterie macht, ist zur Defensive, und ihr Bajonett dient zur Offensive."

Die Annäherung erfolgte niemals im Laufen, um die Truppe nicht auseinanderfallen zu lassen, sondern im „starken Schritt", Tempo nach dem preußischen Reglement von 1743 mit 75 Schritt pro Minute. Bei der Feuereröffnung wurde das Tempo auf 40 bis 45 Schritt, bei gleichzeitiger Verkürzung der Schrittlänge, reduziert. Hatten sich die gegeneinander vorrückenden Truppen auf etwa 30 Schritt genähert, wurde das Gewehr mit aufgepflanztem Bajonett „gefällt", das heißt: annähernd waagrecht zum Stoß vorgereckt. Ab diesem Punkt war es bei den Preußen nicht mehr geladen, während die Österreicher noch einmal aus der Hüfte feuerten.

Von den verschiedenen möglichen Feuerarten sei das Pelotonfeuer hervorgehoben. In seiner taktischen Anwendung gab es Varianten für Abwehr, Angriff und Rückzug: Ein Bataillon zu vier Kompanien stand in Linie. Jede Kompanie war in zwei Pelotons eingeteilt. In einer jedes Mal zu befehlenden Reihenfolge gaben die Pelotons ihr Salvenfeuer ab, so dass aus der Bataillonsfront pausenlos eine Salve nach der anderen herausfuhr. Mit solchen Truppen war der preußische König in der Lage, sein taktisches Meisterwerk, die „schiefe Schlachtordnung", durchzuführen. In dieser Anordnung wurde in logischer Fortentwicklung der Flügelschlacht zur Umfassungs- und Vernichtungsschlacht nach Cannae-Muster hingeführt. Drei Dinge waren dafür Voraussetzung: hohe Beweglichkeit der Infanterie, eine durchschlagende Kavallerie und die Notwendigkeit, die eigenen Bewegungen der feindlichen Beobachtung zu entziehen.

Die dazu nötigen Fußtruppen standen Friedrich II. bereits in der Schlacht bei Mollwitz (1741) gegen die Österreicher zur Verfügung. In der Schlacht bei Roßbach (1757), der entscheidenden Schlacht des Siebenjährigen Krieges, die er gegen die Franzosen gewann, konnte er eine Kavallerie einsetzen, die ihresgleichen suchte. Die preußische Kavallerie attackierte im starken Trab oder auch kurzem Galopp. Der Angriff erfolgte mit der blanken Waffe, der Einsatz von Gewehr oder Pistole entfiel praktisch. Die Grenadiere zu Pferd wurden in Kürassierregimenter umbenannt und, da sie schwere Reiterei darstellten, ins erste Treffen gestellt. Die Dragoner, die auch zu Fuß kämpften, kamen ins zweite Treffen. Auch die Artillerie erfuhr Verbesserung. So erhielten zum Beispiel die leichten Dreipfünder

Kastenprotzen, die hundert Schuss Munition aufnehmen konnten. Die Geschütze waren durch diese Maßnahme vom Munitionsnachschub unabhängiger und dazu noch schneller feuerbereit.

Wo immer Friedrichs Soldaten ins Feuer gingen, wehte ein besonderer Wind. Langjähriges eingedrilltes Verhalten, anfeuerndes Wirken energischer Offiziere, die strenge Überwachung der Mannschaft durch hinter den Reihen stehende Unteroffiziere und anfeuernde Rhythmen der Trommeln, sowie die stete Anwesenheit des Königs, schufen einen speziellen Geist bei allen Teilnehmern in der Schlacht. In einem Ritual, in welchem Glauben, Ethos, Disziplin, und wohl auch Ergriffenheit wirkten, konnten andere Leistungen von jedem Einzelnen erwartet und durchgesetzt werden als es bei den Gegnern möglich war. Denn die tatsächliche Grundlage der „Preußischen Disziplin" war nicht blinder Gehorsam (Kadavergehorsam), sondern der Respekt vor dem Zeitfaktor und den damit errungenen Vorteilen, die eigenes Leben erhalten konnten. Aber auch der Preußenkönig konnte geschlagen werden. Am 18. Juni 1757 musste er bei Kolin, 50 Kilometer östlich von Prag eine vernichtende Niederlage durch die
Österreicher unter Feldmarschall Daun einstecken. Doch der Preußenkönig konnte den Kampf abbrechen und sich unverfolgt zurückziehen. Fortan sah er sich rundum von Feinden umgeben. Im Norden standen die Schweden, im Osten die Russen, im Süden die kaiserlichen Österreicher, im Westen die Franzosen und weitere Kaiserliche. Durch diesen Ring brach sich der König Bahn mit der siegreichen Schlacht bei Roßbach, um

90

sich dann gegen Daun und den Prinzen von Lothringen mit ihren über 70 000 Mann zu wenden. Diesem Heer vermochte Friedrich II. nur ein halb so großes entgegenzustellen, außerdem hatte er noch eine Marschleistung von 300 Kilometer in 12 Tagen zu erbringen.

An Tapferkeit und Pflichtbewusstsein waren Preußen und Österreicher gleich hoch einzuschätzen. Zudem war die Ausbildung des österreichischen Heeres seit der Reform der Kaiserin Maria Theresias wesentlich verbessert worden. Der Sieg bei Kolin hatte auf österreichischer Seite den Siegeswillen bestärkt und zur Schaffung des Militär-Maria-Theresien-Ordens, der ersten militärischen Auszeichnung, welche die Offiziere zu selbständiger Tat anfeuerte, geführt.

In der nun folgenden Schlacht ging es für Friedrich II. um alles oder nichts. Am 5. Dezember 1757 verließ das preußische Heer Neumarkt. Bei Borne/Borna entdeckte die Vorhut die österreichische Schlachtlinie beidseits Frobelwitz und Leuthen. Der König ließ die Vorhut einen „Vorhang" bilden, hinter dem er versteckt das Groß seitlich nach rechts marschieren ließ. Gedeckt hinter den Höhen marschierten die Preußen nun in Richtung auf Illnisch. Dabei bildeten sie nur noch zwei Kolonnen, die lediglich linksum zu machen brauchten, um die beiden Treffen für die Schlacht bereitzustellen. Die schweren Batterien fuhren feindwärts der linken Kolonne, in Höhe des zweiten Bataillons, in fünf Batterien gegliedert. An der Spitze und am Schluss marschierte die Kavallerie, so dass auch diese beim Linksummachen auf die Flügel zu stehen kam. Die Vorhut wurde aufgelöst, ein Teil stand nun bei der ersten Kavalleriekolonne der Rest setzte sich links neben die Spitze der vordersten Infanteriekolonne. Die Osterreicher erkannten infolge des diesigen Wetters und der schlechten Sichtverhältnisse den Rechtsabmarsch des preußischen Heeres zu spät. Aus der „schiefen Schlachtordnung" heraus rollte das preußische Groß den linken Flügel der Österreicher auf. Diese versuchten, ihre Front zu wenden und dem schwer angeschlagenen linken Flügel zu Hilfe zu kommen. Obwohl sich im Dorf Leuthen die österreichischen Regimenter erbittert wehrten, es kam zu Bajonettkämpfen, mussten schließlich rund 20 000 Mann die Waffen strecken. Die Verluste waren beidseits hoch: je ungefähr 6000 Mann. Leuthen gilt seither als des Großen Friedrichs Meisterstück. Ein wichtiger Punkt zum Funktionieren der berühmten „schiefen Schlachtordnung" war die Wahl des Schlachtfeldes. In der Schlacht bei Leuthen vermochte Friedrich II. den Gegner unter Prinz Karl von Lothringen, durch geschicktes Ausnutzen des Geländes über seine Marschrichtung zu täuschen.

So klar vielleicht Friedrich II. schon das eigentliche Wesen des Krieges erkannt haben mag, so war er doch auch ein Repräsentant seiner Zeit und lebte in der Kriegsführung des Rokoko. In dieser Zeit gipfelte die Kriegstheorie in der Kunst geschickt ersonnenen Manövrierens. Nicht das feindliche Heer bildete das strategische Objekt, sondern die Gewinnung der beherrschenden strategischen Punkte durch mathematisch und geometrisch geschickt durchgeführte Manöver. Auch der Preußenkönig war noch weit vom erst später angestrebten Vernichtungskrieg entfernt. Doch war bei Friedrich dem Großen bereits die Suche nach der Entscheidung in der Schlacht selbst ein wichtiges Kennzeichen seiner Strategie.

Die Versorgung der Heere dieser Zeit stützte sich vornehmlich auf feste Punkte (Depotsystem), der Nachschub wurde über die Wasserwege angeliefert, die demzufolge in den operativen Plänen der Kriegführenden einen entsprechenden Stellenwert einnahmen. Das extrem ausgeklügelte Vorgehen in der Vorbereitung zur und in der Schlacht hatte auch Auswirkungen auf die Technik. Das Gewehr bekam davon am meisten zu spüren. Die Preußen führten als erste den eisernen, zylindrischen Ladestock ein. Die Ladegeschwindigkeit steigerte sich abermals durch Einführung des konischen Zündlochs am Gewehr, wodurch das separate Auffüllen der Pulverpfanne am Batterieschloss entfallen konnte.

Revolutionen, die die Welt veränderten (1763–1870)

Die Lehren der Aufklärung ermutigten denkende Menschen beiderseits des Atlantiks, den Ruf nach Freiheit und Gleichheit für alle zu fordern. Als Auslöser wirkte der amerikanische Unabhängigkeitskrieg, der von der Idee der ursprünglichen Gleichheit aller Menschen getragen war.

Um die Mitte des 18. Jahrhunderts waren die drei wichtigsten Waffengattungen Infanterie, Kavallerie, Artillerie richtig eingesetzt gleicherweise nützlich. Doch die Infanterie gewann ständig an Boden. Verbesserungen der Schussleistung von Gewehren stellten die technische Seite der Artillerie zwangsweise auf den Prüfstand. Die Reichweite der Kanonen wurde langsam ungenügend, weil der Schussbereich von Handfeuerwaffen zunahm. Das Problem bei den Geschützen mit glattem Rohr lag also darin, dass jede Steigerung der Wirksamkeit zugleich eine Vergrößerung des Kalibers bedeutete. Die Kalibergröße aber beeinflusste die Beweglichkeit. Doch bis zum drallstabilisierten Geschütz-Langgeschoss war es noch ein weiter Weg.

Anders lagen die Verhältnisse beim Infanteriegewehr oder bei der Pistole. Die Stabilisierung von Geschossen durch Rotation (Drall) war schon lange bekannt, im militärischen Bereich aber nicht anwendbar. Das Laden eines gezogenen Vorderladergewehres war zu langwierig. Die ersten Gewehre mit gezogenen Läufen, die Pflasterbüchsen, haben fast ohne jede Veränderung in der Ladeweise über zweihundert Jahre das Schießwesen mit gezogenen Handfeuerwaffen beherrscht. Der Name „Pflasterbüchse" geht auf die Ladeweise dieser Waffe zurück: Als Dichtung und Laufführungsmittel der Blei-Rundkugel diente ein Läppchen (Pflaster). Die Treffleistung dieser Büchsen war wesentlich besser als die der Flinte mit ihrem glatten Lauf. Ein guter Schütze konnte noch auf 80 Meter eine Fläche von der Größe einer Hand treffen, eine Leistung, die mit einem glatten Lauf nicht zu schaffen war. So langwierig und zeitraubend das Laden auch war, in den Händen von Spezialtruppen wurden gezogene Gewehre trotzdem zu wirksamen Militärwaffen. In den amerikanischen Befreiungskriegen, unter Führung von George Washington (1789 erster Präsident), wurde die nach der Lineartaktik aufmarschierenden Engländer durch

Büchsenschützen dezimiert, die nicht daran dachten, dem verheerenden Feuer der Pelotonsalve zu nahe zu kommen.

Diese Art der Kriegführung griff bald auch auf Europa über. Das Gefecht in geöffneter Ordnung und die Ausnutzung natürlicher Deckungen wurde nicht mehr als eines Soldaten unwürdig abgetan. Doch nicht nur neue taktische Erkenntnisse kamen aus dem jungen Kontinent Nord-Amerika. Unterdrückte Ideen im alten Europa konnten dort ausreifen und in der Folge auf Ihren Ursprung zurückwirken. Die französische Revolution war die direkte Folge davon. Weltgeschichtlich von größter Tragweite ist diese Epoche und die daraus resultierende Ära Napoleons von mehrschichtiger Bedeutung.

Die Schweiz war in dieser Zeit militärisch bedeutungslos und seit langem mit sich selbst beschäftigt. Ihre militärische Kraft wurde zu einem gesuchten Exportartikel in den stehenden Heeren Europas. Das Söldnerwesen der Schweiz fand seinen Höhepunkt und tragisches Ende in der Französischen Revolution. 1789 erhob sich das Volk in Frankreich, dem Kernland der Aufklärung, gegen seine Herren. In dem nun folgenden Terror verloren Tausende von Aristokraten, inklusive Königshaus, und andere Menschen, die man als Feinde der Revolution ansah, ihr Leben unter dem blutigen Gleichmacher, dem Fallbeil. Die französische Revolution war das Vorbild für viele spätere Revolutionen gegen Könige und Adel. Die von ihr ausgelöste Entwicklung führte zur Entstehung der modernen Nationalstaaten. Die Bedeutung Amerikas für Europa wird bereits um diese Zeit spürbar: Nach der Kriegserklärung der französischen Revolutionäre an England und Holland im Februar 1793 vertrieben die Europäer sich gegenseitig ihre Handelsschiffe von den Meeren. Die Armeen aber brauchten mehr Lebensmittel denn je. Die Amerikaner nutzten ihren Vorteil als Neutrale nach Kräften. Der Wert des jährlichen Exports stieg so von 26 Millionen Dollar im Jahr 1793 auf 108 Millionen Dollar im Embargojahr 1807.

Die Ereignisse seiner blutigen Revolution trieben Frankreich in die Isolation und in den Krieg gegen das alte Europa. Die Misserfolge der Revolutionsheere führten zu einer Neuerung im Aushebungsmodus. Die allgemeine Dienstpflicht, die „Levée en masse", wurde beschlossen. In kurzer Zeit waren so ca. 600 000 Mann ausgehoben. Die Republik verfügte ab sofort über ein unerschöpfliches Reservoir an Rekruten, dem die anderen europäischen Mächte nichts Gleichwertiges entgegenzusetzen hatten, denn das Volksheer fußte auf dem Gedankengut der Revolution und war daher den monarchistischen Staaten fürs erste verschlossen. Ein weiterer Nachteil für sie war, dass sie auf ihre mit hohen Kosten ausgebildeten Soldaten achten mussten, während Frankreich seine Truppen bedenkenlos einsetzen konnte. Das böse Wort „Menschenmaterial" kam zu dieser Zeit in Gebrauch. Erstmals wurden auch in großem Stil völkische Eigenarten und politische Ansichten bedenkenlos ausgenutzt. Ein durch Propaganda geschürter Völkerhass wurde zur neuen Triebfeder der Heere. Rousseau, der Visionär mit der Kraft eines alttestamentarischen Propheten formulierte unter anderem: „Ihr werdet es niemals erreichen, dass

Euren Nachbarn der Zugang zu Eurem Land verwehrt bleibt. Aber Ihr könnt erreichen, dass sie nicht ungestraft es wieder verlassen können. Darauf sollt Ihr alle Eure Anstrengungen richten."

Den Feind im Kriege zu hassen, die eigene Sache oder das Vaterland allem voranzustellen, ist in der Geschichte nichts Ungewöhnliches. Hass setzt Leidenschaft und Aggressivität frei und gibt deshalb den Waffen zusätzliche Wucht. Hass macht auch blind und lässt den Augenblick der Gefahr vergessen. Ist der Kampf aber vorbei, fällt der Hass auf den Feind meist rasch in sich zusammen. Erst mit Beginn des Zeitalters der Nationalstaaten, der Volksbewaffnung, der demokratischen und industriellen Revolution ließen sich die Völker in einen langandauernden Erregungszustand versetzen. Hass auf das feindliche Volk, dass das eigene Volk in seiner Existenz zu bedrohen scheint, das so ganz anders und unverständlich ist in seinen Motiven und Absichten, bildet bis heute den Motor für diesen beidseitig geschürten Erregungszustand. In den Revolutionskriegen kamen diese Elemente erstmals richtig zum Ausbruch. Ein Sprecher der Revolutionsregierung verkündete nach Aufstellung des großen Aufgebots: Die jungen Männer werden kämpfen, die Alten werden die Waffen schmieden, die Frauen werden Zelte und Uniformen nähen, Kinder werden Verbandszeug herstellen, die Greise werden es auf die öffentlichen Plätze tragen, „um den Kriegern Mut einzuflößen, den Hass auf die Könige und die Liebe zur Einheit der Republik zu predigen." Heinrich v. Kleist schürte den Hass gegen die Franzosen und ihrem Kaiser mit den Versen „Färbt mit ihren Knochen weiß, [...] Dämmt den Rhein mit ihren Leichen;

[...] Schlagt ihn tot! Das Weltgericht fragt euch nach den Gründen nicht!" Goethe verteidigte sich für seine persönliche Zurückhaltung während der Befreiungskriege vom französischen Joch mit den Worten: „Wie hätte ich die Waffen ergreifen können ohne Hass! Und wie hätte ich hassen können ohne Jugend!" Der nüchterne Militär Clausewitz stellte den Hass ins Kalkül moderner Kriege: „Der Nationalhass, [...] vertritt bei dem einzelnen gegen den einzelnen mehr oder minder stark die individuelle Feindschaft. Wo aber auch diese fehlt und anfangs keine Erbitterung war, entzündet sich das feindselige Gefühl im Kampfe selbst [...]" Wir wissen heute, dass der Sturm der nationalen und vaterländischen Begeisterung, der im August 1914 über Europa hin brauste, seine Triebkraft aus eben diesen Urgründen der Völkerfeindschaft und des Nationalhasses nährte.

Die auf Grund des Gesetzes vom 23. August 1793 rasch aufgestellten französischen Truppen konnten in der verfügbaren Zeit nicht in der Lineartaktik ausgebildet werden. In der Not griff man daher zu einer Kampfesweise, die aus der Verbindung von Schützengefecht und Angriffskolonne bestand. Die Franzosen merkten rasch, dass ihre in geöffneter Form kämpfenden Infanteristen leichter in einer Kolonne als in einer Linie zusammengehalten und geführt werden konnten. Außerdem besaß ihr mit Begeisterung und Schwung in Kolonne vorgetragener Angriff, dem immer Plänkler vorangingen, eine große Stoßkraft. Diese Taktik der Kolonnenlinie diente ausschließlich dem Angriff. Die engen Formationen stießen nun vielfach wie Dampfwalzen durch die dünnen feindlichen Linien. Nur gegen die Engländer, insbesondere Wellington, hatten sie damit keinen Erfolg.

Er trat den Plänklern mit seiner eigenen, mit einer Pflasterbüchse bewaffneten leichten Infanterie, entgegen, hielt seine Feuerlinie meist bis zum letzten Moment am Hinterhang verborgen und war deshalb gegen die direkt schießende französische Artillerie geschützt. Auch schützte er seine Flanken durch natürliche Hindernisse, Artillerie oder Kavallerie. Im Gefecht verließ er sich auf die disziplinierte Feuerkraft seiner Infanterie. Seine Soldaten waren in drei Glieder aufgestellt, wobei ein Glied schoss, während zwei Glieder ihre Gewehre luden. In der Abwehr besaßen die französischen Kolonnen Schwächen, weil naturgemäß zu wenige Waffen zum Tragen kamen (dies war ein Grund für das Aufkommen der Lineartaktik gewesen). Deshalb behielt man auch jetzt in der Verteidigung die Linie bei. In der ersten Zeit lösten sich noch große Truppenteile in Schützenschwärme auf. Es wurde aber bald eingesehen, dass mit Gewehren ohne gezogene Läufe bewaffnete Infanteristen nicht in der Lage waren, mit ihrem in der Schützenkette abgegebenem Feuer die notwendige Wirkung zu erzielen. Man schränkte daher den Schützenschwarm, auch Tiraillieren genannt, ein und verließ sich mehr auf die Stoßkraft der Kolonne. Die Kolonnentaktik wurde bald ein taktisches Mittel unter vielen: Die Kolonne war die beste Formation für Bewegungen, die Linie für das Feuergefecht und das Carré zur Abwehr von Kavallerieattacken, obwohl es ein gutes Ziel für die Artillerie bot.

Die Erfolge der Franzosen lassen sich aber nicht nur mit der Aufstellung gewaltiger Heere und der Kolonnentaktik erklären. Wesentliche Faktoren waren auch eine schlagkräftige und nach neuen Methoden geführte Artillerie, eine hervorragende Kavallerie und die Bildung von Großverbänden „verbundener Waffen", mit einer von den anderen Kontinentalmächten abweichenden Logistik und ein Genie, das diese Heere zu führen und zu begeistern wusste: Napoleon Bonaparte. Bisher waren reine Infanterie- oder Kavalleriegroßverbände eingesetzt worden, die auf Befehl des Feldherrn in der Schlacht zusammenwirkten. Diese Art des Vorgehens in der Schlacht verbot sich schon von der Größe der Revolutionsheere her. Es wurden daher Divisionen aufgestellt. Der erste Großverband dieser Art

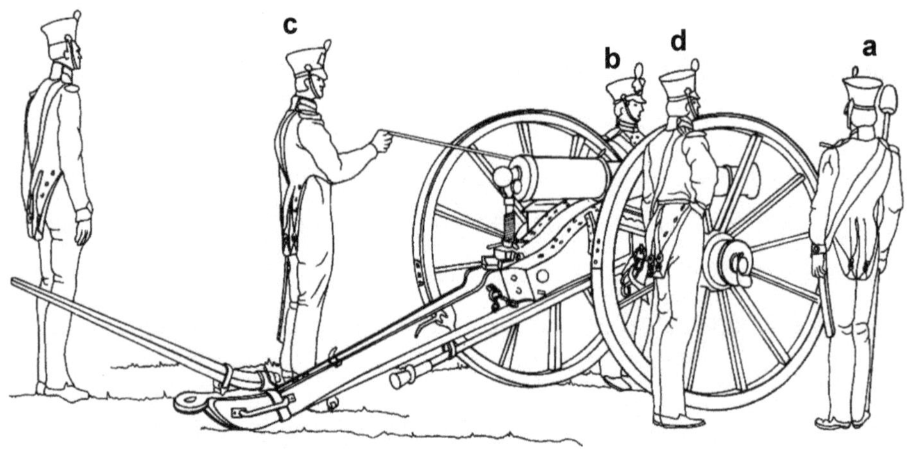

Geschützdrill

Der Geschützdrill stärkte den Kampfgeist und die Disziplin der Geschützmannschaft im Gefecht. Jeder einzelne der Bedienung hatte seine besonderen Pflichten:
a) der Kanonenwischer, der auch die Ladung ins Rohr rammte, b) der Kanonier, der Pulver, Pfropf und Kugel ins Rohr gab, c) ein weiterer, der auf Befehl von d) dem Geschützführer die Lunte ans Rohr hielt, ein fünfter half beim Richten der Kanone mit einer Hebelstange nach.

bestand aus zwei Brigaden, die wiederum aus je zwei Regimentern bestanden. Napoleon umschrieb ihren Einsatz folgendermaßen: „Die Brigaden formieren ihr erstes Regiment in Linie, die Bataillone des zweiten Regimentes stehen in geschlossenen Kolonnen rechts und links gestaffelt dahinter. Die Artillerie steht im Zwischenraum (nicht mehr vor der Linie!) der beiden Bataillone in Linie, sowie mit einigen Geschützen auf dem rechten und linken Flügel. Wenn die Division ein fünftes Regiment besitzt, wird dieses in hundert Schritt Abstand in Reserve gehalten. Eine Schwadron oder wenigstens zwei Reiterzüge stehen hinter jeder Brigade bereit, um durch die Zwischenräume hindurch den Feind zu verfolgen, sobald er geworfen ist.“

Napoleon als Artillerist hielt wenig von einer Artillerie, die in langen Linien aufgestellt, ein stundenlanges Feuerduell mit dem Gegner austrug. Die mehr moralische Wirkung der Kanonen-Vollkugel auf die Infanteristen verbesserte er durch die Einführung einer besonders ausgebildeten Elitetruppe, der reitenden Gardeartillerie. Diese fuhr im Galopp vor die feindlichen Linien, protzte blitzschnell ab und feuerte mit Kartätschen in die feindlichen Reihen. In mehreren wichtigen Schlachten Napoleons haben solche „Artillerieangriffe“ den Einbruch der Infanterie oder die Attacke der Kavallerie vorbereitet und damit den Grundstein zum Sieg gelegt. Die allgemeine Bevorzugung der Artillerie durch Napoleon hing aber nicht nur mit seiner militärischen Herkunft zusammen. Die Verbesserung des europäischen Straßennetzes, leichteres Geschützmaterial, neu normiert durch Gribeauval, und eine verbesserte Organisation ermöglichten es erst zu seiner Zeit, die Artillerie der Lehre von der „mobilen Strategie" anzupassen, die der Baron du Teil, Kommandant der École royale d'artillerie von Auxonne (Königliche Artillerieschule) und Lehrmeister Napoleons weitergegeben hatte. Auch technische Verbesserungen erhöhten zusätzlich die Beweglichkeit im Gefecht. Das Schleppseil kam allgemein in Gebrauch, die Bespannungen wurden den Batterien nicht mehr fallweise, sondern ständig zugeteilt, und die Richtschraube anstelle des Keils eingeführt. Besonders letztere Maßnahme erlaubte ein wesentlich schnelleres und präziseres Richten des Geschützrohres. Zudem gestattete der Gebrauch von Kartuschen mit daran befestigter Kugel ein regelmäßigeres Feuern. Sehr wesentlich war auch das Zusammenfassen der Batterien in der Divisions- und Heeresartillerie. Raschheit und Genauigkeit beim Stellungsbezug und Stellungswechsel hingen vom unermüdlichen Training (Drill) der Geschützmannschaften ab. Schweigend und nur durch wenige Kommandos gesteuert hantierten die Geschützmannschaften. Die zugewiesenen Posten durften auch im schwersten Feuer nicht ohne Befehl verlassen werden. Um die Führung der zahlenmäßig starken Heere auf dem Marsch und bei den einleitenden Operationen im Vorfeld einer Schlacht zu erleichtern, wurden mehrere Divisionen zu Korps und von diesen wiederum einige zu Armeen zusammengefasst. Mit diesen Armeen schlug Napoleon seine Schlachten nach Grundsätzen wie Schnelligkeit, Beweglichkeit, überraschendes Zusammenfassen aller Kräfte im richtigen Moment. Napoleon bevorzugte den blitzschnellen Angriff und die rücksichtslose Verfolgung. Dabei bediente er sich der einfachsten Mittel, zu deren wesentlichsten Merkmalen der Aufmarsch in drei Heersäulen und ihre Vereinigung kurz vor der Schlacht gehörten.

Die Kriegskunst Napoleons zeigte sich in fast all seinen Schlachten. Basierend auf der Leistungsfähigkeit seiner Truppen, erstellte er seine Berechnungen von Märschen, Entfernungen und Manövern in der Art mathematischer Arbeiten von hoher Genauigkeit, so dass seine Voraussagen mehrmals fast an dem bezeichneten Tage und genau an der vorher bestimmten Stelle zutrafen. Napoleon war als Taktiker der erste, welcher es verstand, mit Heereskörpern, welche alle drei Waffengattungen in sich vereinten, anfangs Divisionen, später Armeekorps, ein optimales Zusammenspiel der Kräfte zu bewirken. Einerseits wurde so der Gegner überflügelt, andererseits durch den Ansturm einer möglichst stark gehaltenen Stoßtruppe im Zentrum durchbrochen. Beispiele solch erfolggekrönter Kräfteverteilungen sind Castiglione (1796), Marengo (1800) und Wagram (1809). Ansätze zu Operationen dieser Art sind in fast allen größeren Schlachten feststellbar. In folgerichtiger Anwendung der bereits bei Cäsar erkennbaren obersten Gesetze der Strategie vermochte er sich zwischen seine Gegner zu werfen, Koalitionen zu verhindern, drohende Verstärkungen abzuschneiden, durch Eilmärsche den zahlenmäßig schwächeren Teil des Feindes einzuholen und ihn zur Schlacht zu zwingen, ehe die erstrebte Vereinigung erfolgen konnte. Auch ließ er ungeheure Einschwenkungen auf Aufmarschstraßen vollführen, wodurch der Gegner bald die Fühlung verlor, um dann überraschend in der Flanke und im Rücken desselben aufzutauchen.

Die eigentlichen Schlachten bildeten für Napoleon immer nur Einzelteile umfassender Kombinationen, bei denen Faktoren jeder möglichen Art, soweit er dies voraussehen konnte, in Rechnung gestellt wurden. Napoleon dachte immer in der rechten Weise voraus, berechnete alles, was zu berechnen war und überließ nichts dem Zufall. Denn es war ihm klar, dass bei einer mehrere Kilometer breiten Front kein menschliches Auge über

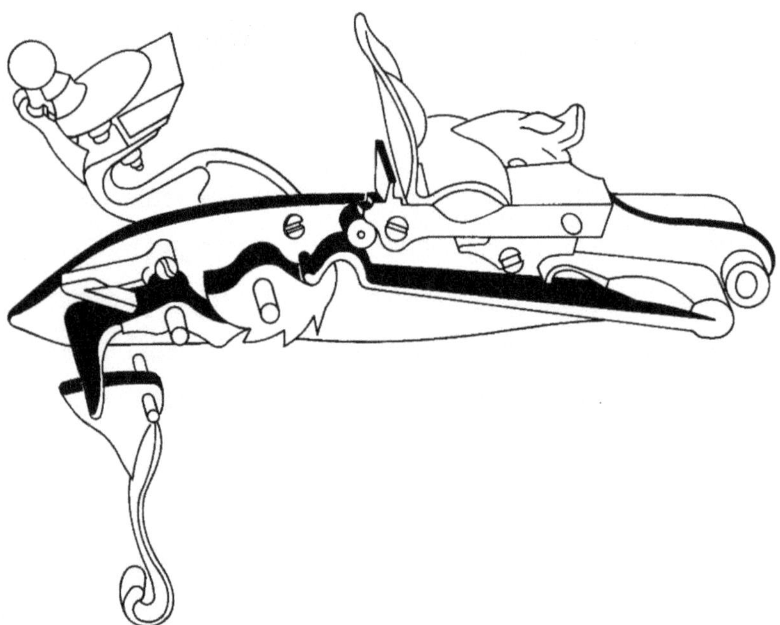

Feuersteinschloss

Auch Batterieschloss genannt. Die Batterie ist der Teil des Schlosses gegen den der Feuerstein beim Niederschnappen des Hahnes schlägt.

tausende von Männern eine wirksame Kontrolle ausüben konnte. In der Schlacht bei Austerlitz (1805) schlugen Napoleons Streitkräfte (65 000 Mann und 282 Geschütze) den vereinigten Gegner entscheidend (83 000 Russen und Österreicher, sowie 300 Geschütze), dank einer taktisch geschickten Aufstellung und eines minutiös ablaufenden Planes sowie dem Umstand, dass es gelungen war, einen Teil des russischen Heeres während eines Flankenmarsches zu überrumpeln. Dem Kaiser von Österreich wurde als Folge dieser Schlacht ein Waffenstillstand aufgezwungen, auf Grund dessen Russland seine Truppen abziehen musste. Typische Fehler in der Kriegsführung Napoleons waren im Prinzip nur die unrealistische Politik und eine überzentralisierte Führung. Durch diese wurden seine Marschälle zu Befehlsempfängern herabgewürdigt.

Die siegreiche französische Infanterie war mit dem Gewehr Modell 1777 ausgerüstet, das bis zur Einführung des Perkussionsgewehres 1842 beibehalten wurde. Das gleiche Modell wurde auch in der Schweiz mit Änderungen und Anpassungen von verschiedenen Kantonen geführt und 1817 eidgenössische Ordonnanz. Die beste Schusswirkung dieser Infanteriewaffe lag um 100 Meter, das Kaliber betrug 17,5 mm, das Gewicht, ohne Bajonett, 4,6 kg. Dazu trug jeder Soldat 50 bis 60 Papierpatronen in seiner Patronentasche mit. Die Artillerie führte 4-, 8-, und 12-Pfünder-Kanonen und leichte Haubitzen. Die wirksamste Schussdistanz lag für 4- und 8-Pfünder bei 1000 Meter, für 12-Pfünder bei 1400 Meter und für Haubitzen bei 1600 Metern. Bei allen Kanonen ließen sich bei festem Boden durch den Ricocheteffekt, auch Rollschuss genannt, bei welchem die

Kugel nach dem ersten sehr flachen Aufschlag weiterlief, die Entfernungen bis auf 1600 Meter steigern. Der Kartätschenschuss wirkte auf 400 bis 600 Meter, also stets weiter als das Infanteriefeuer aus glatten Flintenläufen. Dieses Material war bereits 1774 eingeführt worden und stand bis zur Einführung von gezogenen Geschützen durch Napoleon III. im Jahre 1857 in Verwendung. Weil die Zermürbung des Gegners für den Entscheidungsstoß durch das Feuer der Infanterie allein nicht zu erreichen war, setzte der Artillerist Napoleon seine ihm ureigenste Waffe so ein, dass er die Kanonen zusammenfasste und konzentriert auf den Brennpunkt wirken ließ. Diese napoleonische Taktik, sie sollte 70 Jahre das Feld behaupten, lief immer nach den etwa gleichen Grundsätzen ab: 1. Zermürben des Gegners und Verschleiern der eigenen Bewegungen durch das Feuer von Schützenschwärmen; 2. Konzentration der Artilleriewirkung auf den gewählten Angriffspunkt; 3. schneller Einsatz tiefgegliederter Kolonnen, um den Durchbruch zu erzielen; 4. scharfe Verfolgung durch Reiterei.

Im Verlaufe der napoleonischen Kriege verließen auch die Gegner Napoleons das friderizianische System und zogen langsam gleich. Entgegen Napoleon verzichteten sie auch nicht auf die Einführung neuer Waffen. 1780 wurde in Österreich eine Militär-Repetierwindbüchse mit Riegelverschluss und Röhrenmagazin für 20 Kugeln eingeführt. Die Engländer führten das Schrapnell ein, das 1784 erfunden wurde. Das Schrapnell konnte sich sehr lange halten, hingegen verschwanden aus verschiedenen Gründen die etwa 1500 hergestellten Repetierwindbüchsen des Mechanikers

Bartholomäus Girandoni aus Cortina d'Ampezzo wieder aus den Truppenbeständen.

Der Aufschwung der Artillerie fand auch auf der Gegenseite statt. So versuchten zum Beispiel die Russen, mittels der Artillerie die Schwerfälligkeit ihrer Infanterie auszugleichen. Bei Eylau und Borodino war demzufolge ihre Feuerkraft höchst eindrucksvoll. Die österreichische Artillerie ihrerseits legte bei Aspern und Essling Proben ihres Könnens ab. Wesentliches tat sich aber erst nach dem Zusammenbruch der großen Armee Napoleons in Russland. Der Untergang der großen napoleonischen Armee im Russlandfeldzug stand in engem Zusammenhang mit der Versorgung der Armeen. Napoleon ging vom Depot-Magazinsystem, das sich vor allem auf die Wasserwege stützte, der stehenden Heere ab. Wichtiger als eine gesicherte Versorgung war für Napoleon, dass er mit seinen Truppen in jede gewünschte Richtung marschieren konnte. Dazu eigneten sich aber Straßen besser als Wasserwege, weil sie leichter zu bauen waren. Napoleon konnte sich in seinem Vorgehen auf die bereits in Frankreich seit Colbert (1619 bis 1683) vorhandene Tradition im Chausseebau abstützen. Er legte selbst überall, wo er hinkam, Straßen an. Außerdem ließ er sie mit rasch wachsenden Bäumen bepflanzen, damit seine Truppen im Sommer im Schatten zu bleiben vermochten. Noch heute sind überall, wo napoleonische Truppen durchzogen, die vom Kaiser angeordneten Straßen als Pappelalleen zu erkennen. Die Versorgung der französischen Truppen geschah aus den unterworfenen Ländern. Depots wurden nur schwerpunktmäßig angelegt und dienten nicht der Tagesversor-

Gegenüberstellung friderizianischer und napoleonischer

Führungsgrundsätze:

Friderizianisch	**Napoleonisch**
Die Armee bildet einen einzigen Körper.	*Die Armee gliedert sich in Korps und Divisionen.*
Die Führer der Treffen (oder Treffenteile) geben fast ausschließlich die Befehle des Feldherrn weiter und führen sie an der Spitze ihrer Truppen aus.	*Die mittleren Führer erhalten genaue Befehle, regeln aber auch im Gefecht den Einsatz der Waffengattungen ihres Großverbandes selbstständig.*
Der Feldherr lässt nach einem festgelegten Plan aufmarschieren und angreifen.	*Der Feldherr lässt die Schlacht an der ganzen Front beginnen und entscheidet nach der Lage, wo und wie er sie fortsetzen lässt, und wo die Entscheidung gesucht werden soll.*
Es sind keine oder nur schwache Reserven vorhanden (Kavallerie).	*Der Feldherr verfügt über starke Reserven (aller Truppen).*
Erster Stoß am heftigsten (Festlegung des Schwerpunktes bei Beginn).	*Letzter Stoß am heftigsten (Nähren der Schlacht aus der Tiefe).*
Fazit: *Der Zufall spielt im Verlauf der Schlacht eine große Rolle.*	*Fazit:* *Der Zufall ist wohl immer noch von Bedeutung, vermag aber die überlegene Führung kaum zu beeinflussen.*

(Aus: Truppendienst Taschenbuch, Geschichte des europäischen Kriegswesens, Teil II, I. F. Lehmanns Verlag, München 1974) gung. Der französische Soldat wurde im eigenen Land als auch auf Feindgebiet bei der Bevölkerung einquartiert, während dies die Gegner mit ihren Söldnertruppen möglichst vermieden. Im Tornister führte der Franzose alles Nötige mit sich. Der in dieser Zeit ebenfalls eingeführte Mantel diente auf dem offenen Felde oftmals als einziger Wärmeschutz.

In Russland versagte dieses System. Es war nicht nur der General Winter, der die große Armee in die Knie zwang, sondern die unzureichende Versorgung. Einzelschicksale oder ganze Truppenkörper wie das der Schweizer an der Beresina trafen nicht für die ganze Armee zu. Außerdem setzte der russische Winter im Jahre 1812 erst ungewöhnlich spät ein und blieb auch verhältnismäßig mild. Doch wirkte er auf die französischen Truppen insofern schrecklich, als sie über keinerlei Wetterschutz, etwa in Form von Zelten verfügten. Die wichtigste Ursache für den Untergang der „Grande Armée" aber lag darin, dass Napoleon nicht in der Lage war, sein Heer ordnungsgemäß zu versorgen. Seine an der russischen Grenze aufgebauten gewaltigen Depots blieben für seine Truppen in dem weglosen Land unerreichbar oder erreichten ihn mit den damaligen Transportmitteln nur zum kleinen Teil. Das durch die französischen Heere betriebene System der Requisition brach in dem dünn besiedelten Land zusammen, denn zu viele versuchten sich auf eigene Faust zu bereichern.

Im Zuge der französischen Besatzungszeit, die als schweres Joch auf den besiegten Staaten lag, hatte das Heilige Römische Reich Deutscher

Nation zu bestehen aufgehört, die beiden mächtigsten Staaten auf seinem Boden, Preußen und Österreich waren besiegt, auch die uneinige und politisch und gesellschaftlich morsche Schweiz wurde überrannt. In den geschlagenen und unterdrückten Ländern (Requisitionssystem), vornehmlich in Deutschland, wurden neue geistige Kräfte frei. Der Rationalismus des 18. Jahrhunderts wurde überwunden und der Weg frei für die Romantik und die nationalbetonte idealistische deutsche Philosophie. Bezeichnenderweise wurden neben dem Staatswesen in Deutschland auch die Streitkräfte einer Reform unterzogen mit dem Ziel, den bis dahin verachteten Soldatenstand wieder zum ehrenhaften Verteidiger nationaler Interessen werden zu lassen. Das stehende Heer wandelte sich in Preußen zum patriotisch gesinnten Volksheer. Bestimmende Männer in diesem Heeresreformprozess seien hier kurz genannt: Scharnhorst, Gneisenau und Clausewitz, der Schöpfer der modernen Kriegstheorie.

Die allgemeine Wehrpflicht wurde in Preußen 1814 Gesetz. Die Gefechtsordnung, bald auch von anderen Staaten zum Vorbild genommen, wurde bereits 1812 festgelegt. Danach stand das Bataillon im Gefecht in Linie zu drei Gliedern. Im Angriff wurde die Angriffskolonne nach der Mitte gebildet. Mit dieser Formation konnte sehr schnell die Angriffskolonne gebildet und auch wieder rasch zur Linie übergangen werden. Die Angriffskolonne ging nach dem Schlag der Trommel im „Geschwindschritt", mit 108 Schritten pro Minute, vor. Beim Bajonettangriff erhöhte sich das Tempo auf 120 Schritte pro Minute. An Feuerarten waren die Salve und das „Bataillonfeuer", bei dem die Rotten abwechselnd schossen sobald sie geladen hatten, im Gebrauch. Zur Abwehr von Kavallerie wurde nach wie vor das Bataillonscarré gebildet.

Neue Männer setzten neue Zeichen, Napoleon war in seiner eigenen Größe gefangen. Der Sieg der Alliierten über Napoleon wurde dadurch erreicht, dass alle französischen Armeen geschlagen wurden, außer der einen, die er selbst befehligte. Da Ausnahmen stets die Regel bestätigen, sei hier noch die persönliche Niederlage Napoleons bei Waterloo/Belle-Alliance, 18. Juni 1815, genannt, die den Schlusspunkt unter das Empire setzte. Zeitgenossen Napoleons war es auch nicht verborgen geblieben, dass, während französische Armeen den Kontinent überrannten, englische Flotten die Meere beherrschten, und dass englische Gelder die Armeen der Verbündeten am Leben erhielten, die Frankreich zu Lande angriffen. Die Macht Napoleons reichte nur so weit, als er mit seinen Geschützen wirken konnte. Und das war herzlich wenig. Bei günstigen Bedingungen waren das kaum drei Meilen, die zugleich Hoheitsgebiet bedeuteten. Englische Seemannschaft hatte es fertig gebracht, dass, wo immer sich ein Stück „Salzwasser" finden ließ, Napoleon den Kürzeren zog. Während seine Armeen von Sieg zu Sieg eilten, stand immer die weltumspannende Macht der englischen Marine zwischen ihm und dem endgültigen Sieg.

Nie wurde der Einfluss der Seemacht auf die Geschichte eindrucksvoller demonstriert als in dieser Epoche. Für heutige Begriffe lächerlich kleine englische Schiffe hatten mehr Einfluss auf das Kriegsgeschehen in

Europa als manche große Feldschlacht. Die Seeschlacht auf der Breite von Quessant, 400 Meilen weit draußen im Atlantik 1794, Abukir 1798, Kopenhagen 1801 und vor allem Trafalgar 1805 hatten, wenn auch nicht auf den ersten Blick erkennbar, den Gegner schwer getroffen. Die nach Trafalgar von der britischen Flotte errungene Stellung überdauerte mehr als ein Jahrhundert.

Der erstaunliche Niedergang der französischen Flotte hing mit den Ereignissen der Revolution zusammen, durch welche die Feuerwerkerzunft aufgelöst und viele Marineoffiziere auf die eine oder andere Art aus dem Dienst schieden. Das brachte Verwirrung auf den Schiffen, aber auch in der Verwaltung. Die im Prinzip immer noch bestehende französische Flottenüberlegenheit wurde noch durch weitere Belastungen abgewertet. Eine davon war, dass in Frankreich, einer Kontinentalmacht, die Marine mit der Armee um die Mittel streiten musste. Bei einem längeren Krieg konnte sie daher mit keinem ausreichenden Ersatz an ausgebildetem Personal rechnen. Schwer wog auch das Vorhandensein zweier Küsten, die zu einer Aufteilung der Seestreitkräfte zwischen dem Atlantik und dem Mittelmeer auf den Basen Brest und Toulon führte.

Die englische Strategie ging daher immer darauf aus, Frankreich in Europa in kostspielige Kampfhandlungen mit Verbündeten zu verwickeln und den Zusammenschluss der beiden Teile der französischen Flotte zu unterbinden (Diversion des Gegners). In der geteilten französischen Marine hatten daher die Admirale streng darauf zu achten, dass ihre Schiffe erhalten blieben. So benutzten sie ihre Flotten nur als Unterstützungs-Streitkräfte, um jeweils bestimmte Operationsziele zu erreichen. So offensiv ihre strategischen Ziele auch sein mochten, in der taktischen Ausführung mussten sie in der Defensive bleiben. Daher suchten die französischen Flottenführer bewusst die Leestellung, aus der heraus ein Rückzug möglich war.

Diese Defensivtaktik spornte die Engländer an, ihre Feuergeschwindigkeit und die Genauigkeit zu erhöhen, um in dem kurzen Zeitraum der bei der damaligen Kampfart blieb, ein Höchstmaß an Schaden anzurichten. Die unerreicht hohe englische Feuergeschwindigkeit rührte einerseits vom hohen Ausbildungsstand der Mannschaften her, andererseits waren aber auch eine Reihe technischer Verbesserungen verantwortlich. Diese zielten vor allem auf eine Beschleunigung des Ladevorganges und einer größeren Sicherheit beim Abfeuern hin. Die für Holzschiffe immer noch gefährliche Zündung der Kanonen mit offenem Feuer wurde verbessert durch die Einführung von Steinschlössern, außerdem wurde eine Methode entwickelt, um Pulver und Kugel mit angefeuchteten Ladepfropfen festzurammen, was eine Selbstentzündung der Kanonen verhinderte. Verbesserungen wurden auch für das Seitenrichtverfahren eingeführt, das mühsame Arbeiten mit Handspaken ersetzt durch spezielle Taljen; durch Ziehen an denselben konnten die Geschützmannschaften den Richtvorgang mit weniger Kraftaufwand ausführen. Eine Zeitersparnis brachte auch die Auskleidung der Kartuschen mit Flanellböden, damit die Rohre nicht mehr ausgewischt werden mussten. Die früher häufigen

Zündversager wurden praktisch eliminiert durch die Einführung von Zünd-röhrchen aus Federkielen, die ein spezielles Zündgemisch enthielten.

Englische Schiffs-Artillerie

An Bord der HMS „Victory" dem Flaggschiff Nelsons in der Schlacht bei Trafalgar 1805. Die Victory, heute noch im Trockendock von Portsmouth zu besichtigen, hat eine Gesamtlänge von der Galionsfigur bis zur Heck-reling von über 70 Meter, die größte Breite misst 16 Meter. Die Bewaff-nung besteht im unteren Batteriedeck aus dreißig 32-Pfünder, im Mittel-deck aus achtundzwanzig 24-Pfünder und im Oberdeck aus dreißig 12-Pfündern. Auf dem Halbdeck waren es deren zehn und auf dem Back-deck noch zwei. Zwei 68-Pfünder Karronaden standen zusätzlich an Deck.

Auch taktische Reformen blieben nicht ohne Einfluss und ein neues Signalsystem erlaubte dem Flottenchef, eine weit größere Anzahl von Manövern ausführen zu lassen, als es nach früheren Instruktionen möglich war. Die erste Flottenaktion, welche die große Schlagkraft der britischen Schiffsartillerie zeigt, führte Admiral Jervis 1797 mit 15 Linienschiffen gegen 27 spanische Linienschiffe vor St. Vincent aus. Jervis führte etwa 1200, die Spanier dagegen über 2000 Geschütze ins Gefecht. Der siegreiche Engländer verlor bei diesem Treffen 73 ,Mann die Spanier zählten über 400 Tote und eine gleichhohe Anzahl Verwundeter. An Schiffen verloren die Spanier vier, darunter zwei First-Rate-Schiffe, der Rest, der entkam war zum Teil schwer beschädigt.

An dieser Stelle darf nicht unerwähnt bleiben: Der Kampf auf See ist härter und rücksichtsloser als der Landkrieg. Das gilt für die Gegenwart wie für die Vergangenheit, in der noch die allgemein schlechte ärztliche Betreuung dazu kam. Der Kampf auf See bedeutet immer massiert wirken auf relativ kleine Objekte, die überfüllt sind mit Menschen und Material. Die Wirkung war und ist immer dementsprechend. Ein Bericht aus dem Batteriedeck eines im Kampf stehenden Segelschiffes mag das illustrieren: „Die Schreie der Verwundeten erfüllten nun alle Teile des Schiffes. Sie wurden so schnell wie sie fielen zum Verbandsplatz gebracht, während die Glücklichen, die gleich tot waren, außenbords geworfen wurden [...] Einem Mann wurde von einer Kanonenkugel eine Hand abgerissen und nahezu im gleichen Augenblick zerriss eine andere Kugel in schrecklicher Weise sein Gedärm. Zwei oder drei Mann fingen ihn mit ihren

Armen auf, als er fiel, und da er sowieso nicht überleben konnte, warfen sie ihn gleich über Bord.“

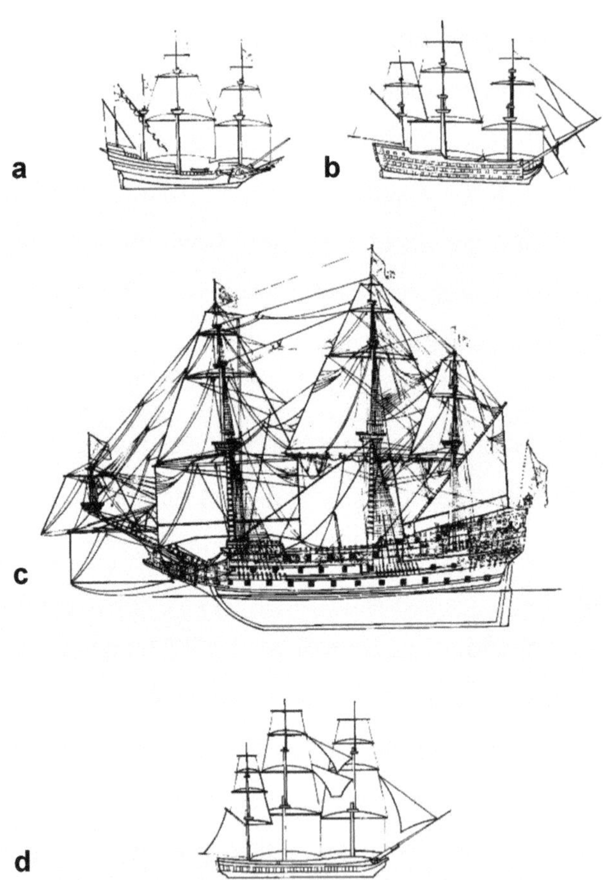

Entwicklung im Schiffbau

a) Englische Galeone, Länge 43,3 m, 17. Jahrhundert
b) HMS Victory, Länge 69 m, Bj. 1765, Flaggsch. Nelsons bei Trafalgar
c) HMS Royal Sovereign, Kriegsschiff, Länge 71 m, Bj. 1786
d) USS Constitution, schwere Fregatte, Länge 93 m, Bj. 1797

In der Seeschlacht von Trafalgar 1805 führte Nelson (der im Verlauf der Schlacht von einer gegnerischen Gewehrkugel tödlich getroffen wurde) die englische Segelschifftaktik zu ihrem Höhepunkt. Ohne Reserven ging er mit zwei Geschwadern gegen den Feind, Franzosen und verbündete Spanier, vor. Seine Abteilungen griffen etwa im rechten Winkel zur Linie der Franzosen und Spanier unter Villeneuve an, statt, wie erwartet parallel dazu. Alles verlief nach Plan. Wie Nelson beabsichtigt hatte, wurde die Kiellinie des Feindes durch seine beiden Geschwader durchstoßen, von welchen das eine Nelson selbst und das andere Collingwood auf der Royal Sovereign anführte. Die Vorhut der gegnerischen Schiffe konnte nicht wenden, um die weiter achtern stehenden zu unterstützen bis die Entscheidung im Zentrum und bei der Nachhut gefallen war.

Trafalgar, diese neuartige, unorthodoxe Seeschlacht, die um 12 Uhr mittags begonnen hatte, zog sich über den ganzen Nachmittag des 21. Oktober 1805 hin, bis die vereinigte Flotte Frankreichs und Spaniens zerschlagen und auseinandergetrieben war. Trafalgar, Nelson und die napoleonischen Kriege sollen aber nicht vergessen lassen, dass auch der französische und spanische Seemann zu kämpfen wusste. Zeugnisse großer Tapferkeit zeigte beispielsweise die französische „Redoutable", die gleichzeitig der „Victory" und der „Temeraire" standhielt. Die „Redoutable" beschoss die beiden Engländer bis ein drittes britisches Schiff aufkam und die französischen Geschützdecks verwüstete. Kapitän Lucas strich die Flagge erst als er sah, dass sein Schiff infolge eines großen Lecks sinken würde. Die Verluste unter seiner 643 Mann starken Besatzung betrugen zu diesem Zeitpunkt 102 Verwundete und 57 Tote.

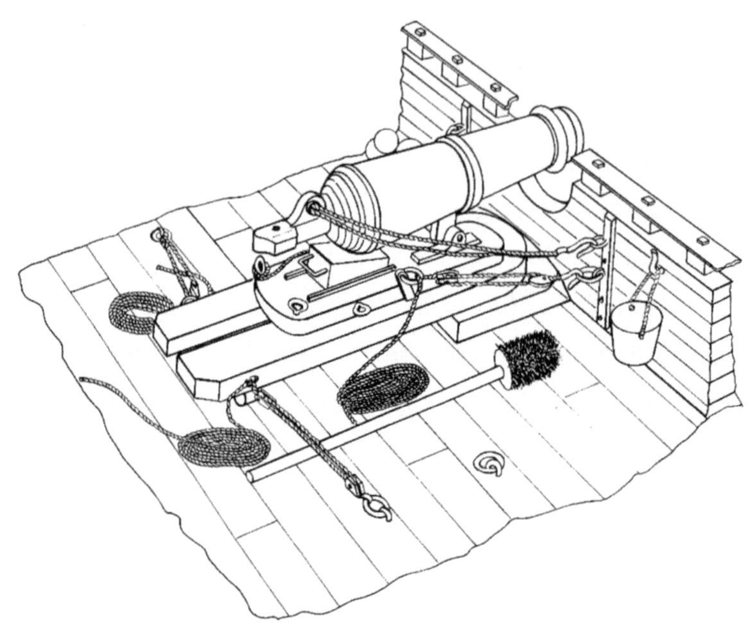

Karronade, ein wichtiger Fortschritt im Geschützwesen zur See

Das rücklaufbewegliche Oberdeckgeschütz konnte dank schwacher Pulverladung auf kurze Entfernungen sehr schwere Eisenrundkugeln verschießen. Hauptvorteil war, dass nun auch kleinere Schiffe (Fregatten) über eine Waffe verfügten, die in keinem Verhältnis zu ihrer Größe stand.

Obwohl für viele Zeitgenossen der Eindruck entstand, die Royal Navy sei nach Trafalgar in die Selbstzufriedenheit abgeglitten, wurde sie spätestens im Kriege gegen Amerika, der 1812 ausbrach, wieder geweckt, ist doch vor allem durch die Navy die Kunst des Horizontalschusses weiterentwickelt worden. Hinter der scheinbar unveränderten Gestalt der Linien-Segelschiffe mit ihren glattrohrigen Kanonen in Räderlafetten, vollzog sich auf der technischen Seite ein Sturm von Erfindungen und Entwicklungen.

Für die Besatzungen änderte sich aber wenig bis gar nichts. Trotz ihrer für die damalige Zeit imponierenden Größen war wenig Platz auf den Schiffen. Die Besatzung (Matrosen und Seesoldaten) schliefen dicht neben- und übereinander in Hängematten unter Deck. Nach dem Wecken mussten sie ihre Hängematten aus Segeltuch zu wurstförmigen Gebilden zusammenrollen, an Deck bringen und zum Schutz gegen Gewehrfeuer oben auf die Reling oder Brüstung des Oberdecks, in sogenannten Finknetzkästen, verstauen. An diesem Zustand änderte sich nichts solange die Segelschiffe im Einsatz standen.

Doch die Navigation auf den Schiffen wurde gegen Ende des 18. Jahrhunderts entscheidend verbessert. In jener Zeit wurde der Schiffsort aus Gestirnshöhen errechnet, nach Peilungen von Landmarken (Leuchttürmen, Bergen usw.) bestimmt oder durch Koppeln, das heißt Aneinanderreihen der „gesteuerten Kurse" oder der „gelaufenen Fahrt" geschätzt. Zur Messung der Fahrt über Grund verwendete man ein Log, einen einfachen Geschwindigkeitsmesser, der aus einen Stück Holz von der Form eines Tortenstückes bestand, woran eine Leine befestigt war die in bestimmten Abständen Knoten hatte. Zum Messen der Schiffsgeschwindigkeit warf man das Logscheit achtern über Bord. Die Zahl Knoten die in einer bestimmten Sanduhr-Zeit gezählt wurden, konnten dann in Fahrt, das bedeutet Seemeilen pro Stunde, umgerechnet werden.

Die Angabe des Kurses durch den Kompass war seit dem 14. Jahrhundert Allgemeingut, die Ortsbestimmung durch Messung der Höhe von Gestirnen mit dem Sextanten, der ebenfalls im 18. Jahrhundert erfunden wurde, hatte sich entscheidend verbessert. Was fehlte, war eine exakte Zeitbestimmung, ohne die eine genaue Kenntnis der geographischen Länge unmöglich war. Zur Verfügung standen ursprünglich nur Sanduhren. Die Zeitmessung auf den Schiffen basierte auf dem Halbstundenglas. Alle halbe Stunde schlug eine Wache eine Glocke an: „ein Glas" war vergangen; bei „acht Glasen", also vier Stunden, wechselten Steuerbord- und Backbordwachen. Der Vierstundenrhythmus beherrscht seit dieser Zeit bis heute das Leben auf See. Doch für eine exakte Zeitmessung waren Sanduhren zu ungenau. Vier Zeitminuten entsprechen bereits einer Ortsabweichung um einen Längengrad. Das sind auf der Breite des Äquators etwa 70 Seemeilen, eine beträchtliche Strecke! Eine Lösung brachte erst der Engländer John Harrison, der zwischen 1735 und 1760 vier ausreichend exakte und auch entsprechend zuverlässige Chronometer konstruierte. Es dauerte aber bis zum späten 18. Jahrhundert, bis es zur Serienfertigung solcher Uhren kam.

Die nach den napoleonischen Kriegen beginnende industrielle Revolution bemächtigte sich auch der Wehrtechnik. Congreve stellte Raketen mit großer Zerstörungskraft her, Fulton plante Unterseeboote, schwimmende Panzerbatterien und Spierentorpedos und Cochrane erfand das Giftgas. Es wurde experimentiert mit Granaten, Aufschlag- und Zeitzündern. Neuartige Visiere für Schiffsgeschütze wurden erfunden und in der Navy ein Verfahren der Zentralabfeuerung entwickelt. Von all diesen Entwicklungen beeinflussten die Granaten und die Dampfmaschine, die Wegberei-

terin der Industrialisierung, die nun folgende Revolution im Kriegsschiff-
bau am wesentlichsten. Interessant ist in diesem Zusammenhang auch
das verwendete Material im Schiffbau. Obwohl Archimedes bereits im
Jahre 250 v. Chr. zufällig das Gesetz des Auftriebes entdeckt hatte und
dieses Gesetz auch leicht zu beweisen war, galten die Verfechter der eisernen Schiffe noch im frühen 19. Jahrhundert als Träumer und Narren.
„Holz schwimmt, Eisen nicht", sagten die alten Seebären. Aber 1787 blieb
John Wilkinsons 22 m langer Kahn „The Trial" über Wasser, obwohl er
aus Eisenplatten gebaut war. Aber erst 1821 überquerte das erste eiserne
Dampfschiff, die 32,3 m lange „Aaron Manby" sicher den Ärmelkanal.

Und so ganz nebenbei hatte auch die Eroberung des Luftraumes begonnen. Am 21. November 1783 verwirklichten Pilâtre de Rozier und Marquis
d'Arlandes einen alten Menschheitstraum. Sie erhoben sich mit Hilfe einer
Montgolfière in die Lüfte. 1793 war es dann im militärischen Bereich soweit: die Geburtsstunde der Flugwaffe hatte geschlagen. Die Franzosen
stellten militärische Ballonabteilungen auf. Ihre Gegner, die Österreicher,
bildeten auch sofort die erste Luftabwehr der Kriegsgeschichte, indem sie
mit zwei Haubitzen die Ballone beschossen. Doch das Wollen ging noch
über das Können, und vieles, was so vielversprechend begonnen hatte,
schlief wieder ein. 1799 wurde die Luftschiffertruppe wieder aufgelöst,
weil sie sich im napoleonischen Bewegungskrieg als zu schwerfällig erwiesen hatte. Doch wurde von der Artillerie die Bedeutung des Ballons für
ihre Zwecke erkannt und zur Feuerleitung bis und mit dem Ersten Weltkrieg eingesetzt. 1849 wurden Ballone auch als Waffenträger verwendet.

Unbemannte Heißluftballone die Schrapnells trugen, wurden von österreichischen Truppen, die Venedig belagerten, eingesetzt.

Doch auf anderen Gebieten standen Ideen und ihre technische Ausführbarkeit in der richtigen Relation. Vor allem die Entwicklung der Handfeuerwaffen machte große Fortschritte. Nun erschien das Zündhütchen, das den Vorderlader vervollkommnete, sowie die allgemeine Einführung von Hinterlader-Infanterie und -Artilleriewaffen sowie das rauchschwache Pulver. Das 19. Jahrhundert wurde für die Artilleriewaffe entscheidend. 1845 und 1846 entdeckte Schönbein in Basel, Böttger in Frankfurt a. Main und später Otto von Braunschweig, dass durch Einwirkung von Salpetersäure auf Zellulose ein Stoff mit hochexplosiven Eigenschaften entstand. Etwa zur gleichen Zeit wurde auch das Nitroglyzerin erfunden. Die Nitro-Sprengstoffe – Trinitrophenol (reine Pikrinsäure, 1885 vom Franzosen Turpin entwickelt) und Trinitrotoluol – waren ebenfalls Entwicklungen des 19. Jahrhunderts. Alfred Nobel baute 1865 in Kümmel bei Geestnach das größte Sprengstoffwerk Deutschlands. Durch die Erfindung der Nitrozellulose, des Nitroglyzerins, der Initialzündung und einer verbesserten Stahlvergütung und -bearbeitung waren die Voraussetzungen für die Herstellung moderner Waffen und Munition geschaffen.

Doch gehen wir zurück an den Anfang des Jahrhunderts. Ein kurzes Zwischenspiel gab zu Beginn des 19. Jahrhunderts die Rakete. Diese Waffe erlebte dank dem indischen Fürsten zu Mysore, Haidar Ali, ihre Renaissance. Der Fürst schlug dank ihrem massierten Einsatz die Engländer vernichtend. Die Engländer vervollkommneten in der Folge diese neue „alte" Waffe und setzten sie erstmals erfolgreich gegen Frankreich ein (Leipzig, 1813, und Waterloo, 1815). Während des Krieges zwischen England und Amerika von 1812–1815, als es um den Besitz Kanadas ging, lernten die Amerikaner ebenfalls die Wirkung der Congreve-Raketen kennen. Bald führten praktisch alle Heere der damaligen Zeit Pulverraketen. Waren diese Raketen auch ungefähr gleich präzise (oder ungenau) wie Geschütze, jedoch mit größerer Reichweite, so änderte sich das schlagartig mit der allgemeinen Einführung gezogener Rohre bei der

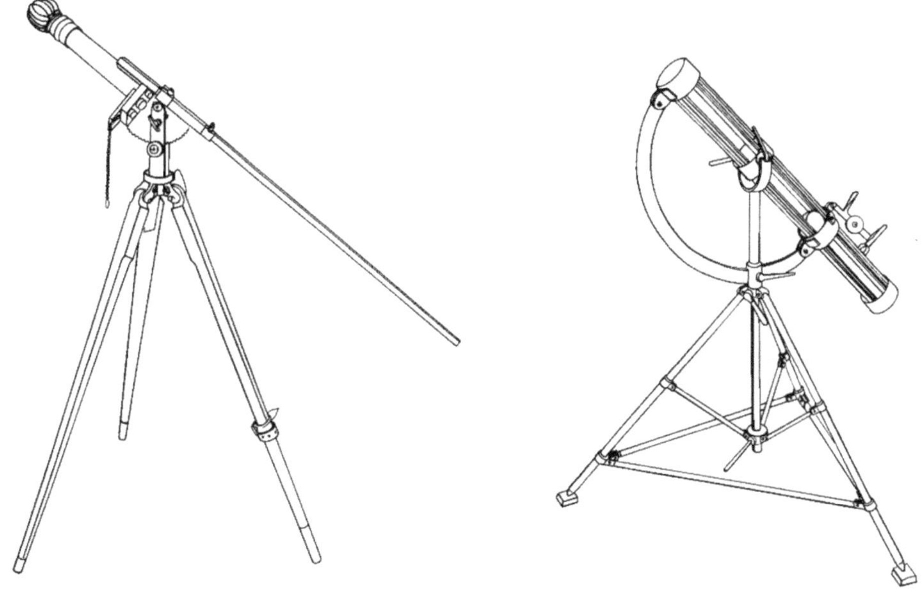

Raketenabschussvorrichtungen für Stab- und Rotationsraketen

Bereits 1844 wurde durch den Amerikaner Hale die Drallstabilisierung von Raketen erfunden. Der lange Stab fiel weg, und die ballistische Streuung verminderte sich stark. Diese Vorläufer der modernen Raketen wurden in der US Army 1846 eingeführt und im Krieg gegen Mexiko eingesetzt.

Artillerie. Die Rakete wurde wieder überrundet und verschwand. In der Schweiz wurden Raketen als „Raketenartillerie" 1850 eingeführt, aber erst 1867 wieder ausgemustert. Praktische Erfahrungen führten zur Einsicht, dass diese Waffengattung, auf die man übertriebene Hoffnungen gesetzt hatte, sich höchstens zum Erschrecken von Kavalleriepferden eignete.

Die Einführung gezogener Rohre bei der Artillerie war zurückzuführen auf Erfolge bei der Entwicklung von Gewehren, deren Schussweite plötzlich so groß war, wie die der meisten Geschütze. Begonnen hatte dies ganz unbemerkt mit der Zündung. 1799 stellte erstmals der englische Chemiker Howard das Knallquecksilber her. In einer Nummer der „Philosophical Transactions" erstattete er Bericht über seine Arbeiten, die er als einen Fehlschlag ansah; er sei nach vielen Experimenten zur Ansicht gekommen, dass Knallquecksilber für eine praktische Anwendung zu gefährlich sei. Er hatte unrecht damit, denn ein anderer Mann, der seinen Bericht gelesen hatte, überlegte sich, ob man dieses Knallquecksilber oder eine ähnliche Mischung statt wie von Howard vorgesehen für den Ersatz von Treibladungspulver, nicht besser als Zündmittel verwenden könnte. Dieser Mann hieß Alexander John Forsyth, er wirkte als Pfarrer in Belhelvie bei Aberdeen. Reverend Forsyth war neben seiner geistlichen Tätigkeit ein begeisterter Jäger und wissenschaftlich interessiert. Als Weidmann hatte er sich immer über den Nachteil des Steinschlosses bei der Jagd geärgert: Der zeitliche Abstand zwischen der Flamme in der Pfanne und dem Eintreffen der Kugel im Ziel war bei scharfäugigem und reaktionsschnellem Flugwild oft zu groß. Der Vogel war weg bevor die Kugel ihn erreichte.

Zunächst wollte Forsyth einfach an Stelle des normalen Zündpulvers die neue Mischung verwenden, doch die erhoffte Wirkung blieb aus. Die auch als Quecksilberfulminat bezeichnete Substanz wurde wohl entzündet, die Flamme schlug aber nicht durchs Zündloch. Der rührige Pastor gab nicht auf. Forsyth erkannte, dass er die Zündsubstanz irgendwie konzentrieren musste, um ihre Wirkung gezielt ins Zündloch zu bringen. Er erfand zu diesem Zweck ein neues Schloss, das nach seinem Aussehen Riech-fläschchenschloss genannt wurde. Ein das Zündmittel enthaltendes Fläschchen besaß seitlich in der Mitte eine Bohrung, in das ein Röhrchen passte, das als Zündloch zum Lauf führte. Das Fläschchen selbst war zweigeteilt, der untere Teil enthielt das Fulminat, der obere eine Zünd-nadel die durch Federkraft nach Außen gedrückt wurde. Drehte man das Fläschchen auf den Kopf, so ergoss sich daraus etwas Fulminat durch ein Loch in den oberen Teil der Röhre. Nach dem zurückdrehen stand die Zündnadel genau über der Bohrung, die nun voll Fulminat war. Den Hahn des Steinschlosses ersetzte Forsyth durch einen „Hammer", der beim Ab-drücken auf die Nadel schlug, die das Fulminat entzündete und eine kon-zentrierte Stichflamme in die Kammer des Gewehres sandte.

Mit dieser neuen Zündung war der Grundstein gelegt für die revolutionäre Entwicklung, die den Übergang von der Steinschlossflinte zur heutigen automatischen Waffe ermöglichte. Der Vorteil dieser Zündung war, dass sie viel schneller wirkte und wesentlich sicherer zündete. Die ersten Steinschlösser, die mit dem Stein-Pyrit arbeiteten, zündeten das „Zündkraut" in der Pfanne, in dem aus dem Stein durch den Schlag kleine Stücke herausgeschlagen wurden. Da der Pyrit pyrophor ist, das heißt in feinster Verteilung sich selbst entzündet, konnten diese Steinschlösser das Pulver in der Pfanne entzünden. Beim späteren Feuerstein- oder Batterieschloss wurden durch den harten Feuerstein oder Achat aus dem Stahl der Batterie feine Späne gerissen. Diese erglühten infolge der Erhitzung beim Abspanen und durch ihre große Oberfläche. Der Nachteil beider Zündsysteme war und blieb ihre Empfindlichkeit gegen Feuchtigkeit. Die Schlösser benötigten zudem einen ständigen Unterhalt. Ein guter Flintstein hielt zudem nur etwa zwischen 30 bis 50 Schuss aus.

Mit der Anwendung der chemischen Zündung durch den schottischen Pastor Forsyth und ihrer Weiterentwicklung nach Ablauf seiner Patente (1807–1821) wurde ein wichtiger Schritt in der Ladeweise von Feuerwaffen ermöglicht. Erst nach vielen Versuchen mit chemischen Mischungen aus Quecksilber, Salpetersäure und Weingeist und mancherlei Versuchen mit neuen Gewehrschlosskonstruktionen kam man auf die einfache Lösung, kleine Kupferhütchen (Zündhütchen) mit dem neuen Zündmittel zu füllen, sie auf einen durchbohrten Zapfen (Piston) am Lauf zu stecken und durch einen niederschlagenden Hahn zünden zu lassen.

Die Einführung der Perkussionszündung hatte auch Einfluss auf einen bis dahin (auch strategisch) wichtigen Betriebszweig. Der Feuerstein-Abbau

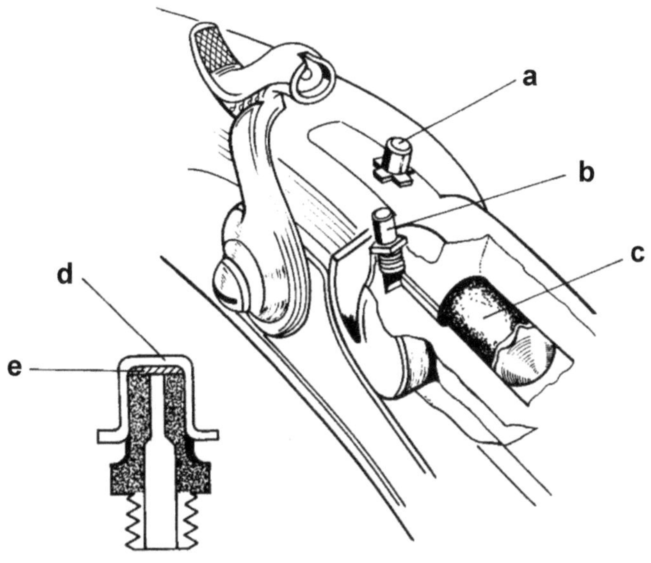

Perkussionsschloss um 1850

a) Zündhütchen, b) Piston, c) Ladung,
d) kupfernes Zündhütchen, e) Fulminat

und seine Verarbeitung verlor seine Bedeutung. Der wichtigste Feuersteinlieferant des 18. und 19. Jahrhunderts war Frankreich gewesen. Dank seiner Monopolstellung hatte es ein leistungsfähiges Manufakturwesen aufgebaut, das neben der inländischen Nachfrage auch bedeutende Mengen exportierte, und dies sogar in Kriegszeiten. Während der französischen Revolutionskriege wurden in Frankreich jährlich etwa 30 Millionen Steine gefertigt; 4 Millionen für die Regierung, drei Millionen für den zivilen Gebrauch und der wesentlich größere Anteil von 20 bis 24 Millionen für das Ausland. Die Rohmaterialgewinnung zur Fertigung der Flintensteine war ein mühseliges, gefährliches und ungesundes Geschäft.

Die in Kalk eingelagerten Feuersteinknollen mussten oftmals bis aus 25 Metern Tiefe gefördert werden. Die Unfallgefahr in den primitiven Feuersteingruben war groß. Alljährlich wurden unzählige Arbeiter verstümmelt oder gar getötet. Der beim Schlagen entstehende Gesteinsstaub führte zu Silikosen, so dass die Lebenserwartung des Feuersteinarbeiters durchschnittlich nicht mehr als 30 Jahre betrug. Das Feuerstein oder auch Flint genannte Material besteht mineralogisch aus SiO_2 und wird in der Natur als knolliges Kieselgestein in Kalk eingelagert gefunden. Es lag daher nahe, das Monopol Frankreichs auf diesem Gebiet zu brechen. Abbaustätten gab es deshalb in vielen Ländern Europas, aber die Qualität des französischen Gesteines wurde nirgends erreicht.

Trotz aller Vorteile der Perkussionszündung setzte sich diese Neuerung erstaunlicherweise nur langsam durch, obwohl sich die Möglichkeit bot, die alten Steinschlösser darauf umzurüsten. Anfänglich vorkommende Versager wurden bald ausgemerzt, und in gründlichen Versuchen festgestellt, dass sich bei der Zündung von Steinschlossflinten rund 6,6 Prozent Zündversager ergaben, die Zündung von Perkussionsgewehren aber nur 0,4 Prozent Versager aufwiesen. Zur Unterbringung der Zündhütchen trug der Soldat auf der Brust ein kleines Täschchen, dessen Inneres vielfach mit Pelzwerk ausgefüttert war, um ein ungewolltes Ausschütten der kleinen Zündhütchen zu verhindern. Später wurden auch ganz raffinierte Nachlademagazine entwickelt, die das Aufsetzen der Zündhütchen auf die Pistons sehr vereinfachten. Die Perkussionszündung und neue Verfahren bei der Kugelherstellung konnten die Treffleistung nur unwesentlich verbessern. Die Kugel-Flugbahnverhältnisse wurden etwas verbessert, indem man die Geschosse nicht mehr goss, sondern aus Bleistangen abpresste. Dadurch wurde das Material in seinem Gefüge homogener, der Schwerpunkt der Rundkugel lag so eher in seiner mathematischen Mitte, das willkürliche Drehmoment der Kugel konnte damit gemildert werden.

Ein erster Schritt in Richtung eines schnellschießenden gezogenen Vorderladergewehres war die Erfindung Capitaine Delvignes. Bei seiner 1842 im französischen Heer eingeführten Gewehrlaufkonstruktion besaß die Kammer in der Schwanzschraube einen kleineren Durchmesser als der gezogene Teil des Laufes. Die Rundkugel wurde an dieser Verengung mittels des Ladestockes aufgeweitet. Diese Erfindung konnte nicht lange befriedigen, da die starke und unkontrollierte Deformation der Kugel beim Laden sich nachteilig auf die Treffleistung auswirkte.

Thouvenin verbesserte die Konstruktion der Schwanzschraube. Bei seiner Entwicklung ragte aus dem Boden der Pulverkammer ein Dorn, um den sich das Pulver lagerte. Über diesen Dorn wurde nun mittels des Ladestockes das Blei-Langgeschoss dermaßen gestaucht, dass es die Laufseele gut ausfüllte. Dieses „Dornbüchse" genannte Gewehr konnte schneller nachgeladen werden und schoss erst noch wesentlich genauer als die „glatte" Flinte. 1847 erfand ein weiterer Franzose, der Kapitän Minié, das sogenannte Expansionsgeschoss. Dieses Blei-Langgeschoss besaß am Boden eine Aushöhlung, die sich zur Geschossspitze konisch verjüngte. Beim Abschuss trieben die Pulvergase ein Eisennäpfchen in das weiche Bleigeschoss, dehnten dieses aus, und zwar soweit, dass das Geschoss in die Züge des Laufes gepresst wurde. Beim Minié-Geschoss ging die Geschossdeformation gesteuert vor sich, willkürliche Geschossquetschungen wie bei der Dornbüchse wurden vermieden. Obwohl sich das Minié-System relativ einfach anhört, war es doch eine recht komplexe Angelegenheit. Pulverladung, Gasdruck, Geschossgewicht, Spielraum des Geschosses, seine Außenform, Tiefe und Gestaltung der Höhlung im Geschoss, das Eisennäpfchen (Culot genannt) und das Geschossmaterial waren Komponenten, die sich gegenseitig beeinflussten.

Diese Schwierigkeiten umging der Österreicher Lorenz mit seinen neuentwickelten Kompressionsgeschossen. Seine Erfindung, ein gerilltes Langgeschoss, wurde durch den Gasdruck zusammengedrückt und auf den Zugdurchmesser aufgeweitet. Lorenz verbesserte und vereinfachte auch das Perkussionsschloss, das sich durch geniale Einfachheit auszeichnete. Das Schloss bestand im Wesentlichen nur noch aus der Schlossplatte, dem Hammer, dem Studel (Nuss- und Stangenlagerung) der Stange zum Abziehen und der Stangenfeder. Damit war der perfekte Vorderlader geboren. Gezogene Gewehre dieser Art wirkten noch auf 300 Schritte (225 Meter) gegen Einzelziele und noch auf 1000 Schritt (750 Meter) gegen Masseziele. Demgegenüber war der Einsatz von „glatten" Flinten bereits bei 300 Schritten gegen Masseziele sinnlos gewesen. Die neuen „Schnelllader"-Vorderladerwaffen brachten den großen Vorteil, dass die gesamte Infanterie nun mit einer Einheitswaffe ausgerüstet werden konnte. Die beiden üblichen Arten des Gefechtsschießens, das gestreute Massenfeuer und das wohlgezielte Einzelfeuer, konnten nun durch dieselbe Truppe ausgeführt werden. Die gut dichtenden Langgeschosse verfügten auch über eine höhere Anfangsgeschwindigkeit und eine flachere Flugbahn als die alten Rundkugeln. Die gestreckte Flugbahn führte wiederum zu einer Verlängerung der bestrichenen Räume, Zielfehler infolge falscher Distanzschätzung fielen nicht mehr so stark ins Gewicht. Hingegen machte sich die höhere Aufprallenergie beim Durchschlagen menschlicher Körper deutlich bemerkbar durch im Anfang ungewohnte viel stärkere Verwundungsgrade bei Weichteilen und Knochenperforationen.

In den Kriegen dieser Zeit, die nun mit gezogenen Gewehren und selbstdichtenden Geschossen bestritten wurden, veränderte sich die Anwendung dieses verbesserten Infanteriemittels nur wenig gegenüber der Zeit der Batterieschlossgewehre. Die Schießgeschwindigkeit erhöhte sich nämlich nur gering, so dass die anderen Vorzüge nicht ausgenutzt werden konnten. Die Infanterie kämpfte also weiterhin in geschlossenen Treffen und größeren Massen. Angegriffen wurde nur in geschlossenen Kolonnen. Einzig die Franzosen hielten auch den Kampf der einzelnen Schützen für wichtig. Die Tirailleurtaktik bewährte sich bei den Franzosen 1859 im Krieg gegen Österreich, obgleich die österreichischen Truppen ballistisch bessere Gewehre besaßen. Die verbesserten Infanteriegewehre wurden weder im Krimkrieg noch im Krieg Österreichs gegen Frankreich und Sardinien, noch im amerikanischen Bürgerkrieg so ausgenutzt, wie es möglich gewesen wäre. Überall wurde der Sturmangriff mit aufgepflanztem Bajonett in Kolonnen bevorzugt. Erst die Preußen, die sich seit den Napoleonischen Kriegen von kriegerischen Auseinandersetzungen freigehalten hatten, wendeten eine neue Taktik an, die auch ihren waffentechnischen Vorsprung berücksichtigte.

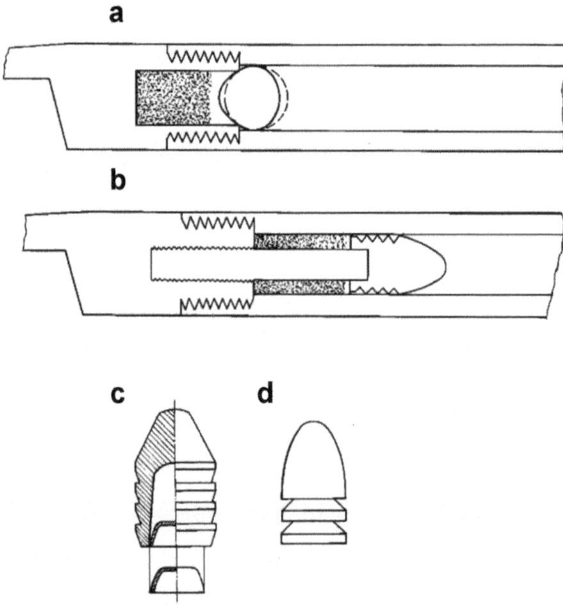

Innenballistische Entwicklung der Handfeuerwaffen: gezogene Läufe und selbstdichtende Geschosse

a) Stauchung der Rundkugel nach Delvigne
b) Stauchführung nach Thouvenin (Dornbüchse)
c) Expansionsgeschoss von Minié
d) Kompressionsgeschoss (Stauchgeschoss) von Lorenz

Die Wirkung der neuen Infanteriegewehre bekam neben der gegnerischen Infanterie und Artillerie auch die Kavallerie zu spüren. Gegen diese

Tatsache konnte seitens der Reiterei nichts ausgerichtet werden. Schneid half hier nicht weiter, und technische Möglichkeiten zum Ausgleich gab es keine. Die Reiterei verlor ihre Bedeutung, wenn auch ungern und unter vielen Opfern. Bei der Artillerie aber lagen die Dinge anders. Als man sich vom ersten Schock erholt hatte und einsah, dass liebgewordene Traditionen endgültig vorbei waren, richteten die verantwortlichen Männer ihr Augenmerk ebenfalls auf das rotationsstabilisierte Lang-Geschoss. Bemühungen auf diesem Gebiet hatte es zwar schon seit längerer Zeit gegeben, die geringen technischen Möglichkeiten ließen aber bisher alle diesbezüglichen Versuche scheitern Doch jetzt, als das Problem der Reichweitenvergrößerung und der damit erreichbaren erhöhten Treffsicherheit akut geworden war, kamen die Erfinder auf brauchbare Lösungen, die von den Militärs auch dann nicht sofort wieder ad acta gelegt wurden, wenn sich nicht gleich ein Erfolg einstellte.

Die Schwierigkeiten lagen eigentlich nicht bei der Herstellung von gezogenen Rohren, sondern bei den entsprechenden Geschossen, die den Drall übernehmen mussten. In Frankreich hatte ein Oberst Treuille de Beaulieu den zündenden Gedanken; er schlug vor, die Geschosse mit Hilfe von metallenen Zapfen (Führungswarzen), die in die Züge des Rohres eingriffen, in Rotation zu setzen. 1842 übernahm die französische Armee diesen Vorschlag. Rasch zogen weitere Länder nach. Aber auch andere Lösungen kamen zum Zug, die nicht nur den Bau der Geschosse betrafen, sondern auch in der Anordnung der Züge Unterschiede aufwiesen. Es gab Geschützrohre mit zwei und solche mit zwanzig Zügen. Es gab auch Rohre mit glattem Innern, jedoch mit ovalem Querschnitt. 1854 meldete Joseph Whitworth ein Patent auf eine vieleckige Kanonenbohrung an.

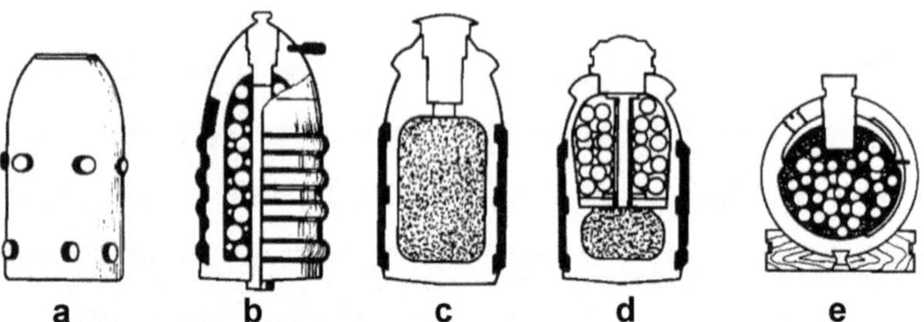

Geschossformen für gezogene Geschützrohre

a) Système La Hitte: Geschoss mit Führungswarzen aus Blei
b) Schrapnell mit Bleimantel und Führungsringen
c) Granate mit Bleimantel
d) Schrapnell mit Bleimantel
e) demgegenüber ein Schrapnell einer Glattrohrkanone. Das
   Hohlgeschoss mit Zünder besaß einen hölzernen Spiegel

Auch der Zündung der Geschütze wurde mehr Beachtung geschenkt. Die neuen chemischen Möglichkeiten brachten auch hier rasch technische Verbesserungen. Perkussionszündungen bewährten sich jedoch nicht, weil der Schlagmechanismus durch die aus dem Zündloch strömenden Gase zu stark belastet wurde. Allgemein durchsetzen konnte sich erst der Reibzünder, bei welchem das Zündpulver durch einen Stab, der eine raue Oberfläche besaß, entzündet wurde.

Gezogene Rohre mit Langgeschossen setzten sich immer mehr durch, obwohl stets neue Probleme auftauchten. Die langen Geschosse waren schwerer als die gleichkalibrigen Rundkugeln. Sie benötigten entweder mehr Treibmittel oder eine neue Art Pulver. Um die Mitte des 19. Jahrhunderts waren die Schießbaumwolle und das Nitroglyzerin wohl bekannt, aber für den militärischen Bereich ungeeignet. Verheerende Explosionen ereigneten sich, als man diese Stoffe in großen Mengen herstellen und lagern wollte. Praktische Verwendbarkeit erlangte die Schießbaumwolle erst durch die Arbeiten des englischen Chemikers Abel. Durch geeignete Modifikationen des Fabrikationsprozesses konnte er die Stabilität der Nitrozellulose wesentlich verbessern und damit die geforderte Haltbarkeit erreichen.

Alle diese Erfindungen standen vor dem Hintergrund großer politischer Veränderungen in Europa. Dem Zeitalter der Restauration (1815 bis 1830) folgten Jahre der Unruhe (1830 bis 1847), die in die Revolutionsjahre 1848 bis 1852 mündeten. Die seit Mitte des 18. Jahrhunderts von England ausgehende industrielle Revolution, das heißt die Mechanisierung der industriellen Produktionsvorgänge, die Intensivierung des Verkehrs durch Eisenbahnen und Dampfschiffe, die Entdeckung und Anwendung der elektrischen Kräfte in Telegraf und Telefon sowie die Entstehung der modernen chemischen Industrie ergriff nach England Frankreich, seit 1820 Deutschland und den ganzen Kontinent sowie Nordamerika und schließlich auch Japan.

Durch die Industrialisierung bildete sich zunächst ein neuer Stand des kaufmännischen und industriellen Unternehmertums als bürgerliche

Oberschicht. Dieses Bürgertum wurde zum Träger des Liberalismus und der Demokratie. Dagegen wandte sich der Staat mit seiner konservativen Politik der Restauration. Staat und Bürgertum wurden wiederum von unten gemeinsam bedroht durch die neu aufsteigende Schicht der Arbeiter. Diese Arbeiterschicht, ebenfalls ein Ergebnis der industriellen Revolution, richtete sich nach demokratischen und sozialistischen Ideen. Der Zusammenprall dieser Kräfte entlud sich in revolutionären Unruhen, in Aufständen und Kriegen. Krise folgte auf Krise und diese wiederum veränderten auch die Konstellation der europäischen Mächte. Neben all diesen vordergründigen Ereignissen wirkten Kräfte, die allen Restaurationsbestrebungen widerstanden. Der Siegeszug der modernen Naturwissenschaften konnte nicht aufgehalten werden, ebenso wenig wie ihre Nutzbarmachung, die nun auf rationalem, logischem Denken und auf Erfahrung beruhte.

Frankreich, das seit 1848 wieder von einem Bonaparte geführt wurde, nach dem Staatsstreich von 1851 nannte er sich Napoleon III., versuchte mit allen Mitteln Englands Vorherrschaft vor allem im militärischen (Marine) Bereich zu brechen. Da es im Marinesektor mit den Engländern, die eine große Flotte und Stützpunkte in aller Welt besaßen, nicht gleichziehen konnte, versuchte es die Quantität durch Qualität zu ersetzen.

Der französische Artillerieoffizier Paixhans forderte bereits um 1830 neuartige Waffen, mit deren Hilfe es Frankreich möglich sein sollte, mit der englischen Flotte gleichzuziehen. In Kenntnis der Verletzlichkeit hölzerner

Segelschiff-Flotten setzte Henri Joseph Paixhans sich ganz energisch für Marinegeschütze ein, die Granaten verfeuerten. Ein von ihm konstruiertes kurzrohriges Geschütz, das Granaten im Flachschuss verfeuerte, wurde ein großer Erfolg. Bereits 1837 führte die französische Marine 21,5 cm Paixhans-Geschütze ein. Das gab neuen Auftrieb, 1848 verfügte Frankreich wieder über eine beachtliche Hochsee-Flotte. Die Flotten von Dänemark, Schweden und Russland sowie Holland zogen bald nach. England führte erst 1847 Granatengeschütze ein, gefolgt von den Vereinigten Staaten. Zu Beginn des Krimkrieges wurden erstmals Granaten mit Erfolg von Bord gegen feindliche Schiffe eingesetzt. Ein starkes russisches Geschwader drang im November 1853 in die Bucht von Sinope ein und vernichtete ein türkisches Geschwader. Die Art der Vernichtung erregte Aufsehen. Die Russen hatten Paixhans-Geschütze mit Granaten eingesetzt. Zwei Fregatten explodierten durch Granatwirkung nach kurzem Beschuss, der Rest der Flotte wurde auf die Küste getrieben und ebenfalls in Brand geschossen.

Der Krimkrieg (1853/56) wurde durch Russland ausgelöst, das den Zusammenbruch der morschen Türkei herbeiführen wollte, einerseits, um das schwarze Meer zu beherrschen und andererseits, um sich einen Zugang zum Mittelmeer zu verschaffen. England unterstützte aus naheliegenden Gründen die Türkei. Frankreich unter Napoleon III. schloss sich dieser Politik an. Napoleons eigentliches Ziel war, Frankreich aus seiner damaligen außenpolitischen Isolierung herauszuführen und den letzten Rest seiner vermeintlichen Diskriminierung infolge der Verträge von 1815 zu beseitigen. Weitere Gründe waren, den Durchbruch der Russen zum Mittelmeer zu verhindern, da Napoleon es langfristig zu einem französischen Meer machen wollte und der Wille, wo immer es ohne direkte Konfrontation ging, mit den übermächtigen Engländern zu konkurrieren. Englands Ziel war jedermann klar, keine neue Macht am Mittelmeer. England und Frankreich entschieden den Krieg für sich durch Landungen auf der Krim und in Schlachten an der Lama, bei Inkerman und der Eroberung von Sewastopol, 1855.

Die alliierte Kriegführung, obwohl siegreich, zeichnete sich durch Unkenntnis der geographischen Lage, einer ungenügenden Vorbereitung und Versorgung sowie Mangel an Reserven usw. aus. Der neu erfundene und hier erstmals in einem Krieg eingesetzte Telegraf erhöhte noch das Durcheinander, indem ein Schauer von sich widersprechenden Befehlen auf die militärischen Befehlshaber an der Front niederprasselte. In diesem Krieg entwickelten sich auch erstmals Stellungskämpfe. Die vereint kämpfenden Engländer und Franzosen setzten erstmals mit Erfolg Perkussionsgewehre mit Minié-Geschossen ein, während die Russen noch mit einer glattläufigen Muskete kämpften. Erst ab 1870 führte Russland das Einzelladersystem Berdan II im Kaliber 10,75 mm ein. Während des ab den 1870er Jahren auch in Europa langsam einsetzenden Repetiergewehr-Zeitalters begnügte sich Russland noch lange damit, seinem Hinterlader zur Erhöhung der Feuerschnelligkeit einen ansteckbaren Schnelllader beizugeben.

Zwei Frauen machten ebenfalls von sich Reden. Wurde doch dank ihnen erstmals in der Kriegsgeschichte eine gezielte Hilfe für notleidende kranke und verwundete Soldaten organisiert. Auf russischer Seite war es das Werk einer Großfürstin namens Helena Pawlowna, auf Seiten der Alliierten die Engländerin Florence Nightingale, die sich ebenfalls mit aufopfernder Hingabe, Organisationstalent und Durchsetzungsvermögen den Kranken und Verwundeten im Krimkrieg annahm.

Im Krimkrieg setzten die Franzosen erstmals gepanzerte Kriegsschiffe ein. Diese mit dicken Eisenplatten geschützten Schiffe, die mit Paixhans-Geschützen bestückt waren, konnten sich fast ungefährdet mit Küstengeschützen duellieren. Das war ein Novum in der Seekriegsgeschichte und bestärkte die Befürworter von Panzerschiffen, die den Tod der Holzschiffe voraussagten. In der Tat war dem Linienschiff aus Holz damit der „coup de grâce" versetzt worden. Frankreich sah die Chance und versuchte sie zu nutzen. Der Bau von weiteren hölzernen Linienschiffen wurde gestoppt und der Umbau der größten in gepanzerte und mit einem durchgehenden Geschützdeck ausgerüstete Kriegsschiffe eingeleitet. Der eigentliche Umsturz erfolgte mit der „La Gloire", die 1858 in Toulon auf Stapel gelegt wurde. Die „La Gloire" stellte einen völlig neuen Entwurf dar. Sie war schmaler als bisherige Kriegsschiffe und wies schärfere Linien für höhere Geschwindigkeit auf. Ihr immer noch hölzerner Rumpf war in der Wasserlinie mit 12 cm und darüber mit 11 cm dicken Eisenplatten gepanzert. Auf jeder Seite besaß das Schiff dreizehn Stückpforten mit 16-cm-Geschützen. Bei den Geschützen hatte man mit der Landartillerie gleichgezogen und Vorderlader mit gezogenen Rohren eingebaut. Die „La Gloire" beendete die Erprobung mit großem Erfolg, auch die erreichten Geschwindigkeiten konnten sich sehen lassen mit 13,1 Knoten im reinen Dampfantrieb und noch 10 Knoten bei schwerer See und Sturm.

In dieser Zeit beschäftigte sich die Seemacht Nummer Eins mit Detailproblemen, es wurden Versuche mit Panzerplatten und gezogenen Geschützrohren durchgeführt. England hatte Zeit, denn es besaß auch die industrielle Überlegenheit. Als es von Frankreich in das neue Zeitalter der gepanzerten Kriegsschiffe gedrängt wurde, verlagerte sich seine Überlegenheit nur von einem Gebiet auf ein anderes. Die britische Produktion an Panzerplatten überflügelte bald diejenige von Frankreich, britische Ingenieure wie Armstrong und Whitworth übernahmen die Führung in der Herstellung von gezogenen Geschützen. Auch der britische Eisenschiffbau wurde auf Anhieb führend. Während man sich in Frankreich beim Bau der ersten Panzerschiffe mit der Beplattung hölzerner Schiffe begnügt hatte, bestand das erste britische Panzerschiff bereits vollständig aus Eisen.

Im Juni 1859, einige Monate vor dem Stapellauf der „La Gloire" wurde die HMS „Warrior" auf Kiel gelegt. Die „Warrior" trug eine stärkere Bewaffnung als jeder Dreidecker. Ihre 68-Pfünder-Geschütze trugen weiter als alle anderen Schiffsbewaffnungen – Paixhand-Geschütze waren damit schon wieder veraltet. Mit einem Panzer von 11,4 cm Dicke auf etwa zwei Drittel der Schiffslänge war die „Warrior" für herkömmliche Geschütze undurchdringbar. Außerdem lief das Schiff wesentlich schneller als die „La Gloire". Neben ihrem Dampf-Kampfantrieb mit Schraube führte aber auch die „Warrior" genau wie die „La Gloire" immer noch eine zusätzliche Besegelung, da der Dampfantrieb im Verhältnis zur abgegebenen Leistung noch unverhältnismäßig viel Kohle verbrauchte.

HMS „Warrior" der Prototyp der neuen Großkampfschiffe

Ganz aus Eisen gebaut besaß die „Warrior" einen Panzer von 11 cm Dicke auf etwa zwei Drittel der Schiffslänge. Bewaffnung: 28 18-cm-Kanonen in der Batterie, je zwei 20-cm-Kanonen vorn und achtern auf dem Oberdeck. Geschwindigkeit: 14 Knoten.

Die „La Gloire" und die „Warrior" stellten eine Herausforderung an jeden Geschützbauer dar, ihren Panzer zu brechen. Die Schiffsbauer wiederum wurden gezwungen, noch stärkere und größere Schiffe zu bauen, um sie mit noch wirkungsvolleren Geschützen armieren zu können. Das veranlasste die Eisengießereien und später die Stahlwerke zur Produktion stärkerer Panzerplatten, was wiederum Schiff- und Geschützbauer vor neue

Aufgaben stellte. Ein Rückkoppelungsprozess größten Ausmaßes lief damit an. Den Marineoffizieren, die bis anhin mit etwa gleichstarker Ausrüstung wie ihre Gegner zufrieden waren, wurde die Entwicklung aus der Hand genommen und Konstrukteuren und Fabrikanten übertragen. Erfindergeist begann sich auf der Basis neuer industrieller Techniken und Materialien auszuleben, nicht unwesentlich beflügelt durch Verteidigungswünsche der europäischen Nationen. Um 1870 war jedes Schiff, das auf Kiel gelegt wurde, bereits veraltet, bevor es vom Stapel lief, denn in irgendeiner anderen Werft war mit Sicherheit ein noch stärkeres Schiff in Arbeit. In dieser Zeit wurde auch verstärkt mit Hinterladern experimentiert, die englische Marine führte auch kurzzeitig solche Geschütze ein. Aber die Zeit war noch nicht reif für alle technischen Möglichkeiten.

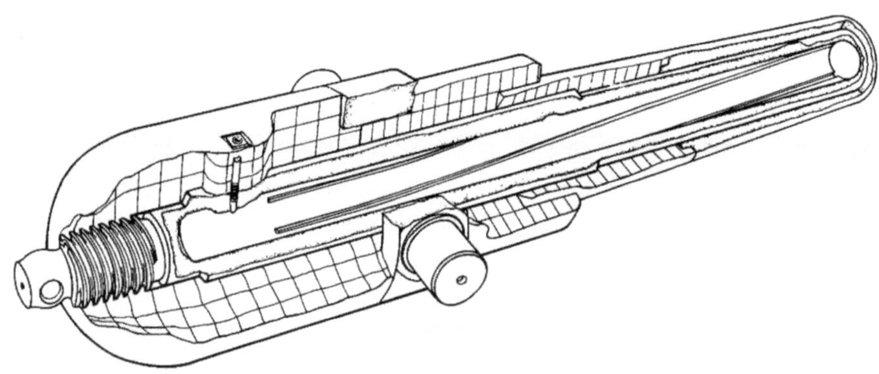

Aufbau einer gezogenen Vorderladerkanone um 1870

Um den eigentlichen gezogenen Rohrteil sind verschiedene zusammengeschweißte, spiralförmig gewundene Mäntel aufgezogen. Diese Mehrlagenrohre genannten Konstruktionen dienten dazu, die beim Schuss erzeugte Beanspruchung über den ganzen Rohrquerschnitt zu verteilen.

In den Salons wie in den einfachen Bürgerstuben stand aber um diese Zeit ein anderes Thema im Vordergrund des öffentlichen Interesses. 1859 veröffentlichte der Engländer Charles Darwin sein umwälzendes Werk „Über den Ursprung der Arten und die Abstammung des Menschen." Seine schon am Tage ihres Erscheinens vergriffene Veröffentlichung war lange Zeit das Hauptgespräch und ließ zum Teil neue Krisen in Europa dagegen verblassen. Aber nicht für lange, denn die nationale Einigung Italiens bis 1864 und später die ebenfalls Tatsache werdende Einigung Deutschlands mündeten in schwere kriegerische Ereignisse.

Im kurzen Landkrieg um die Einigung Italiens 1859, zeigte sich das Auseinanderklaffen von technischen Möglichkeiten und ihrer Umsetzung in den militärischen Alltag, wie schon vorher im Krimkrieg (1855), überdeutlich. Als erster moderner Krieg enthüllten die Schlachten in Italien die Unzulänglichkeit bisheriger strategischer Methoden und ließ die ungeahnten Möglichkeiten nur schwach erahnen, die Heerführung dem technischen Fortschritt anzupassen. Italien war ja nach der Zerschlagung des napoleonischen Reiches wieder zerstückelt worden. Aber das neuerwachte Nationalbewusstsein konnte nicht wieder zum Schweigen gebracht werden. Das Königreich Sardinien machte sich zum Anwalt dieser Einigungsbestrebungen und führte verlustreiche Kriege gegen die österreichische Vorherrschaft im Norden. Im Mai 1860 landete Garibaldi bei Marsala auf Sizilien. Im August desselben Jahres setzte er auf das Festland über. 1861 konnte, gestützt auf die patriotische Begeisterung des Volkes, „il risorgimento d'Italia" (die Wiederauferstehung Italiens) verwirklicht werden. Im

Verein mit den Italienern trieben die Franzosen die Österreicher aus dem Land. Bei Montebello erlitten die Österreicher ihre erste größere Niederlage, dann folgte Magenta und anschließend die blutige Katastrophe von Solferino am 24. Juni 1859, dem mörderischsten Blutbad des Jahrhunderts. Nach dieser Schlacht wurde ein eiliger Vorfriede geschlossen, der den Österreichern Venetien ließ. Die Italiener wurden nach einem siegreichen Feldzuge auf halbem Wege im Stich gelassen. Sie mussten die Einigung aus eigener Kraft beenden. 1866 wurde Venetien italienisch, 1870 Rom Hauptstadt des neuen Staates. Nur wenige aufmerksame Augenzeugen durchschauten die Ursachen der in diesen Schlachten zutage getretenen Desorganisation in beiden Lagern. Massenbewegungen und Massenschlachten warfen alle militärischen Erfahrungen über den Haufen. Eine neue Organisation der Kriegführung war zu schaffen, um insbesondere die neuen Möglichkeiten der nun aufkommenden Eisenbahn im Truppentransportbereich vermehrt und besser zu nutzen.

Solferino wurde aber auch zur Geburtsstunde des Roten Kreuzes. Der aus geschäftlichen Gründen zufällig ins Schlachtgeschehen geratene Genfer Bankier und Industrielle Henri Dunant erkannte die Not der Stunde und die allgemeine Unzulänglichkeit der medizinischen Versorgung. Doch anders als alle seine Vorgänger und Vorgängerinnen als Helfer in der Not setzte Dunant nicht nur spontan auf dem Schlachtfeld mit seiner Hilfe ein, sondern machte weiter und schuf in wenigen Jahren die Voraussetzungen zur Schaffung des „Roten Kreuzes" als erste praktische Manifestation des Völkerrechts.

Der Krieg in Italien von 1859, bei den meisten von uns vergessen, ist dennoch von welthistorischer Bedeutung. Österreich war geschwächt und reif, die Führung Deutschlands an das aufstrebende Preußen abzugeben. Frankreich war siegreich und von großem militärischem Selbstbewusstsein. Die Nationalisierung Italiens war ein Signal für nationale Erhebungen anderer europäischer Völker. Bald riefen die Polen zu vergeblichem Aufstand. Die Völker des Balkans begannen sich ebenfalls zu nationalisieren und die deutsche Einigung stand bevor. In Preußen regierte seit 1858 Wilhelm I. Das Dreigestirn Bismarck, Graf v. Moltke, Roon erschien am Horizont. Preußen entdeckte den Wert der Technik für den Krieg. Die Mobilisierung am Rhein hatte die Unzulänglichkeit der eigenen Waffen enthüllt. Eine neue Armee mit neuen Waffen musste geschaffen werden.

Der Erfolg neuer Erfindungen war in Deutschland am durchschlagendsten, wo bald ein Spinnennetz neuer Eisenbahnlinien die Nutzung der reichen Kohle- und Eisenerzvorkommen ermöglichte und Fabriken dank der allgemeinen Förderung der Dampfmaschine eine rapide Entwicklung nahmen. Alfred Krupps Unternehmen in Essen entwickelte sich beispielsweise vom Jahre 1826 aus einem fast bankrotten Familienbetrieb bis 1870 zu einem riesigen Imperium der Stahlherstellung und der Geschützfabrikation, die einen wesentlichen technischen Anteil am späteren Sieg von 1870/71 hatte. Erfindergeist und Beharrlichkeit zeigte sich aber in Deutschland auch auf anderen Gebieten.

Noch in der Zeit, als mit Minié-Geschossen experimentiert wurde, beschäftigte sich der deutsche Konstrukteur Dreyse mit einem Hinterladersystem, das schließlich alle anderen Armeegewehre außer Gebrauch setzte. Dreyses Gewehr, das eigentlich eine Weiterentwicklung eines 1808 vom Berner Samuel Johann Pauly entworfenen Hinterladersystems war, besaß einen Verschluss, der nach dem gleichen Prinzip arbeitete wie ein Bajonettriegel. Das vordere Ende des Riegels passte in das Patronenlager und verschloss es. Der Riegel wurde in dieser Stellung gesperrt indem man den seitlich angebrachten Knopf oder Hebel hinunterdrückte. Nicht von ungefähr sagt man deshalb heute noch, die Waffe ist verriegelt! Der Riegel war hohl. In seinem Innern befand sich eine lange Nadel mit einer Schrauben-Schlagfeder, die beim Abziehen vorschnellte. Die Nadel stieß dann durch eine kleine Bohrung aus dem vorderen Verschlussteil in Richtung Patrone. Zu seinem „Zündnadel-Gewehr" konstruierte Dreyse auch eine neuartige Munition. Er vereinigte Geschoss, Treibladung und Zündmittel zur ersten Einheitspatrone. Das Geschoss dieser Patrone und spätere Modifikationen bestanden im Wesentlichen aus einem unterkalibrigen Blei-Langgeschoss mit Treibspiegel und Zündpille. Der lange zylindrische Teil der Patrone mit dem Treibpulver wurde von einer Papierwicklung umschlossen. Zur Zündung der Patrone musste die Nadel die Pulverladung durchstoßen, bevor sie die Zündpille am hinteren Ende des Treibspiegels treffen konnte. Hier lag auch, neben der immer noch mangelhaften Abdichtung, der Nachteil dieser Konstruktion, mit der aber ein neuer Weg beschritten wurde, wie übrigens auch bei der Lauffabrikation. Denn bis anhin waren Gewehrläufe aus Schmiedeeisen hergestellt worden. Daraus wurden Platten ausgewalzt und unter einem Rohrhammer geschmiedet und „verkolbt". Beim neuen Zündnadelgewehr wurde zum ersten Mal in der militärischen Lauffabrikation Gussstahl verwendet, indem man Gussstahlknüppel schmiedete und zu Stangen fertigte. Auf Dreh-, Bohr- und Laufziehmaschinen erhielten die Rohlinge dann ihre endgültige Form.

Das Zündnadelgewehr wurde 1847 unter großer Geheimhaltung in Preußen eingeführt. Trotz seiner Mängel machte es seinen Weg. Die Hinterladung mit der Einheitspatrone brachte dem Taktiker eine das Bild des Schlachtfeldes umwälzende neue Möglichkeit, das Schießen im Liegen. Doch es dauerte, bis von dieser Möglichkeit bewusst Gebrauch gemacht wurde. Die Möglichkeit schnell nachzuladen und sofort wieder schussbereit zu sein, wurde zu Anfang als schwerster Nachteil des Hinterladergewehres empfunden. Dabei wurde übersehen oder verdrängt, dass der Sinn der Hinterladung nicht im unkontrollierten Verfeuern von Munition lag, sondern den großen Vorteil der sofortigen Feuerbereitschaft brachte. Zur Zeit der Vorderlader war das erste Glied einer Truppe, die geschossen hatte, in der Zeit des Nachladevorganges wehrlos. Es kostete daher immer große Nervenkraft die Salve im richtigen Moment abzugeben. Die Hinterladung befreite den Soldaten von der ewigen Angst, nicht schussbereit zu sein.

Die meisten deutschen Kleinstaaten hatten schon vor dem kommenden Krieg mit Frankreich das preußische Zündnadelgewehr eingeführt. Einige betrieben sogar mit Erfolg die Weiterentwicklung der Waffe. Andere wiederum versuchten, aus Vorderladerwaffen Hinterlader zu machen, um Kosten zu sparen. Ein solches Gewehr nach System Podewils wurde zum Beispiel im bayerischen Heer eingeführt.

Die Hinterladung veränderte das Aussehen der Handfeuerwaffen. Bis anhin sahen alle Vorderladerwaffen für das ungeübte Auge etwa gleich aus. Mit dem Aufkommen der Hinterladung änderte sich das schlagartig. Alle möglichen Varianten wurden durchexperimentiert. In Europa waren es vor allem Zylinderverschlüsse, die allerdings den Nachteil der großen Länge hatten.

Dieses Handicap versuchte man vor allem im für Europa immer noch weit entfernten Nordamerika durch die Konstruktion von Blockverschlüssen zu umgehen. Während man sich in Europa lange mit der Perfektionierung des Einzelhinterladers abmühte, versuchten in Amerika die Konstrukteure relativ bald zum Mehrlader überzugehen. Eine solche Waffe ließ sich der Amerikaner Walter Hunt 1849 in den USA patentieren. Walter Hunt war einer der wahren Erfinder der Nähmaschine, dem es ansonsten aber am mechanischen Geschick fehlte, so dass andauernd andere die Früchte seiner Arbeit einheimsten. Zu seiner Waffe hatte er bereits früher eine spezielle Munition erfunden. Es handelte sich um Geschosse, die in einer Höhlung am hinteren Ende den Treib- und Zündsatz enthielten, also selbsttreibend waren. Diese Geschosse brachte Hunt bei seinen Waffenkonstruktionen, Gewehren und Pistolen, in einem unter dem Lauf angebrachten Röhrenmagazin unter. Dieses Konzept war seiner Zeit weit voraus, doch Walter Hunt fehlten die Mittel, es durch erfahrene Büchsenmacher verbessern zu lassen. Die Waffe ging in die Hände von Lewis Jennings, eines erfahrenen Technikers über, der die ursprüngliche Konstruktion vereinfachte. Doch auch diese Konstruktion wanderte durch zahlreiche Hände, darunter Horace Smith und Daniel Wesson (die erst später zu Partnern wurden) und landete schließlich bei einem New Yorker Finanzierungssyndikat, dessen treibende Kraft Oliver Winchester war. Dieser verstand zwar nicht viel von Waffen, dafür um so mehr vom Geschäft. Die ersten Waffen, die jetzt unter dem Namen „Volcanic" herauskamen, waren Gewehre und Pistolen. Doch auch diese Waffen wurden, vor allem wegen der schwachen Munition, ebenfalls kein Erfolg und die Firma musste 1857 Konkurs anmelden. Oliver Winchester kaufte jetzt die

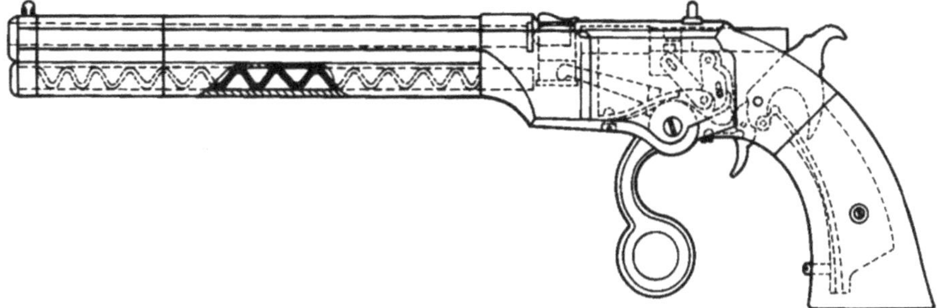

Mehrschüssige Volcanic Repetierpistole

Was beim Henry-, und später beim Winchester-Gewehr hervorragend funktionierte, stellte sich hier als schwerer Nachteil heraus: Der Schütze brauchte zum Nachladen beide Hände. Die Konstruktion wird aber verständlich, wenn man weiß, dass für diese Repetierpistole noch keine Metallpatrone zur Verfügung stand, sondern ein Bleigeschoss mit integrierter und entsprechend schwacher Ladung mit Zündsatz.

Rechte an der Waffe auf und wurde so zum Alleininhaber aller Patente für einen Übernahmepreis von 39 000 Dollar.

Oliver Winchester, der wohl an die Zukunft der Waffe glaubte, selber aber kein Techniker war, gewann in Benjamin Tyler Henry einen Mitarbeiter, der nicht nur sehr viel von Hinterladerwaffen verstand, sondern auch die Vorgängermodelle kannte. Henry erkannte schnell, dass sich das Unterhebelprinzip für eine Pistole nicht eignete. Dementsprechend wurden alle Anstrengungen auf die Verbesserung des Gewehrmodells konzentriert. Am wichtigsten war die Entwicklung einer leistungsfähigen Einheitspatrone. Die Treibladung wurde auf Grund von Vorarbeiten von Flobert und Smith & Wesson neu in der Hülse untergebracht, die auch das Zündmittel aufnahm (Randfeuerpatrone aus Kupfer, 1859). Der Henry-Repetierer mit einer unterhebelbetätigten Kniehebelverriegelung mit Zylinderverschluss wurde 1862 im Rahmen einer großen Werbekampagne auf den Markt gebracht. Wenn sich auch die militärischen Aufträge in Grenzen hielten (Bürgerkrieg in den USA), so wurde die Henry beim zivilen Publikum ein Großerfolg und Winchester konnte 1866 seine Firma in „Winchester Repeating Arms Company" umbenennen. Gleichzeitig wurde auch eine Schwachstelle des Henrygewehres ausgemerzt, nämlich der Führungsschlitz im Röhrenmagazin. Zum Laden brauchte man die Magazinröhre nicht mehr am vorderen Ende aufzuklappen, sondern das neue Gewehrmodell erhielt eine von Nelson King erfundene Ladeöffnung im Verschlusskasten. War die Henry schon für ihre Waffenleistung bekannt, so wurde mit dieser Verbesserung die Winchester, wie sie von jetzt an hieß, zu einer der erstaunlichsten Waffen ihrer Zeit, die auch viele weitere Konstruktionen auslöste. So zum Beispiel das Vetterli-Gewehr oder später die Borchardt- und Luger-Selbstladepistolen mit Kniehebelverschluss.

Die Entwicklung einer ebenfalls neuartigen Faustfeuerwaffe hatte bereits im Frühstadium mehr Erfolg. Mit Patenten von 1835 und 1836 gelang es dem Amerikaner Samuel Colt, den ersten brauchbaren Revolver zu konstruieren. Seit dem 16. Jahrhundert wurde dies erfolglos versucht, ja die meisten Konstruktionen waren für den Benutzer gefährlicher als für den Gegner. Colt entschärfte seine Waffe, indem er die neu erfundenen Zündhütchen in die Trommel-Längsachse verlegte und erst noch so versenkte, dass keine Mehrfachzündungen in der Trommel vorkommen konnten. Ein spezieller Sperrmechanismus verhinderte ein Abfeuern, wenn die Geschosskammer nicht mit der Laufbohrung übereinstimmte. Zu Anfang war es noch recht aufwendig, einen Colt-Revolver zu laden. Der Lauf musste abgenommen werden, dann wurde ein Patent-Schnelladegerät aufgesetzt und zugleich Pulver und Kugeln von vorne in die Kammern der Trommel geladen. Mit einem zweiten Gerät konnten dann die Kugeln festgerammt und erst anschließend der Lauf, der auf der Trommelachse mittels eines Keils fixiert wurde, aufgesetzt werden. Zum Abschluss mussten noch die Zündhütchen auf die versenkten Pistons aufgesetzt werden. Diese „Paterson" genannten Revolver besaßen noch einen versenkten Abzug, der erst beim Spannen des Hahnes aus der Waffe hervortrat. Colt verbesserte bald seine Konstruktion und eröffnete auch eine Firma in England. Wichtiger als seine Waffen, die Colt übrigens bald auch als

Gewehre anbot, waren für die Waffentechnik aber seine Ideen, die er sich in Sachen Fabrikation gemacht hatte. Da bei seinen Konstruktionen Genauigkeit in der mechanischen Fertigung sehr wichtig war, Trommelbohrungen und Lauf mussten genau übereinstimmen, verfiel er auf den Gedanken, die notwendigen Arbeitsgänge aufzuteilen und wo immer es möglich war, Maschinen einzusetzen. Er erreichte damit eine für damalige Zeiten sehr große Genauigkeit in der Fertigung, von der nicht nur die Austauschbarkeit der Teile positiv beeinflusst wurde, sondern auch der Preis. Colt besaß aber (genau wie später Oliver Winchester) etwas, das seinen europäischen Kollegen zumeist abging, Geschäftstüchtigkeit. Für seine Waffen rührte er schwer die Werbetrommel und als weitere Revolver, die zum Teil besser waren wie z. B. der Remington, auf den Markt kamen, hielt er die Konkurrenz mit seinen aggressiven Werbemethoden allemal in Schach. Im Bürgerkrieg und im Westen von Amerika war von nun an der „Colt" immer dabei.

In ähnlicher Weise, wie einst das Römische Reich, war der nordamerikanische Staatenbund zur steten Ausweitung gezwungen. Das überquellende Wachstum der amerikanischen Geld- und Handelsmärkte, ein rigoroser Eisenbahnbau sowie der dauernde Zustrom von Einwanderern verlangten nach immer mehr Raum. Die USA dehnten sich nach dem Westen aus, später nach der Inselwelt des Stillen Ozeans bis zur chinesischen Küste. Expansionsdrang und Missionsbewusstsein verschmolzen in dieser Zeit zu jenem eigentümlichen Verpflichtungsgefühl, dem typischen amerikanischen Glauben, auch für die Wohlfahrt anderer Länder verantwortlich zu sein. Dabei lastete auf dem Staatenbund eine schwere Hypothek, das Sklavenproblem. Mit dem Beginn des 19. Jahrhunderts gab es in den Nordstaaten kaum noch Sklaven. Zumeist zwar nicht aus humanitären Gründen, sondern einfach, weil man sie nicht mehr benötigte. Auch im Süden würde die Sklaverei wohl allmählich verschwunden sein, wäre nicht um 1800 die Cotton-Maschine erfunden worden. Diese Maschine ermöglichte, Baumwolle mechanisch zu entkörnen. Baumwolle wurde zur Massenware, deren systematische Aufzucht den Plantagenbesitzern große Gewinne einbrachte. Der Anbau von Tabak und Reis wurde verdrängt, die Böden aber rasch erschöpft und so immer weiter westwärts Wälder gerodet und die Sklaverei schlagartig neu belebt.

Durch diese Mechanismen wurde die Kluft zwischen dem Süden und dem Norden, die immer schon bestand, weiter vertieft, bis es zum Bruch kam. Als im November 1860 der Advokat Abraham Lincoln Präsident der USA wurde, war auch der Abfall des Südens zur Gewissheit geworden. 1861 begann der Bürgerkrieg (Sezessionskrieg) zwischen den Nord- und Südstaaten. Die Verteilung der Kräfte ließ von vornherein keinen Zweifel am Ausgang dieses Krieges entstehen. Die Nordstaaten waren dem Süden weit überlegen, denn 23 der damals 34 Staaten hielten zum Bund. Der Norden verfügte über viermal so viele Arbeitskräfte wie der Süden, besaß über zwei Drittel der Eisenbahnen und beherrschte die See. Der Norden kontrollierte auch den größten Teil der Rüstungsindustrie, dazu war die finanzielle Überlegenheit eindeutig auf seiner Seite. Doch infolge einer ausgezeichneten Führung (das Offizierscorps ging mehrheitlich zum

Süden über) und dem Gefühl mit dem Rücken zur Wand zu stehen, hielten sich die Südstaaten trotz der rechnerischen Vorrangstellung ihrer Gegner und nach großen Anfangserfolgen während beinahe vier Jahren. Der Südstaatengeneral Robert E. Lee sah sich aber bald in die Verteidigung gedrängt und konnte den Erfolg des Nordens nur hinauszögern.

Nachfolgend genannte Zahlen geben Aufschluss über die Größenordnung des Sklavenproblems in den USA:

Jahr	Schwarze, insgesamt	Schwarze Sklaven	freie Schwarze	Anteil freie Schwarze
1790	757.208	697.681	59.527	7,9 %
1800	1.002.037	839.602	108.435	10,0 %
1810	1.377.808	1.191.362	186.446	13,5 %
1820	1.771.656	1.538.022	232.634	13,2 %
1830	2.328.642	2.009.043	319.599	13,7 %
1840	2.873.648	2.487.355	386.293	13,4 %
1850	3.638.808	3.204.313	434.495	11,9 %
1860	4.441.830	3.953.760	488.070	11,0 %
Gesamtzahl der US-Bevölkerung: im Jahre 1790 = 3.929.000				
im Jahre 1860 = 31.443.000				

(Aus: United States Bureau of the Census, Historical Statistics of the United States, Colonial Times to 1970)

Europa, das den Verlauf des Krieges aufmerksam verfolgte und sich zum Teil stark engagierte, fällte über den Verlauf der Kämpfe nur abschätzige Urteile. In der Tat besaßen die Amerikaner wenig militärische Tradition, ihr stehendes Heer war klein. Kaum ein Offizier im Norden wie im Süden kannte das Buch von Clausewitz „Vom Kriege", das unter anderem die Theorie des totalen Einsatzes im Krieg und die Überlegenheit der Anzahl über die gute Ausbildung vertrat. Doch Clausewitz wurde in diesem Krieg bestätigt, in dessen letzter Phase über 4 Millionen Mann unter Waffen standen. Die Eisenbahn wurde in diesem Krieg zum ersten Mal in großem Maßstab eingesetzt, auch der Telegraf leistete gute Dienste. Es tauchte auch die erste Kanone auf Schienen auf, es fand die erste Schlacht zwischen gepanzerten Schiffen statt, und zum ersten Mal wurde ein Kriegsschiff durch ein Tauchboot angegriffen und versenkt. Bei Charleston (1863) wurde auch zum ersten Mal der Stacheldraht zur Einrichtung von Hindernissen gegen den offen anstürmenden Feind eingesetzt. Dieses Abwehrmittel sollte ab dem Ersten Weltkrieg aus dem Kriegsgeschehen zu Lande nicht mehr wegzudenken sein.

Wenn auch dieser Bürgerkrieg europäischen Heerführern vermeintlich keine neuen Erkenntnisse brachte, obwohl von Bull Run über Gettysburg bis zu Appomattox gewaltige Menschenopfer gebracht wurden, war dieses blutige Ereignis das Signal, welches die USA gleichsam auf den Anfang des Geleises stellte, das sie im nächsten Jahrhundert zur Großmacht führte. Die Gefahr einer Vielfalt von kleinen souveränen Staaten, wie in Europa bis zum Überdruss üblich, war damit gebannt. Auch wurden die Unterschiede zwischen Alteingesessenen und Neueingewanderten im gemeinsamen Erleiden des Krieges weitgehend verschmolzen. Der Typ des Amerikaners, wie wir ihn heute kennen, begann sich damals zu formen. Der Sezessionskrieg war auch der erste große Konflikt, bei dem gezogene Rohre in größerer Anzahl sowohl bei der Artillerie als auch bei der Infanterie eingesetzt wurden. Dabei zeigte sich, dass die vergrößerte

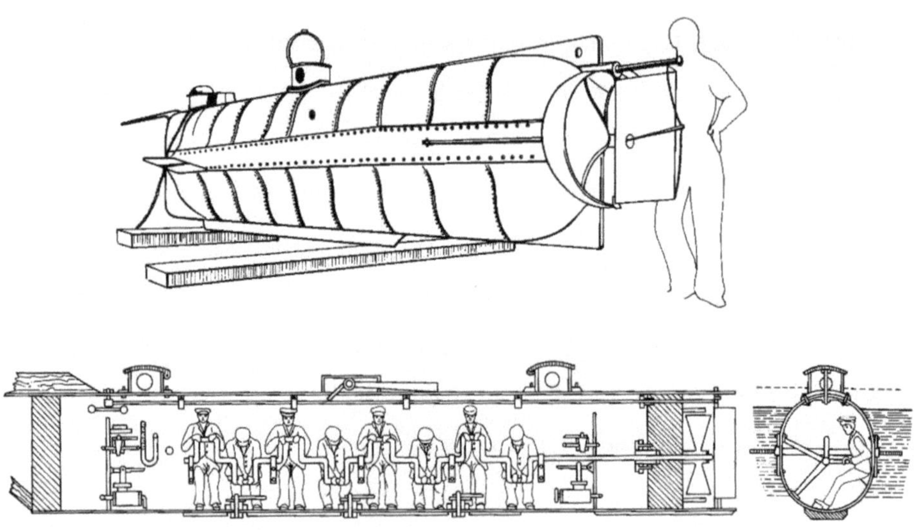

Tauchboot „CSS H.L. Hunley"

In der Nacht des 17. Februar 1864 versenkte das Boot mittels eines Spierentorpedos die Nordstaaten-Korvette „USS Housatonic". Das Schiff sank sofort, nahm aber auch das Tauchboot samt Besatzung mit sich nach unten.

Reichweite und die verbesserte Treffleistung durch die immer noch unzulängliche Wirkung der Munition im Ziel größtenteils zunichte gemacht wurden. Das galt besonders dann, wenn der Gegner Schützengräben aushob, gegen die Granaten mit Schwarzpulverfüllung praktisch wirkungslos blieben. Die Granatwirkung konnte erst ab 1880 mit der Einführung eigentlicher Sprengstoffe befriedigend gesteigert werden. Das Reichweiten- und Präzisionsproblem konnte nach und nach gelöst werden durch

156

immer wirksamere Hinterladerverschlüsse und verbesserte Geschossformen.

Auch auf dem Gebiet der Handfeuerwaffen erwies sich der Bürgerkrieg als Entwicklungsmotor. Die Vorderlader wurden vielfach durch Hinterlader ersetzt und diese wiederum durch Repetierer ergänzt, im Wesentlichen Henri- und Spencer-Gewehre. Eine eigentliche Revolution brachte auf diesem Gebiet die Erfindung der selbstlidernden Metallpatrone. Ein erster Schritt, der allerdings bald in eine Sackgasse führte, war die Erfindung des Franzosen Casimir Lefaucheux. Sein Stiftabschuss-Mechanismus mit einer von C. H. Houllier im Jahr 1850 verbesserten Patrone fand bei Jagd-, Sport- und Militärgewehren sowie bei Revolvern Anwendung. Doch was der Jäger und Revolverträger liebte, den aus der Patrone herausragenden kleinen Zündstift, der zugleich eine gute Ladeanzeige war, konnte Konstrukteure nicht befriedigen, die sich auf Mehrladeeinrichtungen spezialisierten. 1857 wurde diese Patrone durch Horace Smiths und Daniel Wessons Erfindung abgelöst. Ihre neue Patrone beruhte auf einem Entwurf von Flobert. Das Knallpulver befand sich in einem erhöhten Rand am Boden der Hülse, der auch ein Durchrutschen der Patrone in den Lauf oder Trommel verhinderte und als guter Ansatz für einen Auszieher diente. Entgegen der Flobertpatrone enthielt die Hülse auch eine Pulverladung. Mit dieser Erfindung war das Tor zur Repetierwaffe und später zur automatischen Waffe aufgestoßen. In der ersten Phase lag die Entwicklung aber ganz bei den Amerikanern.

In den USA erschienen kurz nacheinander Repetiergewehre der verschiedensten Konstruktionen. Das Gewehr von Henri haben wir schon angesprochen. Den Rang im Bürgerkrieg hat dieser Waffe aber das Repetiergewehr des Amerikaners Spencer abgelaufen. Seine bereits 1860 patentierte Waffe wurde in großer Anzahl bei den regulären Truppen der Nordstaaten geführt. Die Spencer wird daher mit Recht als das erste kriegsbrauchbare Repetiergewehr bezeichnet. Ende 1859 hatte Christopher Miner Spencer im Alter von erst 26 Jahren seine ersten Modelle fertiggestellt, wobei ihm der Direktor der Firma Robbins und Lawrence, bei der damals Sharps-Hinterlader für Papierpatronen gebaut wurden, wertvolle Unterstützung gab, indem er Spencer verschiedene Teile des Sharps Schlosses überließ. Die Spencer besaß ein Röhrenmagazin für 7 Patronen im Kolben und einen unterhebelbetätigten Verschluss. Der wie bei der älteren Sharps außenliegende Hammer musste allerdings nach jedem Repetiervorgang separat gespannt werden. Die kurze Patrone besaß eine Kupferhülse mit Randzündung. Das Kaliber von ca. 13,2 mm war für damalige Verhältnisse sehr gering und stellte einen großen Fortschritt dar. In Bezug auf die Kaliberverringerung war die Schweiz um diese Zeit wegweisend. 1863 beschloss der Bundesrat, das Kaliber 10,5 mm (das ab den 1850er Jahren bereits in Teilbereichen eingeführt wurde) in Form eines neuen Infanterie-Vorderladergewehres in der gesamten eidgenössischen Armee einzuführen.

Auch die Revolver wurden auf Metallpatronen umgestellt, hier hatte in der ersten Zeit die Firma Colt das Nachsehen, da H. Smith und D. B. Wesson vorausschauend ein dubioses Patent aufgekauft hatten, das allein die Verwendung von nach hinten durchbohrten Revolvertrommeln gestattete. Colt starb im Jahre 1862. Er erlebte weder den Frontier Revolver noch das Winchestergewehr von 1873, noch die ersten Schnellfeuerwaffen, die nun auf Grund der Metallpatrone auf den Markt kamen.

Mit der selbstlidernden Metallpatrone waren die großen Probleme, welche die Konstrukteure seit der Erfindung der Feuerwaffe beschäftigt hatten, im Wesentlichen gelöst. In der Einheitspatrone war alles untergebracht, was zur Munition gehörte. Die beim Schuss teilweise elastische Hülse war fähig, den Lauf im Verbund mit dem Verschluss nach hinten gasdicht abzudichten. Im Weiteren besaß die Munition nach anfänglichen Rückschlägen jahrelange Lagerfähigkeit. Die neue Patrone war wasserfest und transportsicher, die Hülsen anfänglich aus Kupfer und später aus Messing. Bei der Herstellung der Hülsen stanzte man in einem ersten Arbeitsgang aus einem Blech bestimmter Dicke eine Scheibe (Rondelle) aus und spannte diese in eine Ziehmaschine ein. Nach dem ersten Ziehvorgang wurde der „Fingerhut" ausgeglüht und anschließend mit weiteren Ziehstempeln bearbeitet bis die Hülse die Form der Patrone angenommen hatte. Der Übergang von der Papier- zur Messingpatrone, inklusive Rand- und später Zentralzündung ging nur allmählich und unter Mitwirkung vieler Erfinder vor sich. Die Arbeiten von Houllier, Lepage, Demondion, Lefaucheux und Flobert in Frankreich, von Smith und Wesson, Sharps, Maynard und Morse in den USA sowie von Richards, Boxer und Metford in England haben viel zu dieser Entwicklung beigetragen.

Einem Dr. med. Richard Jordan Gatling aus North Carolina kam diese Patronenentwicklung wie gerufen. In den ersten Jahren des amerikanischen Bürgerkrieges entwickelte er das Modell eines mehrläufigen Schnellfeuergewehres, das im ersten Entwurf noch Papierpatronen verfeuerte. Nach dem Übergang auf Metallpatronen konnte er mit einem sechsläufigen Modell 1862 bereits eine Kadenz von 200 Schuss pro Minute erreichen. Bis 1882 wurde die Kadenz mit einem zehnläufigen Modell auf 1200 Schuss pro Minute erhöht.

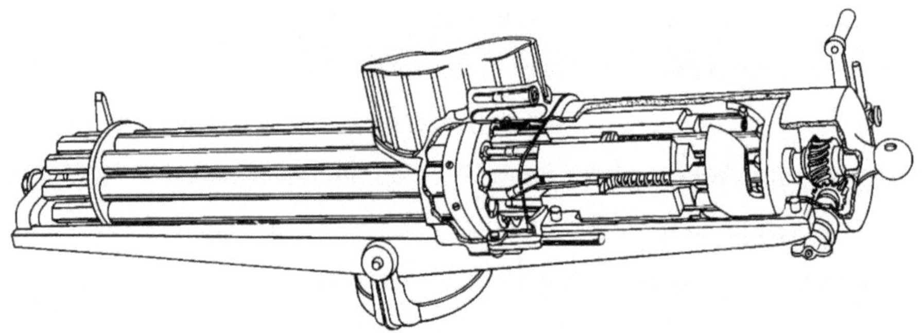

Zehnläufiges Gatling-Maschinen-Gewehr, Kaliber 11,4 mm

Das ganze Laufbündel rotierte, wenn an der Kurbel gedreht wurde. Jeder Lauf besaß seinen eigenen Verschluss. Diese rotierten nicht nur mit, sondern sie bewegten sich zwangsgesteuert hin und her, führten Patronen in die Patronenlager, zündeten und zogen die abgeschossenen Hülsen wieder aus.

In den nächsten zwanzig Jahren verbreiteten sich die „Gatlings" in verschiedenen Kalibergrößen auf der ganzen Welt. Sie kamen im Deutsch-Französischen Krieg zum Einsatz, in Ägypten, Kuba, Russland, in Westafrika, im Russisch-Türkischen Krieg von 1878 und im Krieg gegen die Zulus, um nur einige „Schauplätze" zu nennen. Ihre größte Verbreitung

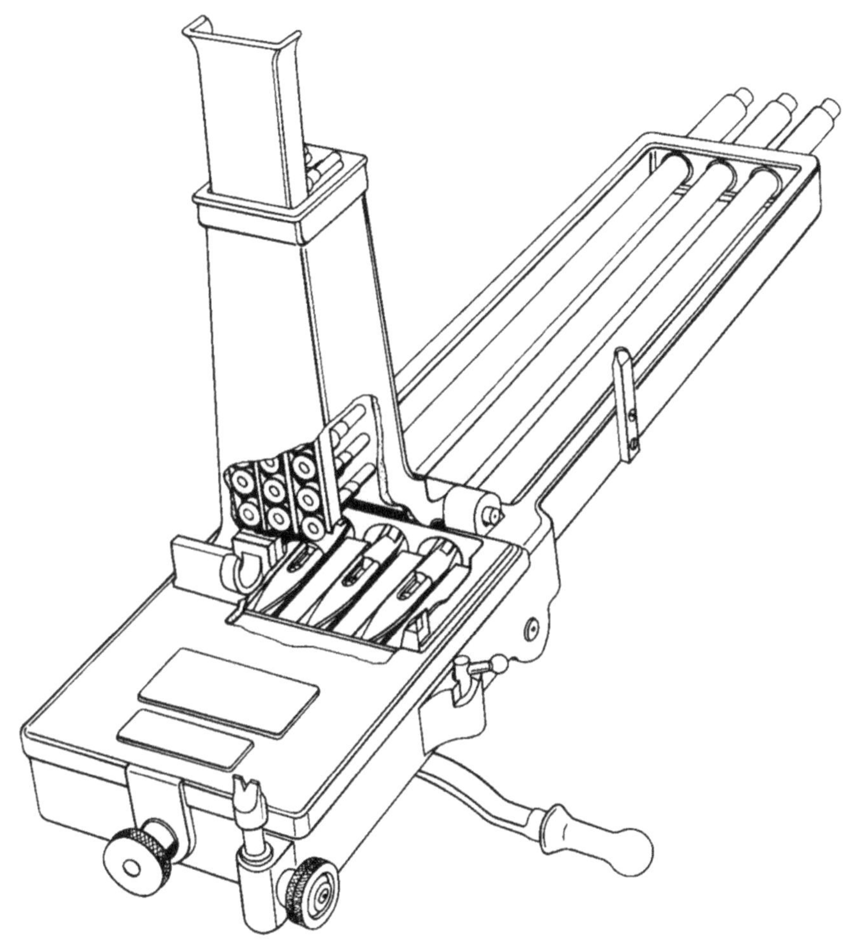

Nordenfelt-Schnellfeuerwaffe

Durch den Bedienungs- und Feuerhebel an der rechten Seite wurden jeweils drei Patronen zugeführt, gezündet und die leeren Hülsen wieder ausgeworfen. Nordenfelt-Systeme wurden bis zum Kaliber 37 mm gefertigt.

erfuhren die Gatlings in den britischen Kolonialkriegen, in denen sie bei Heer und Marine eingesetzt wurden. Obwohl die Gatlings eine gute Funktionssicherheit besaßen, gab es vor allem bei der Marine Probleme. Die harten Umweltbedingungen setzten dem komplizierten Mechanismus arg zu. So kamen auch Konkurrenzmodelle zum Zug, die eine einfachere Konstruktion aufwiesen.

All diese fremdangetriebenen Waffen verschwanden später wieder, nur die Gatling blieb. Noch vor seinem Tode im Jahre 1903 erlebte ihr Erfinder, dass die Handkurbel zur Steigerung der Kadenz durch einen Elektromotor ersetzt wurde, aber es mussten noch mehr als 60 Jahre vergehen, bis aus der Gatling die modernste und leistungsfähigste Flugzeugkanone der Gegenwart entwickelt wurde. Der Einfluss der fremdangetriebenen Schnellfeuerwaffen auf das Kampfgeschehen war jedoch nicht so groß, wie ihn sich seine Konstrukteure und befürwortende Militärs, basierend auf Erfolge in den Kolonialkriegen, erhofft hatten. Insbesondere Frankreich, wo man das Erstarken Preußens als Bedrohung empfand und im Geheimen auch mit Schnellfeuerwaffen aufrüstete, musste dies bald schmerzvoll erfahren.

Die Kraft des liberalen Nationalismus war auch nach den Niederlagen in den 40er Jahren des Jahrhunderts noch immer ungebrochen, nur kam die nationale Einheit nicht mehr durch Druck des Volkes zustande. Das traf im Besonderen auf Deutschland zu, wo der durch Napoleons I. Sieg bei Jena 1806 erwachte Nationalismus, der dann 1848 blutig niedergeschlagen worden war, nicht zur Ruhe kam. Doch nun zeichneten sich im verzettelten deutschen Staatenbund Veränderungen ab. Mit großer Hoffnung war in Preußen die Regentschaft des Prinzen Wilhelm I. begrüßt worden. Inneren Ungereimtheiten zufolge erwog dieser aber bald seine Abdankung. Dieser Schritt konnte durch die Berufung Otto von Bismarcks zum Ministerpräsidenten verhindert werden. Diese Schicksalsfigur Deutschlands war eine neue Kraft im Kräfteverhältnis Europas. Bismarck begann seine Regierung mit einem verwegenen Satz: „Nicht auf Preußens Liberalismus sieht Deutschland, sondern auf seine Macht; […] nicht durch Reden und Majoritätsbeschlüsse werden die großen Fragen der Zeit entschieden – das ist der große Fehler von 1848 und 1849 gewesen –, sondern durch Eisen und Blut." In der Tat sahen sich die deutschen Kleinstaaten großer innerer und äußerer Zwänge gegenüber. In Preußen stand dem Parlament, das aus dem Dreiklassenwahlrecht hervorgegangen war und der Elite, die Besitz und Bildung verkörperte, die Masse der Arbeiter gegenüber. Karl Marx, der Begründer des deutschen Sozialismus und Ferdinand Lasalle waren ihre Sprecher. Während die Propaganda von Marx, aber auch von Engels, in dieser Zeit in Deutschland ohne große Resonanz blieb, bildete sich der eigentliche Kern der modernen Arbeiterbewegung um Ferdinand Lasalle. Dieser versuchte, auch mit Bismarck in Übereinstimmung zu kommen. Sein früher Tod (Duell) ließ aber die erste vorsichtige Berührung der sozialistischen Arbeiterschaft mit dem konservativen Staat nur zu einer Episode werden. Bismarck reagierte in der Folge innenpolitisch mit aller Härte. Er schreckte auch nicht vor den schärfsten Maßnahmen zurück.

In der wichtigsten Frage, der Heeresreform, die den Staat seit Jahren erschütterte und bei dem sich Parlament und König kompromisslos gegenüberstanden, schlug sich Bismarck gegen die eigene Überzeugung auf die Seite des Monarchen, als er erkannte, dass dieser nie nachgeben würde. Wilhelm I. beharrte auf einer dreijährigen Dienstpflicht, die eine Verstärkung der Linienregimenter bei gleichzeitigem Ausscheiden der Landwehr aus der im Felde kämpfenden Armee gebracht hätte. Diese Forderung stützte sich auf eine allgemeine Tendenz, die dahin ging, dass die Massenheere der napoleonischen Zeit, bei der unterschiedslos Junge und Alte eingezogen worden waren, ins Hintertreffen gerieten. Liberale und Demokraten aber glaubten wie an ein Dogma an das „Volk in Waffen". Dabei spielte auch der naive Glaube mit, selbst in den Krieg die bürgerliche Gesittung hineintragen zu können. Das alte Gespenst des „ewigen Soldaten" aus dem Dreißigjährigen Krieg erschien vielen wie ein Menetekel. Dabei waltete ein großes Missverständnis in all diesen Auseinandersetzungen. Sind doch alle Armeen des 19. und 20. Jahrhunderts letztlich aus der Verbindung des stehenden Heeres mit der allgemeinen Wehrpflicht heraus gewachsen.

Der „eiserne Kanzler" Bismarck war nicht gewillt, sich durch innenpolitische Querelen von der Außenpolitik abhalten zu lassen, die er im Interesse des preußischen Staates für notwendig hielt. Er war nicht von vornherein für die Einheit Deutschlands. Als er aber erkannte, welche Bedeutung die in dieser Frage geeinte Kraft des deutschen Volkes für eine preußische Machtpolitik haben konnte, war er von seinem Fernziel (der deutschen Einheit unter Führung Preußens) nicht mehr abzubringen. Bismarck überwand in höchst kunstvoller Politik alle außenpolitischen Schwierigkeiten. Mit großem Geschick trennte er alle Widerstände in Einzelprobleme auf, die er nacheinander überwand. Im dänischen Krieg von 1864 drängte er Dänemark aus dem deutschen Staatenbund, dann erst wandte er sich gegen Österreich. In dieser Zeit vermochte er Frankreich, bzw. dessen Kaiser, hinzuhalten, der sich schon als lachender Dritter wähnte. Auch gelang es ihm, alle Konflikte zu lokalisieren sowie Russland und England herauszuhalten; England trat jeder Hegemonie auf dem Kontinent entgegen. Was sich durch Diplomatie erreichen ließ, löste Bismarck selbst, den Rest besorgte 1866 gegen Österreich und 1870/71 gegen Frankreich die Armee.

Der Amerikanische Bürgerkrieg, der in der Waffenentwicklung neue Zeichen setzte, vermochte bei den konservativen Militärs Europas keinen Entwicklungsschub auszulösen. Als das preußische Heer 1866 gegen Österreich ins Feld zog, war es noch immer mit dem Zündnadelgewehr M 41, System Dreyse, bewaffnet, dessen Mängel nun ein ungutes Gefühl bei den Sachverständigen hervorriefen. Das Dreyse-Gewehr besaß ein Kaliber von 15,43 mm und verschoss ein vielfach unpräzise fliegendes 31 Gramm schweres bohnenförmiges Unterkalibergeschoss (blaue Bohnen!) mit einer Anfangsgeschwindigkeit von 285 m/s. Österreichs Truppen besaßen demgegenüber noch immer das Vorderladergewehr nach dem System Lorenz mit einem Kaliber von 13,9 mm, das ein 29,25-Gramm-Geschoss mit einer Anfangsgeschwindigkeit von 300 m/s verschoss. Mit diesem Gewehr konnte noch auf eine Distanz von 1200 Schritt (750 Meter) ein Brett von ca. 2,5 Zentimeter durchschlagen werden. Diese Waffe war wohl treffgenauer und weitreichender als der deutsche Hinterlader. Aber die besseren ballistischen Leistungen ihrer Infanteriewaffe nutzten die Österreicher nicht aus. Ihre Truppen wurden vielmehr auf einen Bruchteil der möglichen Schussdistanz an die 4-fach schneller feuernden preußischen Formationen herangeführt. So soll bei Königgrätz auf österreichischer Seite jeder 5., auf preußischer Seite hingegen nur jeder 24. Soldat von einer Gewehrkugel getroffen worden sein.

Preußen besaß nicht nur ein Hinterladergewehr, ebenso wichtig waren verschiedene taktische Reformen. Die preußische Infanterie ging ohne Marschgepäck ins Gefecht und die berittenen Infanterieoffiziere saßen vor Beginn der Kampfhandlungen ab und rückten mit ihren Truppen zu Fuß vor. Eine neu eingeführte einheitlich dunkel gehaltene Uniform und der Verzicht auf das bis anhin übliche Weiße, gekreuzte Riemenzeug schützte den Soldaten zudem besser vor gezielten Schüssen, da er nun ein wesentlich ungünstigeres Ziel bot. Der österreichische Gegner aber trug immer noch weithin sichtbare Riemenkreuze über der Brust (für Patronentasche und Bajonett) die dem Zündnadelgewehrschützen einen guten Haltepunkt gaben. Zudem wurde das Marschgepäck nicht abgelegt und die Offiziere blieben im Sattel, wo sie das Feuer auf sich zogen.

Auf preußischer Seite zeigte sich das Zündnadelgewehr besser als sein Ruf. Die Dreyse-Verschlüsse funktionierten in den Schlachten bei Trautenau, Königgrätz und Culm. Zündnadeln brachen weniger als vorausgesagt und dem Soldaten verblieb trotz dem schnelleren Schießen genügend Munition, dank guter Feuerdisziplin und entsprechend angepasster Logistik. Die geringe ballistische Leistung der Waffe wirkte sich ebenfalls nicht negativ aus, da die Österreicher schwere taktische Fehler begingen. Der eigentliche Sieger von 1866 und später von 1870/71 war Helmuth Karl Bernhard von Moltke. Dieser im Jahre 1800 geborene Heerführer, der von sich sagte: „Ich bin kein großer Mann, alles, was ich geleistet habe, beruht auf der Anwendung einiger weniger Grundsätze", richtete sich nach den neuen für seine Zeit typischen Voraussetzungen der Kriegführung. Diese waren gegenüber der napoleonischen Zeit allgemein verbesserte Feuerwaffen, das neue Transportmittel Eisenbahn, die Telegrafie und Massenheere mit der damit immer noch verbundenen schwierigen Befehlsübermittlung. Das gezogene Geschütz und das verbesserte Infanteriegewehr, dessen Wirkung im zusammengefassten Feuer vernichtend wurde, ließen den Frontalangriff als Wagnis erscheinen. Moltke zog daher den Flankenangriff vor, der zugleich eine Umfassung einleiten konnte. Einem feindlichen Flankenangriff mit Umfassung versuchte er dagegen nicht durch eine Ausdehnung der Front, sondern durch Tiefenstaffelung zu begegnen.

Der Gedanke, den Gegner zu umfassen, ihn nicht nur zu schlagen, sondern zu vernichten, ergab sich aus dem Willen (genauer aus der Notwendigkeit) Kriege in wenigen Schlachten, ja wenn möglich in einer Schlacht, zu entscheiden. Dieser Wille entsprach nicht reiner Feldherrengenialität oder dem Spiel „alles oder nichts". Viel tiefer lag und liegt darin die echte Problematik der deutschen Kriegführung der jüngeren und jüngsten Vergangenheit verborgen. Wenn die Mittelmacht Deutschland Krieg führte, musste sie stets die Einkreisung ins Auge fassen. Es galt daher immer, dieser Gefahr durch geeignete diplomatische und militärische Maßnahmen („Der Krieg ist eine bloße Fortsetzung der Politik mit anderen Mitteln.", Carl von Clausewitz) zu begegnen durch Nummerierung der Gegner, Lokalisierung der Auseinandersetzungen und möglichst raschem Niederwerfen des als primär erkannten Gegners. 1864, 1866, 1870/71 gelang diese Strategie. 1914 versagte sie durch Halbherzigkeit und wohl auch nach dem ersten Schock infolge der nicht vorausgesehenen Verluste an Mannschaften in der Anfangsphase. 1939/45 musste sie letztlich versagen, da ein verbrecherisches Regime unter Führung Adolf Hitlers jede menschliche Regung mit Füßen getreten und zunehmend realitätsfremd bis in die niedersten Befehlsstrukturen mit dilettantischen und nihilistischen „Führerbefehlen" eingegriffen hatte.

Der erste Aufmarsch der einzelnen Armeekörper, wie überhaupt der Aufmarsch zur Schlacht, erhielt ein ausschlaggebendes Gewicht. Unter Moltke durfte der Anmarsch der gesamten Armee nicht nur auf ein oder zwei Straßen vor sich gehen. Weit verteilt hatten die einzelnen Verbände auf ihr Ziel zuzumarschieren, um sich erst auf dem Schlachtfelde zu vereinen. Königgrätz ist das große Beispiel einer solchen Operation. Durch diese Maßnahme verhinderte Moltke, dass große Teile der Armee zu spät

aufmarschierten, auch verminderte sich das Verpflegungs- und Unterbrin-
gungsproblem.

Die Technik hatte zur Zeit Moltkes noch keinen großen Einfluss auf die
Befehlsübermittlung, die daher trotz der bereits eingesetzten Telegrafie
mit dem Anwachsen der Heere nicht Schritt halten konnte. Dieser Umstand machte eine zentrale Führung in der Schlacht illusorisch. Moltke
suchte diesem Mangel zu begegnen, indem er großen Wert auf das Ein-
halten der „Ordre de Bataille", der Kriegsgliederung, legte. Moltke führte
mehr durch allgemeine Weisungen als durch direkte Befehle. Seinen
nachgeordneten Armeeführern räumte er eine weitgehende Selbständig-
keit ein. Nach 1866 analysierte Moltke das Geschehen. Der Infanterie
zollte er hohes Lob. Ihre Fähigkeit, die gegnerischen Bataillone mit verheerenden Salven zu dezimieren und feindliche Batterien durch Nieder-
strecken der Bedienungsmannschaften und Bespannungen auszuschal-
ten, beeindruckten ihn sehr. Ebenso der Umstand, dass es gegen Kaval-
lerieangriffe nicht mehr als notwendig erachtet wurde, Karrees zu formieren. Die Kavallerie kam weniger gut weg. Er vermisste kühnes Eingreifen
und machte bewusst, dass die weitreichenden gezogenen Geschütze
selbst die entferntesten Reserven mit ihren Geschossen erreichen konnten und dass daher die Kavallerie wie jede andere Waffengattung auch,
dieses Feuer zu ertragen hätte. Auch bei der Artillerie hatte er einiges zu
bemängeln. Allerdings zog er in Rechnung, dass immer noch ein großer
Teil der Geschütze (etwa ⅓) glatte Rohre und daher eine reduzierte
Reichweite besaß.

Im Kriege von 1866 wurde Preußen durch kleinere norddeutsche Staaten direkt und durch Entlastungsangriffe der Italiener zu Lande und zu Wasser unterstützt, während Österreich vier Königreiche und sämtliche Mittelstaaten zur Seite hatte. Doch stand der militärische Ausgang bereits nach Königgrätz am 3. Juli 1866 fest, als sich Moltkes Strategie der österreichischen als überlegen erwies. Überlegen und überlegt war auch der politische Abschluss dieses Waffenganges durch Bismarck. Er setzte es gegen den Widerstand der Armee durch, dass Preußen keine direkten Gebietsabtretungen forderte. Hingegen hatte sich die Donaumonarchie mit preußischen Annexionen in Norddeutschland, der Auflösung des deutschen Bundes, der die Abspaltung Österreichs bewirkte und der Gründung des Norddeutschen Bundes abzufinden. Die Niederlage gegen Preußen brachte auch den Verlust von Venetien, das an Italien fiel. Dieser Gebietsverlust war besonders schmerzlich, da er auf

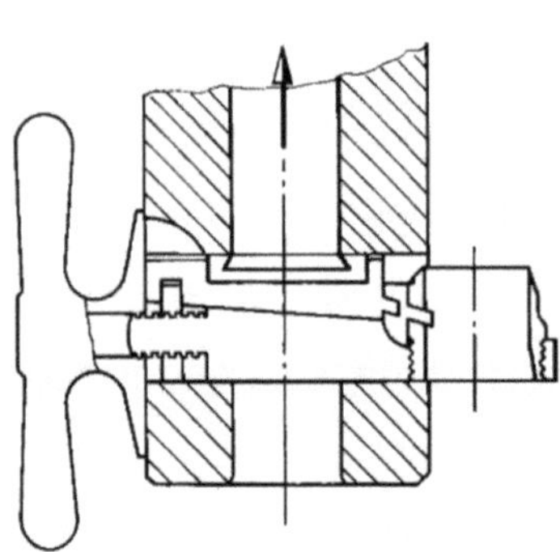

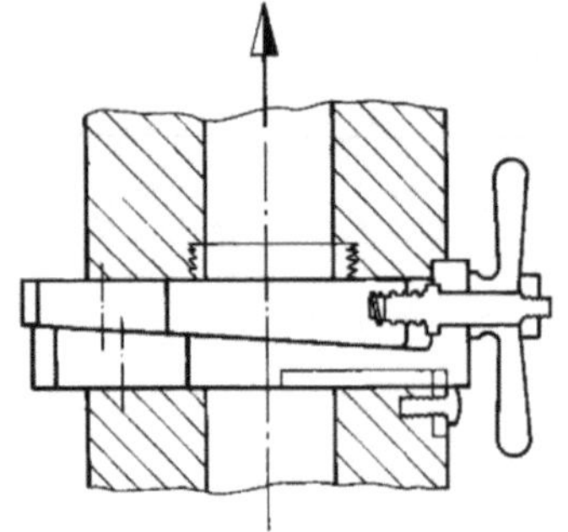

Verschlüsse von preußischen Hinterladerkanonen

Bei diesen wurden zwei trapezförmige Keile dicht aufeinandergepresst. Nach Lösen der Schraubverbindungen wurde die Pressung aufgehoben und die Keile konnten soweit zurückgezogen werden, dass ihre Bohrungen mit der Kammerbohrung übereinstimmte.

Grund von Verträgen zwischen Preußen und Italien zustande kam. Die Italiener hatten abmachungsgemäß in Norditalien angegriffen, wurden aber zu Lande bei Custozza und zu Wasser bei Lissa geschlagen. Trotz dieser Niederlagen fiel ihnen Venetien zu. Die italienischen Fußtruppen waren im Kriege von 1866 mit dem Infanteriegewehr M 64, System Garcia im Kaliber 17,5 mm ausgerüstet. Später wurde dieses Gewehr nach dem System Carcano als Zündnadelgewehr M 67 umgestaltet und bald darauf durch das 10,4 mm Einzelladergewehr M 70, System Vetterli ersetzt. Das geschlagene Österreich aber besaß bereits ein Jahr nach dem Krieg mit dem neu eingeführten Werndl-Gewehr ein dem Zündnadelgewehr überlegene Waffe mit Metallpatrone. Das an sich gute Lorenz-Vorderladergewehr konnte weiterverwendet werden nach dem Umbau auf Hinterladung mit dem Klappenverschluss nach Franz Wänzel, einem Büchsenmacher in Wien.

Wenn auch von vielen nur als eine Grabrede auf die Tapferkeit vor dem Feind angesehen, bedeutete vor allem der Sieg von Lissa einen Lichtblick im militärischen Selbstverständnis Österreichs. Lissa war der Höhepunkt im österreichisch-italienischen Konflikt. Es war aber auch die erste größere Seeschlacht überhaupt, in der Panzerschiffe gegeneinander kämpften. Theoretisch war die österreichische Flotte weit unterlegen. Die Italiener besaßen ein geringes Übergewicht an Schiffen, aber ein großes an gezogener Artillerie. Auch führten sie ein gepanzertes Turm-Rammschiff mit zwei Geschützen, die ein Kaliber von 25,4 cm aufwiesen und Geschosse von 136 Kilogramm verschossen.

In der sich überstürzenden Entwicklung des Schiffbaues zwischen 1860 und 1870 wogte auch der Streit um die Geschützaufstellung und die in der Schlacht einzusetzende Taktik. Die Seeschlacht bei Lissa war deshalb auch eine Auseinandersetzung zwischen zwei Richtungen: Rammtaktik mit gepanzerten Schiffen oder reiner Geschützeinsatz. Die Fachleute schieden sich auch in der Frage, ob die Geschütze in der herkömmlichen Batterieaufstellung in Breitseiten oder drehbaren Türmen, die beide Seiten bestreichen konnten, für eine moderne Marine das richtige waren. Die Traditionalisten fühlten sich bestätigt als die „HMS Captain" am 6. September 1870 mit ihrem Erbauer und Befürworter der Turmaufstellung, Commander Cowper Phipps Coles sowie dem größten Teil der Mannschaft unterging.

Coles hatte versucht, den prinzipiellen Fehler in der Aufstellung der Türme jener Zeit, das heißt ihre Unvereinbarkeit mit Masten, Takelage usw. mit einem speziellen Deckaufbau zu korrigieren. Erst nach diesem tragischen Ereignis wurde es ersichtlich, dass die Turmaufstellung noch verfrüht war. Auf Masten und Segel konnte um diese Zeit bei hochseegängigen Schiffen noch nicht verzichtet werden. Nach 1870 war jedermann klar, dass die Frage der Zentralturmaufstellung für Linienschiffe erst dann gelöst werden konnte, wenn die Leistungsfähigkeit der Dampfmaschinen entsprechend gesteigert werden konnte und die Einrichtung eines Kohlendepotsystems in aller Welt Wirklichkeit geworden war.

Bei Lissa wollte der italienische Admiral Graf Persano die Schlacht zu Anfang durch Geschützfeuer entscheiden, obwohl ihm die Rammtaktik sicher nicht unbekannt war. Sein Gegner, Konteradmiral Tegethoff, dagegen vertraute auf die Rammtaktik. Seine Eröffnung der Schlacht gemahnte daher stark an die Kampftechnik der Antike. Führungsfehler und taktische Versäumnisse spielten dem österreichischen Geschwader in die

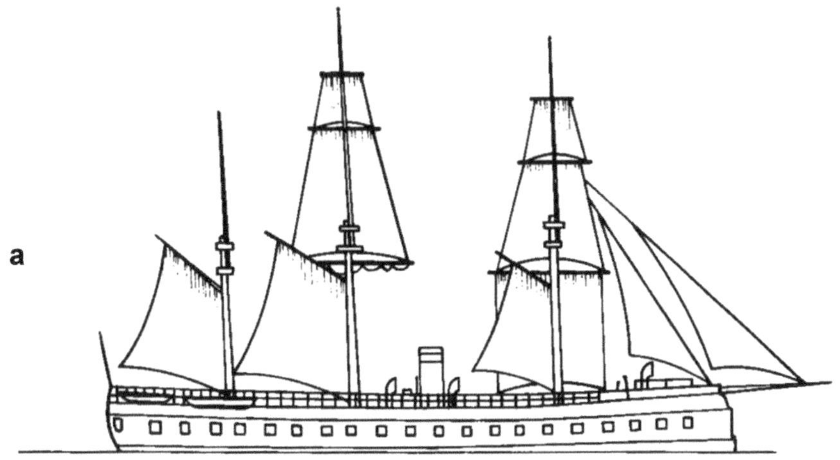

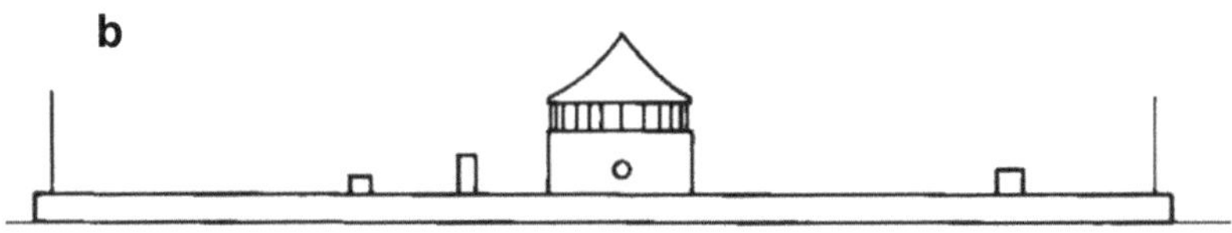

Entwicklung des Schiffbaues

a) „La Gloire", französisches Dampf-Kriegsschiff, 77 m, Bj. 1859
b) „USS Monitor", amerikanisches Panzerschiff, 52,5 m, Bj. 1862

Hände. Nach der Schlacht ruhten drei italienische Panzerschiffe auf dem Meeresgrund, drei weitere waren schwer beschädigt. Persano fiel in Ungnade, Tegethoff dagegen wurde als Held gefeiert. Dem angeschlagenen Kaiserreich kam sein Sieg gerade recht. Tegethoff aber gedachte eines Mannes, der entscheidend zu seinem Sieg beigetragen hatte. Wenige Tage nach der Seeschlacht sandte er diesem ein Telegramm: „Dank ihrer erstklassigen Maschine war ich in der Lage, die Schlacht von Lissa zu gewinnen. Tegethoff." Der Empfänger des Briefes hieß Robert Whitehead, ein Engländer aus dem Nordwesten Englands. Als Leiter einer Firma in Fiume an der Adria war Whitehead für Entwurf und Ausführung der Antriebsmaschine von Tegethoffs Flaggschiff verantwortlich gewesen.

In der Tat war die Funktionssicherheit der Antriebsmaschine für ein Rammschiff lebensnotwendig, musste sie doch trotz der Aufprallbelastungen einwandfrei arbeiten. In der zeitgenössischen Beurteilung wurde auf Grund von Lissa der Rammtaktik der Vorzug gegeben, obwohl eine genauere Analyse das Gegenteil bewiesen hätte. Die Ironie dieser Begebenheit und ihre Auswirkungen auf die Marinetaktik sollte sich aber erst später zeigen. Der Mann, dem Tegethoff einen Teil seines Ruhmes abgab, war zugleich derjenige, der die Rammtaktik zum Verschwinden brachte und schließlich dem Schlachtschiff den Todesstoß versetzte.

Während sich der englische Ingenieur mit Schiffsantrieben beschäftigte, entwickelte er nebenbei (zumindest in der Anfangsphase) eine ganz neue

Waffe, das Unterwassertorpedo. Die ganze Konstruktion, die von Grund auf neu entwickelt werden musste, belastete den Engländer mehr und mehr. Interessenten aus Marinekreisen stellten immer neue Forderungen. Erfolge stellten sich aber erst nach und nach ein. Auch mit seinem Heimatland England konnte Whitehead in Verbindung treten und die Navy dazu bringen, sein Torpedo einer Überprüfung zu unterziehen.

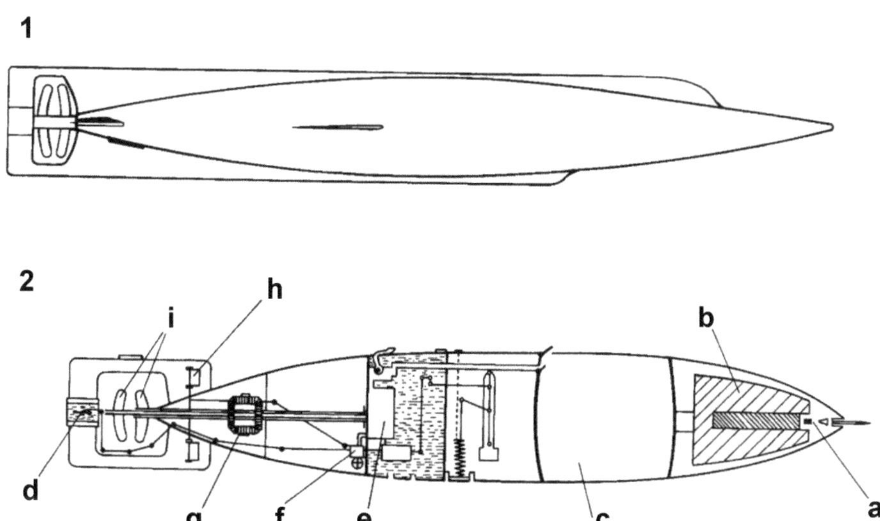

Die Entwicklung des Torpedos

Der Gattungsname für diese Unterwasserwaffe wurde von einem Fisch, dem Zitterrochen, lat. Torpedinidae, abgeleitet.

1) Erstes bekanntes Whitehead-Torpedo, vermutlich Baujahr 1868

2) Schnitt durch ein Whitehead-Torpedo:
   a) Zünder, b) Sprengladung, c) Pressluft, d) Tiefensteuerung,
   e) Pressluft-Antriebsmotor, f) Servomotor-Gyroskop,
   g) Antriebsgetriebe, h) Richtsteuer, i) Schraube

Die eigentliche Idee zum Torpedo entstand ursprünglich um 1860 in der österreichischen Marineartillerie und gelangte erst später über einen Kapitän Lupis irgendwann im Jahre 1864 in die Hände von Whitehead. Dieser war sofort von der Idee angetan, musste aber auch rasch erkennen, dass zwischen Idee und praktischer Ausführung noch ein weiter Weg lag. Die genauen Pläne des ersten Prototypen sind unbekannt, der Torpedo selbst ging während eines Tests auf See im Jahre 1866 verloren. Da Whitehead sein Torpedo bei der österreichischen Marine einer Prüfung unterziehen ließ, sind immerhin einige Daten bekannt. Der „Fischtorpedo" wie er bald einmal genannt wurde, maß von der scharfen Nasenspitze bis zum Schwanzende 3,50 m. Der zylinderförmige Körper besaß einen maximalen Durchmesser von 35 cm. Das sollte übrigens für lange Zeit das Standardmaß der Torpedos bleiben. In Form eines Delphins gebaut war der Torpedo mit einem Paar vertikalen Flossen ausgerüstet. Diese sollten ein Drehen und Schlingern des Torpedos um die eigene Achse verhindern. Im spitzen Kopfteil war die Perkussionszündung untergebracht, die von einem einfachen Schlagbolzen betätigt wurde. Als Sprengstoffersatz verwendete Whitehead bei seinem Prototypen eiserne Platten mit einem Gewicht von 54 kg. Hinter diesem Experimentiergefechtskopf befand sich eine Luftkammer die Druckluft zum Antrieb eines Druckluftmotors enthielt. Zu seiner Zeit war dieser Motor eine Meisterleistung der Ingenieurkunst.

Amerikanische Ingenieure scheiterten an diesem Antrieb, als sie vier Jahre später die Konstruktion nachzuahmen versuchten. Auf die Pneumatik verfiel Whitehead, weil es zu seiner Zeit keine anderen Antriebsmöglichkeiten gab, die unter Wasser genug Antriebskraft entwickelten. Ein hydrostatisches Ventil, das direkt auf das Horizontalruder wirkte, diente dazu, den Torpedo in einer vorher eingestellten Lauftiefe zu halten, während ein einfaches Trimmruder den Richtwinkel steuerte. Ein zweiflügeliger Propeller der mit 100 U/min lief, gab der Waffe eine max. Geschwindigkeit von 6 Knoten. Whitehead hatte für die nächsten Jahre nur schon mit dem Geschwindigkeits- und Reichweitenproblem, das mit dem Antriebsluftdruck, der Festigkeit des Druckbehälters, der Ventile usw. zusammenhing, genug zu tun. Auch das Halten der Waffe in einer vorbestimmten Tiefe über die ganze Laufstrecke, plus die Richtungsstrecke usw. gab erhebliche Probleme auf.

Doch während Whitehead geradezu mit Besessenheit an seiner Waffe arbeitete, waren die Politiker Europas nicht untätig geblieben. Kriege, das sieht man immer erst viel später, gehen wohl nie zu Ende. Nicht wegen der Waffenkonstrukteure, Militärs oder Politiker, sondern weil ihr komprimierter Schrecken immer neue auslöst. In den wenigen Stunden von Königgrätz schied sich die Saat aus, die ein Jahrhundert des Krieges ausstreute. Die Machthaber in Österreich suchten fortan verlorene Macht und Glorie auf dem Balkan wiederzugewinnen. Dabei stießen sie mit den Interessen Russlands zusammen und in einer politischen Entwicklung sondergleichen zerrten sie sich im Verbund mit Deutschland dann ganz Europa und später auch außereuropäische Länder in den ersten weltumspannenden Krieg. Doch zunächst war noch um die deutsche Einheit Krieg zu führen. Dieser Krieg war unausweichlich für das damalige Frankreich, wenn es „Deutschland" nicht auf der Landkarte sehen wollte und ebenso unumgänglich für die Deutschen, wenn sie dieses Deutschland für sich beanspruchten.

Seit der Füsilierung des Habsburgers Maximilian in Mexiko am 19. Juni 1867 war das Regime in Frankreich unberechenbar geworden. Die große überseeische Unternehmung, die Napoleon III. eingefädelt hatte, war zu einem Fehlschlag, ja zur Schande Frankreichs geworden. Der französische Maler Eduard Manet bezieht sich in einem berühmten Gemälde auf dieses folgenschwere Debakel. Mit seinem Kunstwerk machte er die wahren Verantwortlichen transparent: Manet malte in einer Version, nicht der Wirklichkeit entsprechend, französische Soldaten, die Maximilian exekutieren. Der Sergeant der gerade seine Waffe zum Gnadenschuss spannt, lässt die Gesichtszüge Napoleons III. erkennen. Das Bild war also keineswegs nur die Schilderung eines Ereignisses, sondern vielmehr eine politische Botschaft, die Frankreich und Napoleon III. anklagte.

Die Nachricht aus Mexiko traf in Paris während der großen Weltausstellung von 1867 ein. Bei dieser Gelegenheit war die Stadt des Kaisers zum letzten Mal im Glanz erstrahlt. Der Fehlschlag in Mexiko, sowie weitere Rückschläge in der Außenpolitik, zwangen Napoleon III. zu immer größeren Zugeständnissen in der Innenpolitik, wobei allerdings zu berücksichtigen ist, dass der Kaiser zu dieser Zeit bereits ein schwerkranker Mann war und ihn deshalb seine frühere Tatkraft verlassen hatte. Bedenklich und kriegstreibend war aber auch, dass sich die französische Armee immer noch als erste Europas fühlte und durch den preußischen Sieg über Österreich in ihrem Selbstwertgefühl getroffen war. Nach dem Misserfolg in Mexiko wurde sie zunehmend oppositionell gegen die Regierung. Napoleon war deshalb auch neben der Aufrüstung der Marine für eine umfassende Reorganisation seines Heeres besorgt, um den militärischen Vorsprung Preußens einzuholen.

Auch die umliegenden Staaten wie die neutrale Schweiz spürten die zunehmende Bedrohung in Europa. Dies und der Fortschritt im Sektor Militärgewehre bewog zum Beispiel die Schweiz zu einer raschen Umänderung der bestehenden Infanteriegewehre auf Hinterlader für Metallpatronen. So wurden 49 150 Vorderlader-Infanteriegewehre Modell 1863 gemäß Bundesratbeschluss vom 29. April 1867 zum Hinterlader 1863/67 umgewandelt. Die Transformation entstand durch den Einbau eines Milbank-Amsler Klappverschlusses inklusive der Anpassung des Laderaumes. Der hohe Stand der Gewehrfabrikation in den USA bewog die Schweiz, zusätzlich benötigte Hinterladergewehre in diesem Land einzukaufen. Die Wahl fiel auf das „Peabody"-Gewehr, Patent 1862 mit Fallblockverschluss der Firma Providence Tool Company in Providence, Rhode Island, USA. An Munition für die umgeänderten Gewehre und das „Peabody" wurden in den Abmessungen identische („Peabody") Patronen im Kaliber 10,4 mm mit einer Geschossanfangsgeschwindigkeit von 440 m/s beim „Peabody" und 400 m/s bei den Gewehr-Modellen 1863/67 verwendet. Bei den ebenfalls transformierten älteren Großkaliber-Vorderladergewehren Modell 1842/59, neu 1859/67, musste eine speziell kurze

Randfeuerpatrone im Kaliber 18 mm mit einer Geschossanfangsgeschwindigkeit von nur 300 m/s verwendet werden. Die Schweiz war zu
diesem Zeitpunkt also größtenteils mit ballistisch besseren Infanteriege-
wehren bewaffnet als die damaligen Großmächte Preußen und Frankreich.

Gegenüberstellung der Zündnadelgewehre

Land	Gewehr Modell	System	Kaliber mm	v_0 m/s	Pa- trone g	Ge- schoss g	La- dung g	Waffe, Länge mm	Waffe, Gewicht kg
Preußen	M1841	Dreyse	15,43	296	38,5	31,3	4,8	1430	4,9
Preußen	M1862*	Dreyse	15,43	340	38,5	31,3	4,8	1340	4,75
Frank- reich	Mle 1866	Chasse- pot	11,0	420	33	25	5,8	1305	4,6

*) verbessertes Modell: kürzerer Lauf und verändertes Visier

Auf militärtechnischem Gebiet waren in Frankreich die augenfälligsten
Neuerungen die im Jahre 1866 erfolgte Einführung eines dem Dreyse-
gewehr überlegenen Zündnadelgewehres eigener Prägung, dem Chass-
epotgewehr und die Entwicklung einer Schnellfeuerwaffe, der sogenannten „Cannon à mitraille". Das französische Zündnadelgewehr wurde von
Alphonse Chassepot entwickelt. Im Gegensatz zum Dreyse-Modell zündete bei dieser Waffe die Nadel an der Basis der Patrone. Das Kaliber
war auf 11 mm reduziert worden, die Reichweite und Durchschlagskraft
des Gewehres waren dem preußischen überlegen. Die Waffe verschoss

ein 24,8 g schweres Geschoss, welches eine Anfangsgeschwindigkeit von 396 m/s besaß. Die Einführung einer verbrennbaren Patrone mit allen damit zusammenhängenden Problemen zu einer Zeit, als schon Metallpatronen zur Verfügung standen, kann nur aus dem Umstand erklärt werden, dass Preußen um jeden Preis gezeigt werden musste, dass man fähig war, etwas Gleichartiges besser herstellen zu können. Doch bereits im Jahre 1874 änderte man die Waffe um auf das System „Gras" für Metallpatronen und benannte es nun als Gewehr M.66/74. Auf taktischem Gebiet betrat Frankreich ebenso Neuland. Sich ganz auf die Feuerkraft des neuen Infanteriegewehres verlassend, wurden das Distanzfeuer und der Stellungskrieg gefördert. Nach dieser Taktik sollten die preußischen Angriffskolonnen durch eine massierte aber gezielte Feuerwirkung aus sorgfältig gewählten Stellungen über große Distanzen zerschlagen werden. Auf dem Gebiet der Artillerie blieb Frankreich rückständig, es fehlte vor allem an einer leistungsfähigen Feldkanone, ein Umstand der sich noch auswirken sollte.

In der kurzen europäischen Zwischenkriegszeit blieben die amerikanischen und zum Teil auch englischen Neuentwicklungen auf dem Gebiet der Infanteriewaffen in Frankreich unberücksichtigt. So wurde die Erfindung der ersten metallischen Zentralfeuerpatrone durch den Engländer Colonel E. M. Boxer, die dieser im Jahre 1866 machte, nicht zur Kenntnis genommen. Das ist umso erstaunlicher, als in Frankreich sehr viele Vorderlader auf das mit dem englischen Klappverschlusssystem „Snider" praktisch identische Tabatièresystem umgebaut wurden, bei dem sich die modernen Metallpatronen verschießen ließen. Die Engländer nahmen mit ihrer „Snider", die eine Zentralfeuerpatrone verschoss, um diese Zeit eine Spitzenstellung in der Infanteriebewaffnung ein. In diesem Zusammenhang ist der Umstand interessant, dass am 22. Juli 1868, mitten in der Phase der Umrüstung der britischen Infanteriebewaffnung vom Vorderlader zum „Rückladungssystem Snider", der Schweizer Friedrich v. Martini für sein einschüssiges Hinterladersystem mit Fallblockverschluss das britische Patent erhielt. Nach einigen Jahren der Erprobung und zahlreichen Verbesserungen wurde diese Waffe, wohl unter dem Eindruck des Deutsch-Französischen Krieges im April 1871 als neuer britischer Hinterlader angenommen.

Als der Krieg mit Frankreich in Deutschland zur Gewissheit wurde, bot der Industrielle Alfred Krupp den Preußen Kanonen im Werte von mehreren Millionen an. Sein Angebot wurde nicht akzeptiert, doch Krupps schwere Mörser und Hinterladerkanonen aus Stahl verhalfen später den Preußen zur Eroberung französischer Festungen wie Metz und Sedan. Es blieb aber immer ein spürbarer Mangel an schwerem Gerät, der sich verheerend im Kampf gegen verschanzte oder eingegrabene Truppen zeigte.

Preußen sah sich militärtechnisch langsam ins Hintertreffen gesetzt. Wollte Bismarck, der die Entscheidung mit Frankreich suchte, auf einen Erfolg hoffen, musste er rasch handeln. Denn neben dem Bemühen, seine Armee waffentechnisch und organisatorisch auf die Höhe der preußischen zu bringen und sie gar zu überflügeln, suchte Napoleon III. mit der flankierenden Maßnahme der Bündnispolitik dem Erstarken Preußens Einhalt zu geben. Preußen besaß jedoch einen festen Rückhalt in Russland, das zusagte, in einem Krieg mit Frankreich Rückendeckung gegen Österreich zu geben. England behielt trotz seiner Sympathien für Frankreich seine Neutralität bei. So sah sich Napoleon III. trotz aller Anstrengungen allein auf Österreich und Italien verwiesen, doch ein voller Einklang mit diesen beiden Ländern konnte er nicht erreichen.

1868 war es in Cadiz wieder einmal zur Revolution gekommen, die sich rasch über ganz Spanien ausbreitete. In der Folge wurde eine neue konstitutionelle monarchische Verfassung beschlossen und dem Prinzen Leopold von Hohenzollern-Sigmaringen die spanische Krone angeboten. Dessen Vater war weitläufig mit Napoleon III. verwandt. So glaubte man, Schwierigkeiten mit Frankreich zu umgehen. König Wilhelm von Preußen stimmte der Kandidatur erst nach längerem Sträuben zu. Auch Bismarck war dafür, obwohl er sich über etwaige weitreichende Folgen keine Illusionen machte. Ein deutscher Prinz auf spanischem Thron band aber allemal einige französische Divisionen an den Pyrenäen. Die vorzeitig bekanntgegebene Thronkandidatur entfachte in Frankreich einen Sturm der Entrüstung. Das Schreckgespenst der Umklammerung durch Deutschland wurde heraufbeschworen. Obwohl die Hohenzollern auf ihre Kandidatur in der Folge verzichteten, kam Frankreich nicht mehr zur Ruhe. Statt sich mit dem Erfolg des Rücktrittes zufriedenzugeben, trieb der französische Außenminister Gramont seinen Kaiser dazu, weitere Forderungen zu stellen, um Preußen und damit Bismarck eine diplomatische Niederlage beizubringen. In ultimativer Form wurde von König Wilhelm, der sich zu dieser Zeit in Ems aufhielt, die Versicherung abgefordert, dass er zu einer solchen Kandidatur niemals wieder seine Zustimmung geben werde. Der preußische König wies dieses Ansinnen zurück und unterrichtete Bismarck telegrafisch von diesen Vorgängen. Er gab ihm auch die Ermächtigung, sie der Presse bekanntzumachen. Bismarck machte davon auf seine Art Gebrauch, er ließ in einer bewusst zugespitzten Formulierung, der „Emser Depesche", die Vorgänge der Öffentlichkeit zugehen. Damit wurden Napoleon III. und seinem Außenminister, die sich zu sehr festgelegt hatten, ein Ausweg verbaut.

Wie Bismarck es vorausgesehen hatte, antwortete Frankreich am 19. Juli 1870 mit der Kriegserklärung, obwohl es dem französischen Marschall Niel noch nicht gelungen war, die französische Armee voll auf das Niveau der preußischen zu bringen und die möglichen Verbündeten abseits blieben. So kam es, wie es kommen musste. Im ersten Ansturm des Deutsch-Französischen Krieges gelang es den verbündeten deutschen Armeen, dank ihrer überlegenen Artillerie die Franzosen unter Mac-Mahon bei Weißenburg und Wörth zurückzuwerfen und den auf die Festung Metz zurückweichenden General Bazaine in verlustreichen Schlachten in die Festung selbst abzudrängen. Die Châlons-Armee, bei der sich auch der Kaiser befand, musste sich am 1./2. September 1870 bei Sedan geschlagen geben. Der Kaiser fiel in die Hände der Sieger. Nach diesem Schlag war das Kaiserreich illusorisch geworden. Bereits am 4. September wurde die Republik ausgerufen. Damit war die erste Phase des Krieges, die sich durch schnelle deutsche Siege in der ersten Hälfte kennzeichnete, abgeschlossen. Preußen und seine Verbündeten mussten sich jedoch ihre Siege blutig erkämpfen. Wie auch von Moltke vorausgesehen, hielt das Chassepot-Gewehr, was sich Frankreich von ihm erhoffte.

Die im Kriege von 1866 so erfolgreiche Taktik der Schützenlinie mit dahinter eng gestaffelten Bataillonen, die den Hauptstoß führten, brachte große Verluste. Die engen Menschenmassen gaben den in guter Deckung liegenden französischen Soldaten ein zu gutes Ziel ab. Die ebenfalls eingesetzten Mitrailleusen hätten unter diesen Umständen ebenfalls verheerend wirken müssen. Ihre batterieweise Aufstellung und mangelhafte Vertrautheit der Soldaten mit diesem neuen Gerät machten sie aber zu einem lohnenden Ziel für die gegnerische Artillerie. Nur an Stellen, wo die Mitrailleusen als Infanteriewaffe eingesetzt wurden, konnten diese Schnellfeuerwaffen ihre schreckliche Wirkung voll entfalten (Gravelotte). Im Kampf der Geschütze obsiegten die preußischen 4-Pfünder-Krupp-Feldgeschütze mit Hinterladung trotz noch vorhandener technischer Mängel. Das neue Hinterladersystem erlaubte die Verwendung von Geschossen, deren Bleimantel einen größeren Durchmesser besaß als die Rohrseele. Beim Schuss wurde somit das Geschoss völlig dicht durch das Rohr gepresst und durch die eingeschnittenen Züge auch viel besser geführt und in Rotation versetzt, woraus eine erheblich größere Reichweite und Treffsicherheit resultierte. Die französische Niederlage erklärte sich jedoch nicht nur aus der Überlegenheit der Kruppgeschütze. Die geschickte Taktik der deutschen Kommandeure in der Führung ihrer Artillerie war entscheidend. Die deutschen Feldkanonen befanden sich auf dem Marsch stets vorne und waren schnell einsatzbereit. Während der Schlacht konzentrierte man sie, um die feindliche Artillerie niederzukämpfen. Erst wenn diese zum Schweigen gebracht wurde, verlegte man das Feuer auf die gegnerischen Truppen, um den eigenen Infanterieangriff vorzubereiten.

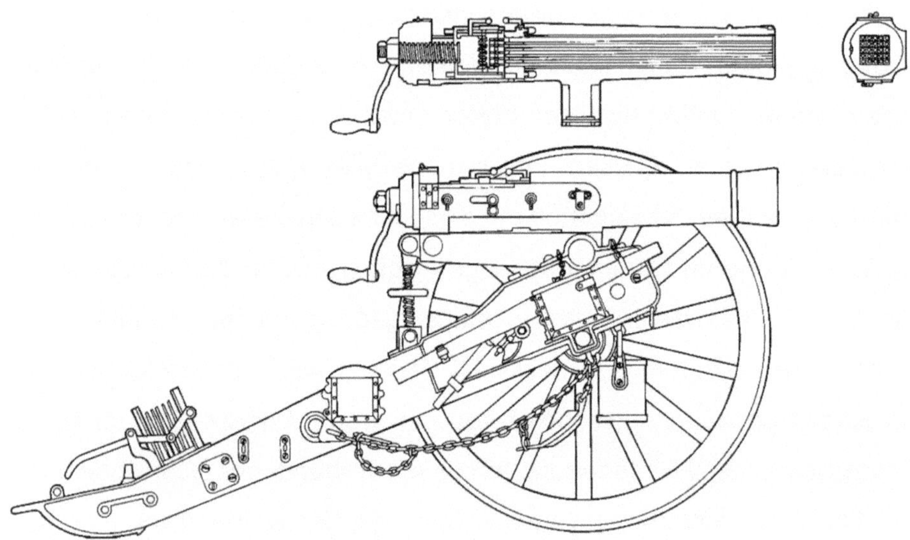

Die Waffe, auf die Frankreich im Krieg von 1870/71 große Hoffnungen setzte

Es war die von Oberst de Reffye konstruierte „Cannon à Balles", die dann vor allem in der Weiterentwicklung durch Christophe und Montigny (Belgien) unter dem Begriff „Mitrailleuse" bekannt wurde. Die Schnellfeuerwaffe besaß 25 Läufe. Zum Laden steckte man eine Platte, die ebenfalls 25 Patronen enthielt, in einen Führungsschlitz. Durch Drehen eines Hebels wurden die Patronen mit einer Kadenz von etwa 150 Schuss pro Minute abgefeuert.

186

Sedan war die große Umklammerungsschlacht des 19. Jahrhunderts. Schon vor Beginn der Schlacht standen die deutschen Truppen nördlich, westlich und südlich der Festung Sedan, während die deutsche Hauptmacht sich im Osten an der Givonne versammelte. Die Schlacht begann im Morgengrauen und dauerte 12 Stunden. Die Franzosen wurden durch von Südosten vorrückende Deutsche nach Sedan hineingedrängt. Zwei Durchbruchsversuche scheiterten. Die deutsche Kavallerie vereitelte jede Möglichkeit, nach Nordwesten oder Südwesten auszubrechen. Auch die deutsche Artillerie spielte hier wiederum eine große Rolle, ungefähr 600 Geschütze unterhielten ein anhaltendes Sperrfeuer.

Die Verluste an Mannschaften verringerte Moltke durch eine am 19. August 1870 herausgegebene Order, welche die bisherige Kampfform der Infanterie änderte. Die Schützenlinien wurden verstärkt und übernahmen, auf wesentlich breitere Gefechtsräume auseinandergezogen, immer mehr die Hauptlast des Kampfes, während die verringerten geschlossenen Formationen dahinter bald nur noch die Bedeutung einer Reserve erhielten. Aus diesem Verfahren entwickelte sich die neue Gefechtsform mit Schwarmlinie und Reserven. Die Schwarmlinie wurde Hauptträger des Gefechtes. Ihrer Bewegung folgten die Reserven, die Kompaniereserve in einem Abstand von 200 Schritt, diejenige des Bataillons von 400 Schritt. Aufgabe der Reserven war es, die Schwarmlinie zu verstärken, vor allem durch Nährung des Feuers, wenn die Waffenwirkung der ersteren den Durchbruch nicht erzwingen konnte. Die Reserve hatte daneben auch Rückendeckung zu übernehmen, um gegnerische Umfassungsbewegungen abzuwehren. Zur entscheidenden und für die Schwarmlinie typischen Feuerart wurde das Plänklerfeuer, welches ab 1200 Schritt (750 Meter) eröffnet und nach der „Regel" für die allmähliche Steigerung der Waffenwirkung ab der Distanz 600 Schritt in lebhaftes Schießen überging.

Räume auf große Gewehrschussdistanz wurden jedoch nur mit kommandiertem Salvenfeuer bestrichen (Störfeuer gegen Aufmärsche, Umfassungsmärsche, Kavalleriebereitstellungsräume usw.). Nach 1871, als in Preußen ebenfalls Repetiergewehre eingeführt wurden, kam als dritte Feuerart noch das Schnellfeuer dazu. Es durfte jedoch nur unter bestimmten Bedingungen (überraschendes Zusammentreffen mit dem Feind, Reiterangriffe usw.) befohlen werden. Zusammenfassend kann zu dieser neuen Infanterietaktik, für die Preußen Vorbild wurde, gesagt werden: „Je näher am Feind, um so näher der Erde."

Mit diesem Vorgehen verschwand die im Verlauf der französischen Revolution aufgekommene Kolonnentaktik. Unter Napoleon I. wurde oft die Infanterie einer Division zu einer Kolonne formiert, womit zwar die Möglichkeit zum Durchbruch beim Gegner erhöht wurde, gleichzeitig aber ein durch Artillerie viel leichter verwundbares Ziel entstand. In der Folge wurden Bataillons-Kolonnen mit vorgezogenen Schützen gebildet die in der ersten Hälfte des 19. Jahrhunderts die bestimmende Gefechtsordnung blieben. Mitte des Jahrhunderts begann sich aber die noch kleinere und flexiblere Kompanie-Kolonne durchzusetzen. Dennoch blieb in Preußen auch nach 1847 immer noch (offiziell) die Bataillons-Kolonne bestehen,

obwohl diese durch die technische Entwicklung seitens der Infanteriegewehre immer fragwürdiger und verlustreicher wurde. Im Deutsch-Französischen Krieg zeigte die Praxis jedoch, dass die Kompanie-Kolonne überholt war. Aufgrund der großen Verluste gingen die angreifenden Einheiten
von sich aus zur aufgelösten Ordnung über. Der Soldat war also geschei-
ter gewesen als der Offizier und setzte die neue Angriffsform trotz des
Sträubens der Führung erfolgreich durch. Dennoch dauerte es fast zwei
Jahrzehnte, ehe man in den Streitkräften des Deutschen Kaiserreichs
1888 offiziell von der Kolonne abging und den Schützenschwarm zur normalen Gefechtsordnung der Infanterie machte.

Wesentlich an den deutschen Siegen waren aber nicht die Waffen, sondern die Führung. Moltkes Führungskunst, die sich dadurch auszeichnete, dass er bestrebt war, möglichst viele Truppen ins Gefecht zu bringen, ohne die Reserven zu vernachlässigen, stand die französische Auf-
fassung entgegen, dass alles von einer zentralen Stelle aus befohlen werden müsse. Das brachte eine nicht zu verantwortende Starrheit in die Armee. Beim wechselnden Schlachtgeschehen blieben die einzelnen Truppenkörper daher zu unbeweglich und wenig flexibel. Bei Moltke hingegen,
dessen Kriegführung vom Wunsche beseelt war, Entscheidungen rasch
zu suchen, da er die Schwierigkeiten realistisch sah, die sich bei der Er-
nährung und der Unterbringung großer Armeen zwangsläufig ergeben
mussten, war die Gefechtsgebung bereits im Frieden eingehend durch-
gespielt worden.

Mit der Ausrufung der Republik am 4. September 1870 begann die zweite Phase des Krieges. Die neue Regierung stampfte mehrere Ersatzheere für das nun eingeschlossene Paris aus dem Boden. Die Besetzung weiter Gebiete Frankreichs gab den Deutschen Probleme auf. Die um 1865 durchgeführte Heeresreform mit ihrer Betonung auf Qualität statt Quantität erwies sich nun als zweischneidige Entscheidung. Der von Frankreich eingeführte Franctireurkrieg tat ein Übriges, um die zweite Hälfte der Auseinandersetzung zum ersten großen Volkskrieg der modernen europäischen Geschichte werden zu lassen. In diesem Krieg zeigte sich aber auch die Verwundbarkeit der neuen technischen Mittel. Eisenbahn- oder Telegrafenlinien konnten leicht von Freischärlern sabotiert werden. Die Folge waren Vergeltungsschläge gegen die Zivilbevölkerung, abgebrannte Dörfer und standrechtliche Erschießungen. Der als rein militärisch vorgesehene Feldzug eskalierte so zum „totalen Krieg" mit ungezählten Opfern unter der französischen Zivilbevölkerung. Die deutsche Zivilbevölkerung war davon nicht betroffen, aber sie hatte ebenso wie die Gegenseite ihre Toten und verwundeten Soldaten zu beklagen. In diesem Zusammenhang leistete das in Deutschland bereits gut organisierte Rote Kreuz hervorragende Dienste. Und auch die Eisenbahn bewies ihren Wert, nicht nur als Transportmittel für die Front, sondern auch im Verwundetentransport. Erst mit der Eisenbahn konnten Verwundete schonend in die Heimat zurücktransportiert und in nun durchorganisierten und nach rationalen Plänen gebauten Kriegsspitälern mit viel größerer Aussicht auf Erfolg gepflegt werden.

Insbesondere die Fortschritte in der Anästhesie kamen in diesem Krieg zum tragen. Bis in die Mitte des 19. Jahrhunderts befand sich die Chirurgie auf einem sehr primitiven Stand. Amputationen (meist ohne Betäubung) machten im Kriege einen großen Prozentsatz aller Operationen aus. Hohe Arbeitsgeschwindigkeit war deshalb für den Chirurgen eine Hauptbedingung, denn jede längere Operation brachte die Gefahr des Verblutens. So war zum Beispiel Jean Larrey, Chirurg in der Armee Napoleons I. nach den Maßstäben seiner Zeit ein Spitzenkönner in seinem Fach, führte er doch, wie es hieß, während des Russlandfeldzuges als Beispiel 200 Operationen in 24 Stunden durch. Das große Problem kam aber meist nach der Operation, da infolge ungenügender Wundbehandlung die meisten Patienten an Infektionen und Blutvergiftung starben. Die Einführung der Narkose (Lachgas, Äther, Chloroform), die Bekämpfung der von außen kommenden Krankheitserreger durch Antiseptika (erstmals 1867 angewandt durch Joseph Lister) waren erste Schritte zur modernen allgemeinen Medizin, die auch Eingang in die Wehrmedizin fanden. Einen wichtigen Schritt in dieser Hinsicht leistete der Schweizer Heinrich Theophil Bäschlin, der mit seiner 1870 in Schaffhausen gegründeten „Fabrik medizinischer Verbandstoffe" den bis anhin verwendeten Verbandstoff „Charpie" durch einen antiseptischen Verband ersetzte und somit wesentlich zur Verringerung der Mortalität im Kriege beitrug.

3,7 cm Ballonabwehrkanone (BAK), 1870/71 von Krupp konstruiert

Die erste technische Reaktion gegen eine Zukunftswaffe. Das belagerte Paris entsandte ständig Ballone in den freien Teil Frankreichs. Die deutschen Truppen waren dagegen machtlos. In aller Eile konstruierte man daher bei Krupp BA-Kanonen, um sie abzuschießen.

Im Krieg gegen die Republik drangen die deutschen Truppen ungehindert nach Paris vor und belagerten die Stadt nach Mitte September. Im gleichen Monat kapitulierte Straßburg und im Oktober die Festung Metz. Die französische Rheinarmee fiel mit 173 000 Mann in preußische Kriegsgefangenschaft, damit war praktisch das gesamte alte kaiserliche Heer gefangen oder vernichtet. Im Oktober begann die neue Regierung mit der Mobilisierung einer Volksarmee (bis Kriegsende über 600 000 Mann). Im

November und Dezember fanden neue Schlachten bei Coulmiers, Beaune-la-Rolande und Loigny statt. Der Versuch, mit der neugebildeten Loire-Armee Paris zu entsetzen gelang trotz Anfangserfolgen nicht. Auch Ausfallversuche aus Paris schlugen alle fehl. In Paris begann eine Hungersnot. Im Januar wurde eine neu formierte Ostarmee (rund 130 000 Mann) unter General Bourbaki bei Besançon versammelt. Im selben Monat begann die Beschießung von Paris die zum Zerwürfnis zwischen Regierung und Pariser Bevölkerung führte. Ebenfalls im Januar kam es zu Schlachten bei Le Mans und an der Lisaine. Bourbakis Versuch, Belfort zu entsetzen schlug fehl, er wurde von General Werder (40 000 Mann gegen 110 000 Mann) besiegt. In aussichtsloser Lage, die Truppen waren nicht mehr kampffähig und zeitweise führerlos nach dem Selbstmordversuch ihres Befehlshabers, kam es zum Übertritt der Bourbaki-Armee in die Schweiz.

Der Übertritt der Bourbaki-Armee mit ihren 87 000 Mann, 11 000 Pferden, 285 Kanonen (davon 19 Mitrailleusen), 1158 Kriegswagen, über 72 000 Schuss Munition und 75 746 Blankwaffen, aber praktisch ohne Verpflegung, gab der in bewaffneter Neutralität stehenden Schweiz militärische, fürsorgliche und politische Probleme auf. Die Internierung stellte höchste Anforderungen an das Organisations- und Improvisationstalent der damaligen Behörden. Die Verteilung der Internierten auf die verschiedenen Kantone, die Unterkunft und Verpflegung, der Sanitätsdienst und die Versorgung der Pferde usw. musste innerhalb weniger Tage organisiert werden. Hier halfen vor allem die spontane Hilfsbereitschaft der Bevölkerung und das Rote Kreuz. Innenpolitisch gärte es zu dieser Zeit auch in der Schweiz. In Zürich kam es sogar zu einem Aufruhr anlässlich des deutschen Siegesfestes vom 9. März in der Tonhalle. Die Kontrahenten des Deutsch-Französische Krieges hatten auch ihre Sympathisanten in der Schweiz. Insbesondere die neue französische Republik wurde von einem Teil der Arbeiterschaft begeistert begrüßt. Das belagerte, und der Hungersnot preisgegebene Paris ergab sich am 28. Januar 1871. Der Friede wurde am 10. Mai in Frankfurt geschlossen. Frankreich musste das Elsass, einschließlich Metz, aber ohne Belfort und Lothringen abtreten, dazu wurde ihm eine für damalige Zeiten enorme Summe an Kriegsentschädigung abverlangt.

In der zweiten Hälfte des Krieges sah Moltkes Kriegführung weniger gut aus. Seine auf schnelle Entscheidungen drängende Strategie lief sich im hinhaltenden Widerstand, des sich nicht geschlagen geben wollenden französischen Volkes fest. Auch für den Politiker Bismarck gab es nach Sedan Probleme. Bismarck hatte sich sowohl gegen die hemmende Einflussnahme aus dem Königshause wie aber auch immer wieder gegen das lediglich von strategischen Erwägungen ausgehende Denken Moltkes durchzusetzen. Bismarck wurde besonders während den Friedensverhandlungen, die am 26. Februar 1871 begannen, mit der von ihm selbst geschaffenen Problematik der gestärkten Monarchie und eines in drei Kriegen siegreich gebliebenen Heeres konfrontiert. Bismarck war allerdings der Mann, der diesen Konflikt zu seinen Gunsten und damit auch zu Gunsten des Anspruchs der Politik über das Militär entschied. Diese

Balance sollte in den künftigen weltumspannenden Kriegen verloren ge-
hen. Die Kaiserproklamation vom 18. Januar 1871 im Spiegelsaal von
Versailles sowie der Friedensschluss mit Frankreich im Mai desselben
Jahres lösten keine Probleme, sondern schufen neue, schrecklichere.
Victor Hugo kommentierte den Friedensschluss mit den prophetischen
Worten: „Fortan wird es in Europa zwei furchterregende Nationen geben
– die eine, weil sie gesiegt hat, die andere, weil sie besiegt ist." Und in der
Tat, die Reichsgründung Deutschlands war zugleich mit der Hypothek des
Verhältnisses Preußens mit dem übrigen Deutschland behaftet und die
Annexionen in Frankreich waren zum Ausgangspunkt einer Feindschaft
zwischen beiden Völkern geworden, die sich erst nach hundert Jahren
abbauen sollte.

In Deutschland begann nach dem Krieg 1870/71 die sogenannte Grün-
derzeit. Das Wirtschaftsleben bekam einen großen Auftrieb. Die von
Frankreich bezahlte Kriegsentschädigung von 5 Milliarden Goldmark war
daran nicht unbeteiligt. Sie löste auch eine Spekulationswelle aus. Es kam
in der Folge zu einem riesigen Bankkrach. So stellten zum Beispiel am
8. Mai 1873 über hundert Kreditinstitute ihre Zahlungen ein. Für einmal
galten die Worte des Erasmus von Rotterdam am Beispiel der Dachauer
Bank in München nicht: „Wer öffentliche Gelder unterschlägt, wer durch
Monopole, Wucher, und tausenderlei Machenschaften und Betrügereien
noch soviel zusammenstiehlt, der wird unter die vornehmsten Leute gerechnet." Im Verlauf der Untersuchungen bei dieser Bank zeigte sich,
dass diese keine ordnungsgemäß geführten Bücher hatte. In einem

Monsterprozess kam es zu einer Verurteilung wegen betrügerischen Bankrotts, Urkundenfälschung, Unterschlagung und einer Reihe anderer Delikte zu drei Jahren Zuchthaus.

Die große Zahl von Kriegen, die im 19. Jahrhundert Europa erschütterten, lieferte nicht nur Stoff für die immer mehr aufkommende Tagespresse, für Kriegsberichterstatter und Historiker (der größte deutsche Romancier des 19. Jahrhunderts, Theodor Fontane, wurde beinahe nach seiner Gefangennahme 1870 durch französische Freischärler als Spion erschossen!), sondern gab auch dem neuen künstlerischen Fach der Militär- und Kriegsmalerei Auftrieb und stete Nachfrage. So gab der Übertritt der Bourbaki-Armee in der Schweiz Anlass zu einem der umfangreichsten und eindrucksvollsten Werke dieses Genres in Form des Bourbaki-Panoramas.

Die Entstehung der modernen Welt (seit 1870)

Nach 1870/71 entwickelte sich Deutschland auf dem Festland zur beherrschenden wirtschaftlichen und militärischen Macht. Es wurde zum Wegbereiter zweier heute lebenswichtiger, moderner Industrien – der elektrotechnischen und der chemischen Industrie.

Nach einer langen Zeit fast ununterbrochener Krisen und Kriege schwiegen in Europa 1871 endlich die Waffen. Einzig in Paris wütete noch einige Zeit ein Bruderkrieg nach dem Aufstand der Pariser Arbeiterschaft am 18. März 1871, in dessen Folge sich der Sozialismus erstmals als staatliches Programm entfalten sollte. Die Niederschlagung der „Kommune" durch die französische Armee unter Mac-Mahon kostete Tausenden das Leben. Anders als in der Jakobiner-Revolution war jetzt nicht mehr die Guillotine der große Gleichmacher, sondern das Hinterladergewehr, mit dem Andersdenkende viel einfacher und „effizienter" zum Schweigen gebracht werden konnten.

Im übrigen Europa ging das militärische Leben auf Friedensstärke weiter. Die Armeen wurden auf Grund der gewonnenen Erfahrungen in den meisten Ländern neu organisiert. In langwierigen Ermittlungen stellte man Verlustlisten auf und eruierte ihre Verursacher. Es stellte sich heraus, dass die französische Artillerie ungefähr ein Fünftel der Verluste in den deutschen Reihen verursacht hatte, der Rest ging auf Rechnung des Chassepotgewehres. Hingegen waren fast drei Fünftel der französischen Verluste der deutschen Artillerie zuzuschreiben. Das veraltete Dreysegewehr erwies sich somit als weit weniger wirksam als das französische Modell. Die Ermittlungen und Analysen wurden damals durch den Umstand vereinfacht, dass die dritte Komponente im Krieg, die Kavallerie nicht mehr in geschlossenen Formationen eingesetzt wurde. Man hatte gelernt, dass die Splittergranaten der Artillerie ein wirksames Mittel gegen Reiterangriffe waren. Das gab den Anstoß zur bevorzugten Entwicklung der Artillerie in der Nachkriegszeit. Die Konstrukteure versuchten vor allem die Geschosswirkung, die Mobilität der Geschütze, ihre Reichweite und die Feuergeschwindigkeit zu erhöhen.

Frankreich, das wegen der zu bezahlenden Kriegsschuld ein Sparprogramm durchführen musste, konnte in der ersten Zeit mit dieser nun rasch ablaufenden Entwicklung nicht Schritt halten. Hingegen ging der preußische Generalstab bereits 1873 daran, die Gussstahlgeschütze von Krupp mit einem Kaliber von 7,8 cm bei den reitenden Batterien und mit einem Kaliber von 8,8 cm (die sogenannten 90er) bei der Feldartillerie einzuführen. Dazu wurden neue Geschosse entwickelt, die zwei Mäntel besaßen, um die Splitterwirkung zu erhöhen. Die größeren Rückstoßkräfte, die nun auftraten, versuchte man durch Radbremsen zu mildern. Alle Geschütze besaßen nun einen Keilverschluss, der quer zur Rohrachse geöffnet und geschlossen werden konnte. Die Abdichtung dieser Verschlüsse war jedoch ungenügend, die Lebensdauer spezieller Liderungsringe zu kurz. Die bei der Marine verwendeten Schraubverschlüsse mit unterbrochenen Gewinden waren in dieser Hinsicht besser. In England hatte man den Deutsch-Französischen Krieg ebenfalls aufmerksam verfolgt. Bei Sedan war es den britischen Beobachtern nicht verborgen geblieben, dass viele Krupp-Geschütze infolge von Dichtungsproblemen zeitweise ausfielen. Daher bevorzugte man auf der Insel ebenfalls den Hinterlader mit Schraubverschluss. Entgegen den deutschen Geschützen, die aus Gussstahl bestanden, wurden die englischen Rohre zum großen Teil nach dem sogenannten „Stahlband-Verfahren" geschmiedet. Bei diesem Verfahren wand man Eisenstäbe schraubenförmig über einen Dorn. Das so entstandene Rohr wurde anschließend von einem Mantelrohr umschlossen. Die Festigkeit dieser Geschützrohre war höher als diejenigen von Krupp, des-

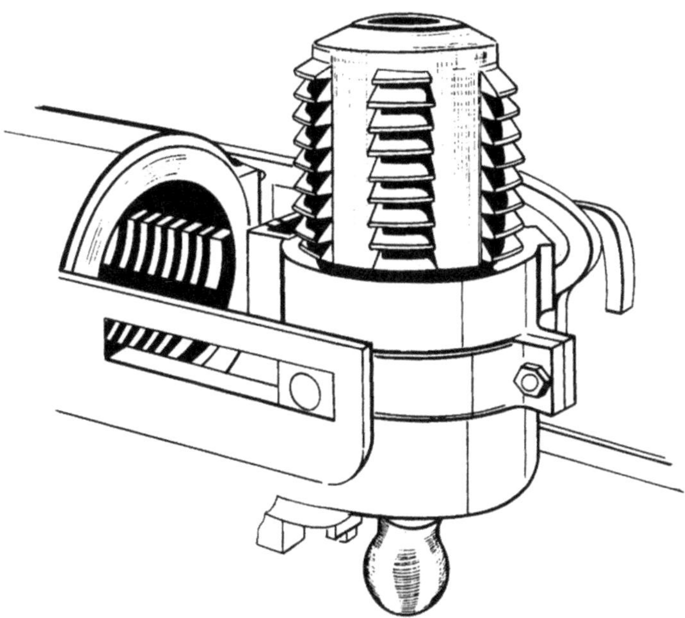

Als der unterbrochene Schraubverschluss bei den Geschützen eingeführt wurde, revolutionierte er die Artillerie. Der Vorteil dieser Konstruktion war, dass eine nur teilweise Drehung der Verschlussschraube eine rasche und doch gasdichte Verriegelung ergab.

sen Herstellungsmethode jedoch einfacher und daher preiswerter und damit auch auf dem Weltmarkt konkurrenzfähiger war als die der englischen
Hersteller Armstrong und Whitworth.

Die englische Marine weigerte sich jedoch bis 1880 vom Vorderladersys-
tem abzugehen, weil ihre verfrühten Versuche in den fünfziger Jahren alle
negativ ausgegangen waren. Ein schwerer Unfall im Jahre 1879 brachte
dann den Umschwung: Ein 110-Pfünder der Marine war explodiert und
hatte den Tod von 10 Offizieren und Soldaten verursacht. Das Geschütz
war durch Versehen zweimal geladen worden, was bei einem Hinterlader
nicht möglich war. Das Verschwinden der Vorderlader wurde zusätzlich
beschleunigt durch die Entwicklung neuer Schießpulver mit langsamerer
Abbrandgeschwindigkeit. Die dafür benötigten langen Rohre konnten bei
Vorderladern nicht mehr realisiert werden. Die Erfindung der Metall-Kar-
tuschhülse legte schließlich den Weg frei für die Entwicklung von Schnell-
feuerkanonen. Deren Realisation zwang die Konstrukteure, sich nun auch
ernsthaft mit dem Rückstoßproblem zu beschäftigen, dessen Lösung
dann in der Entwicklung von Rückstoßbremsen bestand. Das Problem
des Rückstoßes umging der in Frankreich lebende Amerikaner Hotchkiss,
indem er einfach das Kaliber auf das erträgliche Maß von 37 mm begrenzte. Über einen gewissen Zeitraum dienten seine Geschütze, die eine
Kadenz von 80 Schuss pro Minute aufwiesen, der Abwehr der nun für die
Großkampfschiffe immer bedrohlicher werdenden Torpedowaffe. Doch
die 37 mm Hotchkiss genügte bald nicht mehr. Die Torpedoboote wurden
stärker gepanzert und die am meisten verwundbaren Dampfkessel der

Maschinen schirmte man durch speziell um sie herumgebaute Kohlenbunker ab.

Die Meisterung des Rückstoßproblems führte bei der Artillerie zu Lande
wie zu Wasser zu immer größeren Kalibern. Genau das Entgegenge-
setzte geschah bei den Infanteriewaffen. Hier ging man nun ernsthaft an
die Kaliberverkleinerung. Parallel dazu wurden in Europa Wege gesucht,
um vom Einzellader auf Mehrlader überzugehen. Vor allem die amerikanischen Systeme gaben mächtigen Anreiz zur Entwicklung von Repetier-
waffen. So gehörte bei einem 1865/66 in der Schweiz bei Aarau durchge-
führten Versuchsschießen auch ein Gewehr der Firma Winchester zu den
Prüfmodellen. Diese Konstruktion gab dem Schweizer Vetterli den Anstoß
zur Konstruktion eines Repetiergewehres, das als erster Repetierer in einer europäischen Armee offiziell als Standardwaffe eingeführt wurde.
Systeme ähnlicher Art entwickelten die Österreicher Frühwirth, Kropatschek und Gasser, der Deutsche Mauser, der Italiener Bertoldo sowie
der Schwede Jarmann. All diesen Konstruktionen gemeinsam war das
Röhrenmagazin im Vorderschaft. Eigene Wege gingen aber die Erfinder
bei der Konstruktion des Patronenzubringers.

In Deutschland war nach Dreyse ein neuer Name ins Spiel gekommen,
Paul Mauser. In starker Anlehnung an die äußere Form des Dreyse-
modelles hatte er ein neues Gewehr entwickelt, das zwar immer noch für
Einzelladung eingerichtet war, jedoch die neuen Metallpatronen mit kleinem Kaliber verwendete. Der Zylinderverschluss besaß nun eine Selbst-

spannvorrichtung. Aus diesem Modell 71 entwickelte sich das Gewehr 1871/84, das über ein Röhrenmagazin nach System Vetterli verfügte. Das Vetterligewehr Modell 1869 war eine Weiterentwicklung eines ursprünglich als Einzellader (Italien) gebauten Modells im Kaliber 10,4 mm für die bereits ab 1867 eingeführte Randfeuerpatrone mit einer Geschoss-Anfangsgeschwindigkeit von 408 m/s. Das Rohrmagazin unter dem Lauf war vom Winchestertyp, während der Zubringer für die Mitnahme der Patrone vor den Zylinderverschluss eine Neuentwicklung war. Mit einer Magazinkapazität von 11 Patronen, plus eine im Zubringer und eine im Lauf, besaß das Vetterligewehr eine beachtliche Feuerkraft. Wie praktisch in allen Armeen üblich, wurden mit der Zeit immer neue Ansprüche und Anforderungen an das „Vetterli" gestellt, so dass in der Schweiz bis 1889 verschiedene Abarten des ursprünglichen Modells eingeführt wurden. Die aus logistischen Gründen erfolgte Beibehaltung der alten und nun rückständigen „Peabody" Munition wurde zunehmend als schwerer Mangel empfunden. Im Jahre 1878 führte Frankreich für seine Marineinfanterie ebenfalls ein Gewehr mit unter dem Lauf liegendem Rohrmagazin ein. Dieses Gewehr stammte zwar aus Österreich (Kropatschek) hatte jedoch eine starke Ähnlichkeit mit dem einschüssigen Gras-Gewehr, der Weiterentwicklung des „Chassepots". Das Kropatschek-Gewehr besaß ein Kaliber von 11 mm für eine Schwarzpulver-Zentralfeuerpatrone mit einer Geschoss-Anfangsgeschwindigkeit von bereits 427 m/s. Das Rohrmagazin konnte mit 9 Patronen geladen werden. Vielen diesen Konstruktionen mit Vorderschaftmagazinen aus der damaligen Zeit ist eine Eigenschaft gemeinsam: Es wurde immer wieder versucht, möglichst viele Patronen zu magazinieren. Prächtige Beispiele dafür waren beispielsweise die Konstruktionen des Amerikaners Evans und von Werndl. Evans brachte im Kolben des Gewehres ein Rohrmagazin mit Welle an, die mit einer aus Stahlband hergestellten Schnecke versehen war. Auf dieser Schneckenwelle brachte er in einem ersten Modell 35 Patronen unter. Werndl brachte es „nur" auf 27 Patronen mit einem dreirohrigen Vorderschaftmagazin. Gewehre mit derart hohen Magazinkapazitäten waren im Allgemeinen aber nicht für den Feldgebrauch bestimmt. Im Festungskriege, beim Gebrauch an Wällen und hinter Scharten konnte aber ihr lang anhaltendes Feuer zum Tragen kommen. Im Russisch-Türkischen Krieg von 1877/78 ließen die mit Winchester-Repetiergewehren ausgerüsteten Türken bei der Verteidigung von Plena unter Osman Pascha die Russen bis auf 100 Schritt an die Schanzen herankommen und schossen sie dann zusammen. Der Angriff war abgeschlagen, bevor sich der Magazinvorrat in den Winchesters erschöpft hatte.

Was immer auch den Konstrukteuren rund um das Röhrenmagazin einfiel, zwei große Fehler blieben bestehen: Einerseits änderte sich während dem Schießen dauernd der Schwerpunkt des Gewehres und andererseits war das Nachladen zu umständlich. Der Österreicher Spitalsky versuchte, mit einem trommelartigen Mittelschaftmagazin von diesen Nachteilen wegzukommen. Sein System konnte sich aber nicht durchsetzen, da es zu kompliziert und damit nicht truppentauglich und auch zu teuer war. So behalf man sich bei der Adaption von Einzelladern mit Ansteckmagazinen. Einem ehemaligen Schotten blieb es vorbehalten, alle teilrichtigen

Ideen zur einzig richtigen zusammenzuführen. James Paris Lee, ein ursprünglich nach Kanada ausgewanderter Schotte, der sich danach in den USA eine große Erfahrung auf dem Gebiet der Kleinwaffen angeeignet hatte, ließ sich 1879 ein Gewehr mit Hebelschloss und Kastenmagazin aus Stahlblech patentieren, das fünf Patronen fasste und eine selbsttätige Patronenzufuhr besaß. Die ersten Gewehre, die nach diesem neuen Konzept gebaut worden waren, stammten aus der amerikanischen Remington Fabrik; sie besaßen ein Kaliber von 11,43 mm und waren für die US-Marine bestimmt, weil das Heer die Neukonstruktion ablehnte! In der Folge wandte sich Lee mit seiner Konstruktion europäischen Staaten zu und erreichte, dass sich England 1888 für sein System entschied.

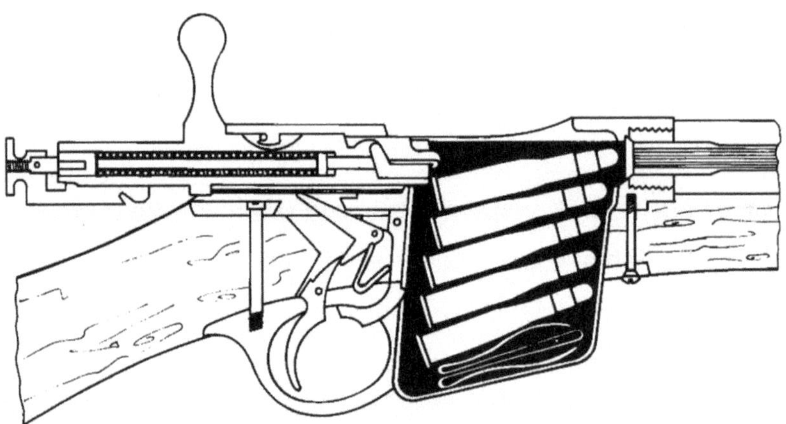

Mittelschaftmagazin System Lee

In einer Abhandlung aus dem Jahre 1884 wurde zu dieser Konstruktion gesagt: „Nach dem jetzigen Stand der Waffentechnik möchten wir in dieser Konstruktion das Gewehr der Zukunft erblicken."

Mit dieser Konstruktion betrat eine wegweisende Idee die Bühne, welche Schule machen sollte. Selbst die modernsten automatischen Waffen basieren immer noch darauf. Aufbauend auf dieser Konstruktion erschien wenig später in Deutschland das Gewehr 88, das eine neue Ära in der Infanteriebewaffnung einleitete. Bei den Bemühungen um die gleichzeitig angestrebte Kaliberverringerung gab es jedoch erhebliche Probleme. Da zum Beispiel bei kleinerem Kaliber die Geschosse länger wurden, gab es Ärger mit dem Geschossmaterial. Die starke Stauchung beim Durchgang durch die Züge vertrug das bis anhin verwendete Weichblei nicht. Man griff daher zu Hartblei. Aber auch das genügte bald nicht mehr. Die Erfindung des rauchschwachen Pulvers, das auch höhere Gasdrücke ermöglichte, verlangte nach neuen Geschossen. Der nächste Schritt war daher die Erfindung von Mantelgeschossen.

Bei den Faustfeuerwaffen beherrschte nach der Erfindung der Metallpatrone der Revolver den Markt. Die Firma Smith & Wesson legte der amerikanischen Prüfungskommission für Handfeuerwaffen zu Beginn der siebziger Jahre ein neuartiges Revolvermodell vor. Diese Waffe war die Erfindung eines Mitinhabers von S & W, der aus vielerlei angekauften Patenten die Idealkombination eines schnell nachladbaren Revolvers konstruierte. Daniel B. Wessons neue Waffe war ein Kipplaufrevolver, der mit einem einzigen Griff entriegelt und aufgeklappt werden konnte. Gleichzeitig wurden während der Kippbewegung die Patronenhülsen selbsttätig ausgeworfen. Anschließend bot sich die frei stehende Trommel in geradezu idealer Stellung zum Nachladen an. Durch einfaches Zuklappen war die Waffe wieder geschlossen, verriegelt und feuerbereit. Die Militärs waren von dieser Neuentwicklung begeistert, sie verlangten allerdings noch einige Änderungen, von denen die Umstellung auf die neu aufgekommene Zentralzündung die wesentlichste war.

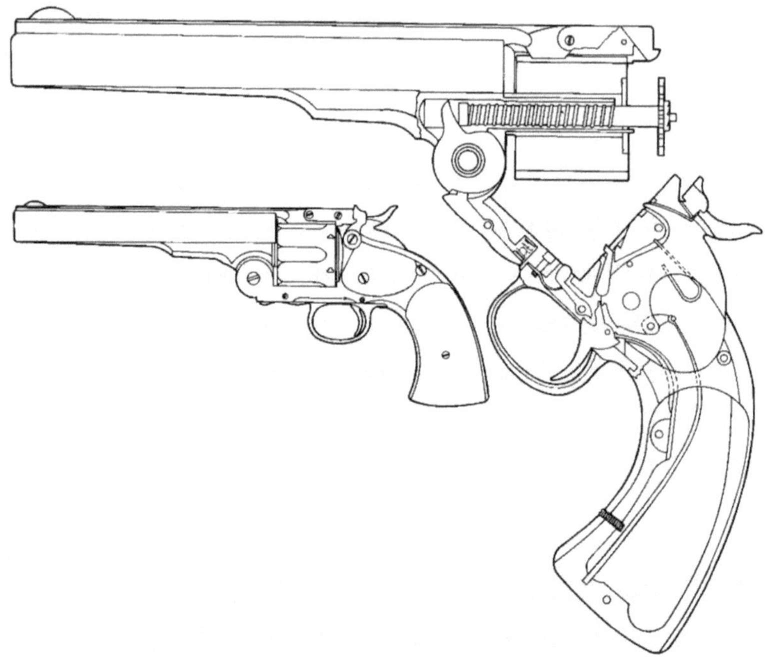

S & W Kipplaufrevolver

Das System mit „Single-Action"-Abzug erfuhr im Laufe der Zeit immer neue Verbesserungen. Die letzten Modelle waren auch mit Double-Action-Mechanismus ausgerüstet. Der S & W wurde im „wilden" Westen von prominenten Namen geführt wie z. B. „Buffalo Bill", Texas Jack, Jesse James und anderen.

Eine wichtige Verbindung knüpfte S & W mit dem russischen Militärattaché in den USA, einem Generalmajor Alexander Gorlow an. Dieser vermittelte 1870 die größten Lieferverträge, die S & W jemals abschloss. Ausgangspunkt dieser Aufträge war ein allerhöchster Erlass seiner allerchrist-lichsten Majestät Zar Alexander, dass seine gesamte Artillerie sowie die reguläre Kavallerie mit Revolvern auszurüsten seien. Die Menge der dafür in Frage kommenden Dienstgrade betrug etwa 200 000 Mann. Das war ein sehr großer Bedarf, der neben S & W und Colt auch weitere Firmen auf den Plan rief. Denn auch in Europa waren die Erfinder nicht müßig geblieben, doch nahm hier die Entwicklung einen anderen Verlauf als in Amerika, wo vor allem Colt marktbeherrschend wurde. Die durch den großen russischen Auftrag auf lange Zeit am Anschlag ihrer Kapazität arbeitende Firma S & W verlor ihren Marktanteil in den USA rasch an Colt, als diese 1873 ihren berühmten „Frontier", auch bald als „Single Action Army" oder „Peacemaker" bekannt, herausbrachten.

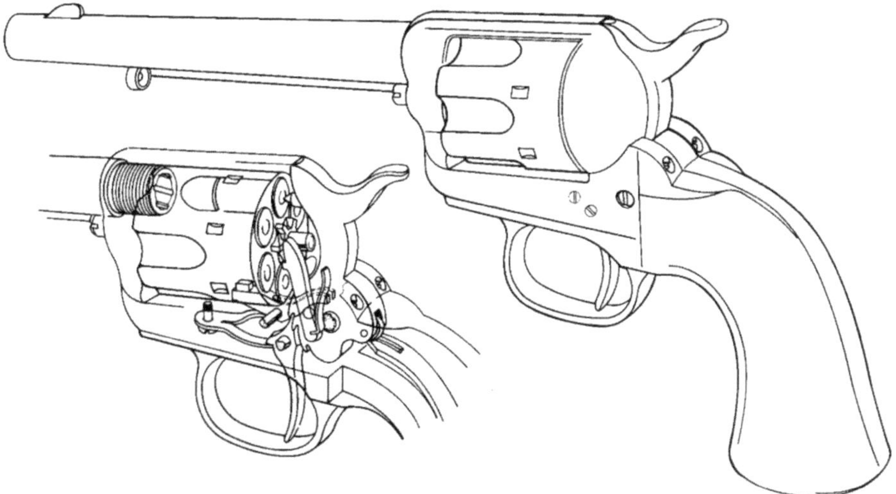

Der Mechanismus des „Frontier" Revolvers von Colt

Mit kleinen Änderungen wird dieses Modell auch heute noch mit großem Erfolg produziert.

Die europäischen Großkunden, die Militärs, legten weniger Wert auf gutes Handling der Faustfeuerwaffe in Bezug auf Balance und Schnellzieheigenschaften. Sie achteten vielmehr auf einfache und leicht zerlegbare Bauart einer Waffe. Die Schlossteile sollten robust und leicht zugänglich sein. Schraubverbindungen mussten auf ein Minimum beschränkt bleiben. Dem Abzugspanner-Mechanismus wurde der Vorzug gegeben.

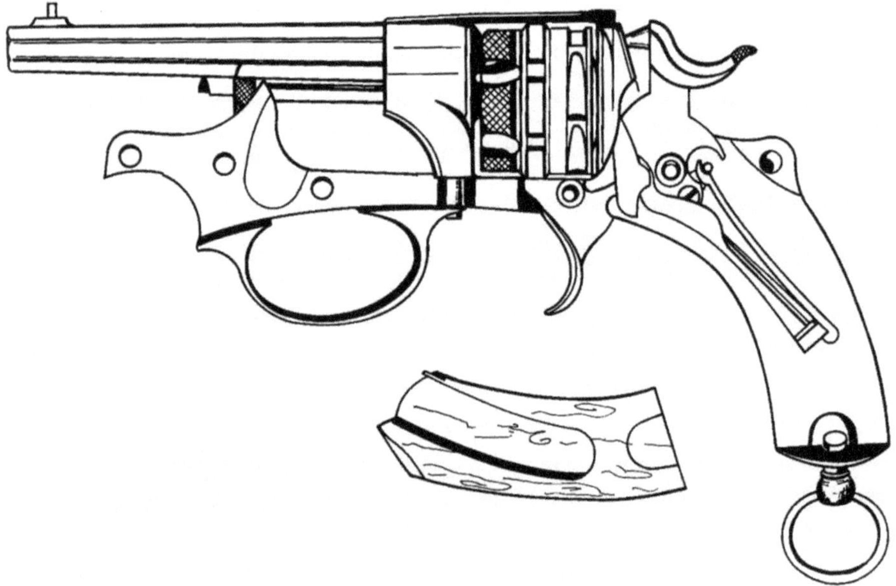

Schlossmechanismus des Schweizer Revolvers 1878, Ausgangspunkt für weitere Modelle

Wenn auch die neuen Revolver, ja die Infanteriewaffen im Allgemeinen, die Gemüter bisweilen stark beschäftigten und die Entwicklung neuartiger und selbsttätig nachladender Waffen nun in der Luft lag, gehörte dies alles zur Peripherie der allgemeinen Waffenentwicklung. Einzig für Sondertruppen und den Offizierstand waren Faustfeuerwaffen im Prinzip noch interessant. So beispielsweise für die nach Einführung des Niederrades und der Erfindung des Luftreifens um 1855 beginnenden Versuche zur militärischen Nutzung des Fahrrades und damit von Fahrradtruppen führten teilweise auch zur Bewaffnung mit Faustfeuerwaffen. Der militärische Wert des Fahrrades wurde zu dieser Zeit von vielen Staaten erkannt. Die ersten französischen Versuche datieren aus dem Jahre 1886. England stellte 1885 die ersten Radfahrerabteilungen auf und Russland dotierte ab 1891 gewisse Truppenteile mit Radfahrern. Die Schweiz setzte im Truppenzusammenzug von 1888 erstmals ein kleines Versuchsdetachement von Radfahrern ein. Deutschland und Österreich verhielten sich zu Anfang etwas reserviert gegenüber diesen leichten Truppen. Als Wegbereiter für die militärische Verwendung von Radfahrern erwies sich in Deutschland erst die Felddienstordnung von 1894. 1895/96 wurde in Graz der erste Militärradfahrerkurs durchgeführt.

Diese interessante Entwicklung (die Nähmaschine und das Fahrrad wurden zu Motoren der aufstrebenden Feinmechanik) blieb aber ebenfalls nur Peripherie im gesamten militärischen Geschehen. Denn der allgemeine Aufschwung der Großindustrie ermöglichte bei wesentlich größeren Gewinnen (und Risiken) immer bedeutendere Vorhaben bei der Artillerie zu realisieren. Die einzelnen Firmen und ihre auftraggebenden Stellen/Staaten versuchten sich dabei gegenseitig zu überbieten. Der gleiche Vorgang lief auch bei den großen Marinen ab. Hier erfolgte der Umsturz ebenfalls in den siebziger Jahren. Italiens großer Konstrukteur Benedetto Brin gab dazu den Anstoß. Er erstrebte eine Kombination der größten

Kanonen mit dem stärksten Schiffspanzer bei größtmöglicher Geschwindigkeit in seinen beiden neuen Schiffen „Caio Duilio" und „Enrico Dandolo". Die Schiffe besaßen je zwei 45,7 cm Armstrong-Vorderlader in Drehtürmen. Beide Türme standen so, dass ihre Bestreichungswinkel in den gegebenen Richtungen frei blieben von Schiffsaufbauten.

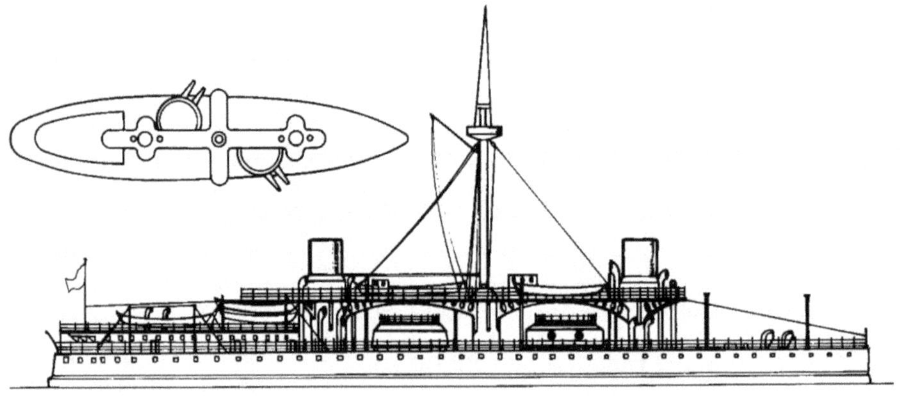

Italienische Schwesterschlachtschiffe „Caio Duilio" und „Enrico Dandolo",
Baujahr 1876

Ihre Länge betrug 104 m, die größte Breite 20 m. Die Dicke des Wasserlinienpanzers betrug ca. 56 cm, diejenige der Türme 45 cm. Beide Schiffe erreichten 15 Knoten.

Die englische Admiralität, die bis anhin mit so großen Kalibern zögerte, zog nun nach. Ihre Antwort war die HMS „Inflexible" mit einer Zitadelle mit 60 cm Verbundpanzer, in welcher vier Woolwich-Vorderlader mit 40,6 cm Kaliber und 80 Tonnen Gewicht standen. Diese Schiffe und ihre Bewaffnungen waren für ihre Zeit sensationell, markierten aber zugleich das endgültige Ende der Vorderladerära. Die nun ausgereifte Waffe Whiteheads, das Torpedo, zeigte Wirkung auf die Taktik des Seegefechtes.

Man wollte und konnte den Gegner nicht mehr so nahe an sich herankommen lassen. Eine Forderung, die sich nur mit Hinterladern und langen Rohren realisieren ließ. Man musste auf viel weitere Entfernungen schießen und auch präziser treffen können. Dazu benötigte man höhere Geschossanfangsgeschwindigkeiten, die sich nur mit relativ langsam abbrennenden Pulverladungen, die ihre Energie möglichst kontinuierlich über den ganzen Weg des Geschosse durch das Rohr abgaben, erreichen ließen. Der amerikanische General Rodman ließ vermutlich als erster Löcher in Pulvertafeln bohren, damit sich während des Verbrennungsvorganges die Reaktionsoberfläche vergrößerte. Oder anders gesagt, mit dem Ausbrennen der Löcher und der sie begrenzenden Fläche wurde der Abbrand zunehmend vergrößert. Damit stieg das erzeugte Gasvolumen auch bei zunehmender Geschossbewegung über eine längere Zeit an. Es war dies die letzte Entwicklungsstufe des Schwarzpulvers und des aus technischer Sicht beendeten Zeitalters der Vorderladerrohre.

Mit der Einführung von Stahlpanzern für Schiffe und langen Hinterladern mit Kalibern bis zu 40,6 cm zwischen 1880 und 1890 war der erste Abschnitt der technischen Revolution, der mit der „La Gloire" im Marinesektor begonnen hatte, vorüber. Der einzige materielle Wandel, der noch ausstand war der allgemein für Feuerwaffen fällige Übergang vom Schwarzpulver zum rauchschwachen Pulver. Versuche auf diesem Gebiet waren zwar schon lange im Gange, aber erst mit der aufsehenerregenden Entdeckung von Alfred Nobel im Jahre 1875, der herausfand, dass eine Mischung aus Schießbaumwolle und Nitroglyzerin die Sprengwirkung beider Stoffe zügelte und harmonisierte, kam neuer Schwung in diesen Bereich der Munitionstechnik. Dreizehn Jahre später erfand Nobel einen Sprengstoff unter der Bezeichnung Ballistit, der weite Verbreitung fand. In England entwickelte man daraus das Kordit, das erste rauchschwache Pulver. Das Kordit bestand aus 58 % Nitroglyzerin, 37 % Trinitrozellulose und 5 % Vaseline. Letzteres war beigemischt, um als dünner Film im Rohr die Reibung zwischen Geschoss und Rohrwandung herabzusetzen. Außerdem hielt das Vaselin die Feuchtigkeit ab und machte die Herstellung des Kordits in halbgelatinierten Strängen möglich.

1885 stellte ein junger französischer Chemiker namens Vieille ein raucharmes Pulver vor, das mit geringerem Gasdruck eine hohe Geschossanfangsgeschwindigkeit erzielte und gleichzeitig auch noch das Problem der Verschmutzung löste. Damit beseitigte er auch eines der wichtigsten Hindernisse der Trefferbeobachtung, die gewaltigen Pulverqualmwolken der Schwarzpulverzeit, die immer wieder Feuerpausen erzwangen.

Die Einführung des rauchschwachen Pulvers fiel zusammen mit dem dank der Weiterentwicklung der Schiffsantriebe möglichen Verzichts auf Masten und Segel, so dass der Weg frei wurde für die Konstruktion moderner Kriegsschiffe. Die Verbesserung der Leistung der Schiffsmaschinen und das sich festsetzen des Europäers in aller Welt im Zeitalter des Imperialismus begünstigte diese Entwicklung. Besonders England, Frankreich und Deutschland, das nun ebenfalls eine Flotte aufzubauen begann, konnten in ihren Stützpunkten Kohlendepots und Reparaturmög-

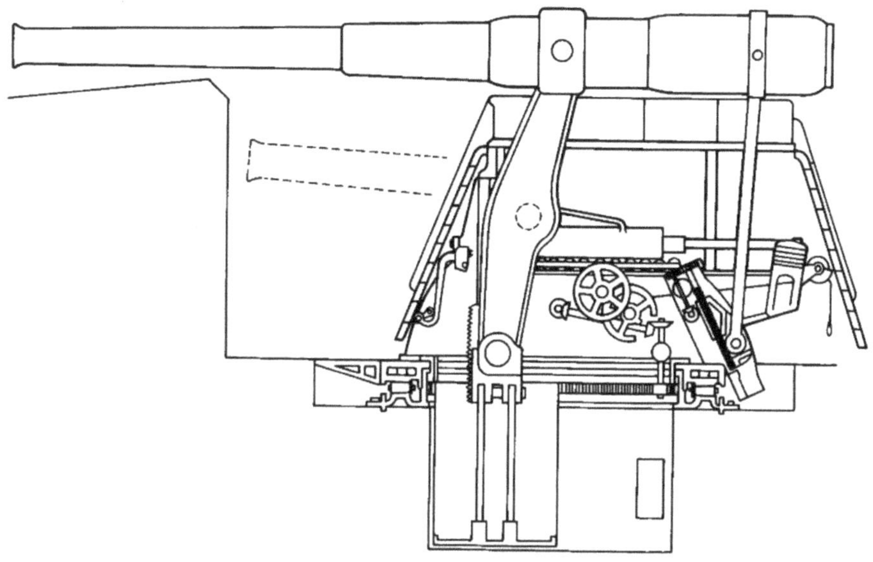

Hinterladergeschütz für die Küstenverteidigung um 1880

Die verbesserte Artillerie auf den Schiffen erzwang auch Gegenmaßnahmen im Bereich der Küstenverteidigung. Die Abbildung zeigt ein amerikanisches 30-cm-Hinterladergeschütz auf „Verschwindlafette".

Beim Abschuss des Küstengeschützes presste der Rückstoß das Geschützrohr in einem elliptischen Bogen nach hinten-unten, dabei wurde ein Gegengewicht angehoben. Geladen und gerichtet wurde in abgesenkter Position. Bald gab es auch Konstruktionen, bei denen die Gegengewichte durch pneumatische oder hydraulische Vorrichtungen ersetzt waren. Solche Verschwindlafetten konnten pro zwei Minuten einen Schuss abgeben, bei einer Verweilzeit in der Schussposition von 20 Sekunden.

lichkeiten schaffen, um so ihre Schiffe weltweit einsetzen zu können. Zum ersten Mal wird dies bei der britischen Admiral-Klasse Ende der achtziger Jahre sichtbar, aus der dann die Royal-Sovereign-Klasse der neunziger Jahre hervorging. Die alte Idee des Küstenmonitors mit Türmen an beiden Schiffsenden wurde für hochseegehende Schiffe durch Einführung eines weiteren Decks modifiziert. Das wurde durch Verlassen des alten britischen Turm-Prinzips und durch die Übernahme des französischen Barbette-Prinzips möglich. Barbetten waren gepanzerte Türme ohne Dach, die eine Drehscheibe schützten, auf welcher die Geschütze standen. Diese feuerten über den Rand der Panzerung mit ungeschützten Rohren. Das eingesparte Gewicht wurde für ein zusätzliches Deck verwendet, ohne dass ein Stabilitätsverlust des Schiffes eintrat. Das Prinzip der Barbette war indessen nur möglich dank einer Änderung der Waffenlagerung. Die Schildzapfenlafetten wurden aufgegeben zu Gunsten von Wiegenlafetten die ein tieferes Absenken der Geschützrohre ermöglichten. Im Laufe der Jahre wandelten sich die Barbetten zu Barbetten-Türmen, indem Geschütze und Bedienung zunächst einen leichten Schild, der sich mit der Drehscheibe mitbewegte, erhielten. Diese Schilde wurden zunehmend dicker. Eine neue Form des Turmes begann sich zu entwickeln.

In der letzten Dekade des Jahrhunderts vollzog sich an den Marinegeschützen der Übergang vom mechanischen zum hydraulischen Betrieb. Die alten „Brook" (Rücklauf)-Taue und Schleifschienen-Rücklaufbremsen der Vorderlader wurden durch hydraulische Bremssysteme abgelöst. Die Geschütze konnten nun sanft abgebremst werden durch Kolben mit eingeschnittenen Nuten, die in Zylindern mit Bremsöl liefen oder Flüssigkeit durch kleine Bohrungen in andere Zylinder pressten. Auch die Schneckengetriebe und Getrieberäder wurden durch hydraulische Hebevorrichtungen am Verschluss verdrängt. In einigen Fällen wurde das elektrisch besorgt. Auch die Zahnstangengetriebe für das Bewegen der Türme fielen weg. Die Antriebe funktionierten nun ebenfalls hydraulisch. Auf die-

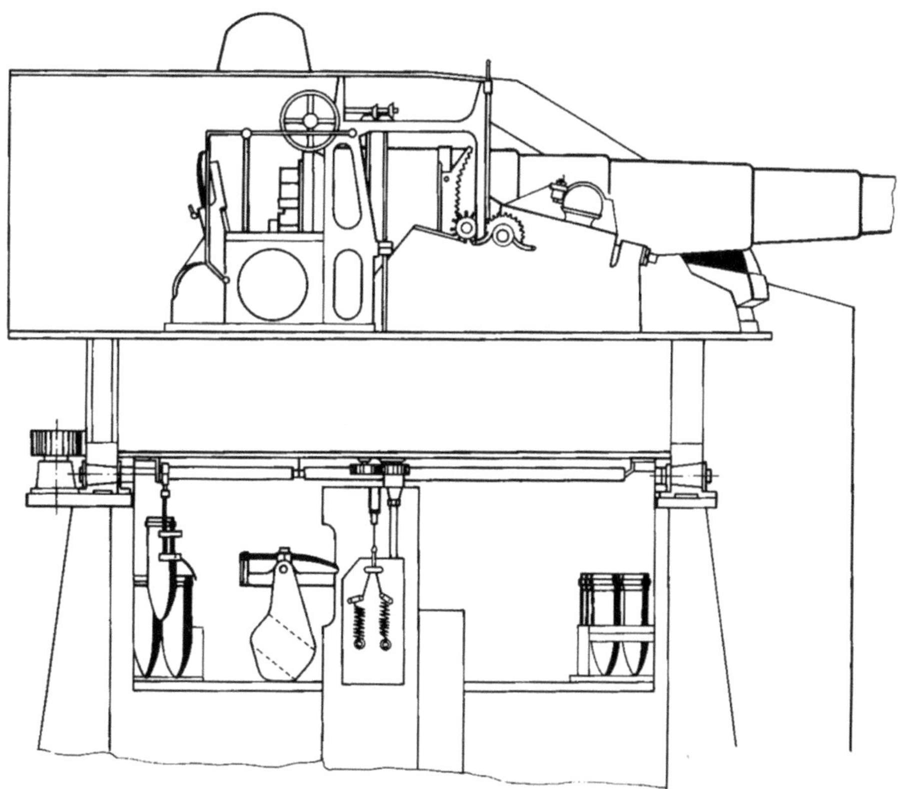

Barbettenaufstellung eines 25,4-cm-Zwillingsgeschützes um 1890

Drehscheibenantrieb und Munitionsaufzug erfolgten durch Dampfkraft, alle anderen Verrichtungen wurden manuell erledigt.

selbe Weise arbeiteten die Auswaschpumpen für die Geschützrohre, Verschlussmechanismen, Munitionsaufzüge und Ladevorrichtungen. Die Geschwindigkeit beim Laden, Richten und Abfeuern eines 30,4-cm-Geschützes steigerte sich so innerhalb von 10 Jahren auf das Doppelte. Brachten es die Kanoniere um 1880 auf einen Schuss in je zwei Minuten so steigerte sich diese Leistung um die Mitte der neunziger Jahre auf drei Schüsse in vier Minuten. Die Einführung flexibler Kettenladevorrichtungen, die in jeder Stellung des Turmes Munition nachschieben konnten, senkte die Zeit auf 35 Sekunden pro Schuss.

Von den Barbetten führten gepanzerte Schächte mit Aufzügen für die Geschosse und Kartuschen zu den tief im Schiff liegenden Munitions- und Pulverkammern. Die besonders gefährdeten Pulverkammern befanden sich im Unterschiff. Sie waren aus Stahlplatten wie ein wasserdichter Tank konstruiert und zusätzlich geschützt durch Kohlenbunker und Schiffspanzerung. Zu dieser Zeit kannte man drei hauptsächliche Granattypen: Panzersprenggranaten, zuerst im Kokillenguss hergestellt, später aus gehärtetem Chromstahl gefertigt. Sodann lange Stahlgeschosse mit großer Sprengladung, die man gegen ungepanzerte Schiffe einsetzte. Dazu gab es Schrapnells von gleicher Größe die mit vielen kleinen Kugeln gefüllt waren und durch Aufschlag-, Zeit- oder Doppelzünder ausgestoßen wurden.

Diesen imponierenden Leistungen im Schiff- und Waffenbau standen noch immer schwere Mängel gegenüber. Einer der schwersten und am schwierigsten zu behebenden war das Problem der Treffgenauigkeit auf große Entfernungen. Denn aller Erfolge zum Trotz standen das Richten und die Nachrichtenübermittlung der Artillerieleitung noch auf dem Stand von 1813. Wenn auch auf diesem Gebiet die Entwicklung hintennach hinkte und die Artillerie noch weit davon entfernt war, das in ihr steckende Potenzial voll entfalten zu können, war sie doch auf dem Weg zur absoluten Vorherrschaft auf See (aber zunehmend bedrängt durch die neue Torpedowaffe) und die Taktik der Seeschlacht entwickelte sich aufs Neue zur Schlachtlinie hin.

Auch zu Lande verstärkte sich der Einfluss der Artillerie immer mehr. Man sah in ihr sogar zeitweise den Ersatz für die Kavallerie. Dass sie diese Aufgabe aber nur teilweise übernehmen konnte stellte sich erst später heraus, als die großen Krisen im Ersten Weltkrieg auftauchten. Doch um 1898 sah alles anders aus, als endlich die Lösung des Rückstoßproblems bei Feldgeschützen gelang. Im Prinzip war die Idee, ein bewegliches Waffenrohr auf einer Wiege nach hinten gleiten zu lassen und den Rücklauf hydraulisch aufzufangen, weder völlig neu noch ein Geheimnis. Und doch gab es gerade um diese Entwicklung viel Ungereimtes. Nachrichtendienste schalteten sich ein und auch die Affäre Dreyfuss in Frankreich lässt sich darauf zurückführen. In der ersten Phase der Rückstoßbremsenentwicklung gab es erregte Diskussionen um ihre technische Auslegung. Streitpunkt war vor allem der Rücklaufweg, den das Rohr machte. Die einen Konstrukteure nahmen an, das Problem mit einem kurzen Rücklauf gelöst zu haben, andere wiederum schworen auf einen langen

Rücklauf, der auch technisch weniger Probleme aufwarf. Obwohl eine Rücklaufbremseinrichtung nach dem hydraulischen Prinzip relativ einfach aussieht, gab es zur Zeit der Einführung beträchtliche Probleme. Bei den ersten Konstruktionen brachen Teile der Bremse bei bestimmten Neigungen, weil das Gewicht des Waffenrohres den Rückstoß verstärkte, so dass zuerst eine Methode gefunden werden musste, die eine kontinuierliche Ölverdrängung im Rücklaufsystem gewährleistete. Bei gewissen Temperaturen neigte beispielweise die Bremsflüssigkeit dazu, sich in eine Emulsion zu verwandeln, wodurch die für die Verdrängung der Flüssigkeit gemachten Berechnungen verfälscht wurden und die Rücklaufeinrichtungen demzufolge nicht richtig arbeiteten. Doch trotz all dieser Schwierigkeiten kamen die Ingenieure mit der Zeit auf brauchbare Lösungen.

1891 meldete der deutsche Ingenieur Konrad Haußner ein Feldgeschütz mit langem Rücklauf an. Haußner begann seine Arbeit im Sommer 1888 und konnte bereits im November eine Denkschrift vorlegen die im Wesentlichen alles an Theorie beinhaltete, um ein 8,7-cm-Feldgeschütz bzw. eine Lafette ohne nennenswerten Rücklauf beim Beschuss zu realisieren. Doch dieses heute allgemein angewandte Prinzip eines wiegengelagerten Geschützrohres mit Rücklaufbremse und Rohrvorholeinrichtung konnte sich lange nicht durchsetzen, da sich namhafte Firmen auf das Prinzip des kurzen Rücklaufs versteiften, obwohl es dazu eine große Anzahl zusätzlicher Ausgleicher bei unterschiedlicher Elevation des Rohres bedurfte. Erst nach kostspieligen Versuchen und langwierigen Auseinandersetzungen mit voreingenommenen Gegenspielern, in denen auch die

Ansprüche des ursprünglichen Erfinders Haußner auf der Strecke blieben, konnte sich in Deutschland Heinrich Erhardt, Gründer der Rheinischen Metallwaren- und Maschinenfabrik (später „Rheinmetall") mit einem 7,5-cm-Geschütz durchsetzen, das eine Rücklaufeinrichtung für den langen Rücklauf nach Haußner besaß. Sein Geschütz wurde aber erst 1904 im deutschen Heer eingeführt, nachdem das Ausland (die Schweiz ebenfalls 1904) mit ersten Bestellungen Schrittmacherdienste geleistet hatte.

Die lange Friedenszeit in Europa nach 1870/71 brachte die Militärs jedoch in Nöte, da keine Feuerprobe für die neuen Systeme möglich war. So blieb die alte Frage offen, ob man rasche Schussfolge oder schwere Kaliber bevorzugen sollte. Die hohe Schussfolge bei Feldgeschützen war einerseits durch Rücklaufbremsen und andererseits durch Patronierung der Munition erreicht worden. Das erlaubte, auf eine gegnerische Infanterieeinheit Schüsse in so schneller Folge abzugeben, dass sich diese dem Feuer nicht entziehen konnte. Die mit den Rücklaufeinrichtungen erreichte Standfestigkeit der Geschütze ermöglichte nun auch die Anbringung fester Schutzschilde, so dass die Bedienungsmannschaft schon beim Instellunggehen über einen gewissen Schutz verfügte. Von jetzt an konnte die Artillerie im Schnellfeuer die Angriffsspitzen der gegnerischen Bataillone mit einem Splitterhagel eindecken und buchstäblich am Boden festnageln. Seitens der Infanterie wurde dieser Entwicklung nicht Rechnung getragen. Ihre Taktik wurde deshalb den neuen Gegebenheiten nicht angepasst. Der Angriff in geschlossenen Linien wurde offiziell beibehalten. Die Infanterie pflegte die „Offensive um jeden Preis", da diese Kampfart seit jeher überlegen gewesen sei. Sie stützte sich dabei auch auf neue Waffen, die ihr nun zur Verfügung standen. Gegen Ende des Jahrhunderts besaßen alle Armeen der Großmächte in irgendeiner Form Gewehre mit Zylinderverschlüssen und rauchschwacher, kleinkalibriger Munition.

Eine schnellschießende 7,5-cm-Feldkanone mit Schutzschild. Der einfach scheinende Aufbau darf nicht darüber hinwegtäuschen, dass dieses Geschütz ausgereift und das Ergebnis langer Versuchsreihen war.

Das Problem um die höhere Rasanz der Infanteriemunition löste der Schweizer Offizier Eduard Rubin, der sich auch um eine Verbesserung der Vetterli Munition bemüht hatte. Rubin erkannte als erster, dass man nicht einfach bei gleichbleibendem Kaliber die Geschossanfangsgeschwindigkeit durch verstärkte Ladungen erhöhen konnte, deren bloße Erhöhung nur den bei den Soldaten so gefürchtete Rückstoß verstärkt hätte. Rubin entwarf ein Geschoss im Kaliber 7,79 mm (Mauser 11 mm, Vetterli 10,4 mm). Dieses Geschoss musste lang sein, um die nötige Masse zu erhalten, und Hartblei reichte als Geschossmaterial nicht mehr aus. Deshalb steckte Rubin das Langgeschoss in eine Kupferhülle, damit es dem Druck und der Reibung beim Durchgang durch den Lauf standhalten konnte. Das neue Geschoss und die zu erreichende Leistung führte Rubin gleichzeitig zu einer neuen Form der Patronenhülse. Um der Hülse einen möglichst großen Durchmesser im Verbrennungsraum zu geben (damit das Pulver gleichmäßig abbrannte) verengte er sie am Hülsenhals. Er gab der Hülse eine Schulter, so dass sie aussah wie eine Flasche. Mit dieser Patrone wurden Versuche bis hinunter zum Kaliber von 7,5 mm gemacht. Auch ausländische Armeen interessierten sich für diese Patrone und das gleichzeitig von Rubin entwickelte Gewehr.

Das Rubin-System wurde von den Portugiesen für ihr Guedes-Gewehrsystem übernommen, ab 1887 experimentierten die Engländer mit einem Rubin Gewehr vom Kaliber 7,69 mm. Daraus entstand eine neue Waffe mit Lee Verschluss und Magazin sowie einem Metfort-Lauf, das Lee-Metfort Mark I. Die Schweiz nahm sich mehr Zeit für Rubins Ideen, da sie ja erst gerade das Vetterli Gewehr mit Röhrenmagazin eingeführt hatte. Erst als 1887 die eidgenössische Munitionskontrolle in Thun (Chef: Schenker) die Versuche mit einem neuen Gewehrpulver PC 88 (Pulver Composition 88) abgeschlossen hatte und nun ein sogenanntes rauchloses Pulver mit geringer Gasspannung (niedrige Gasdrücke) bei großer Anfangsgeschwindigkeit zur Verfügung stand, entschloss sich die Schweiz für die neue Hülsenform. Doch das Gewehr von Rubin kam nicht zum Zuge. Das Rennen machte hier eine Neuentwicklung des Schweizer Obersten Rudolf Schmidt. Sein Repetiergewehr mit Geradzugverschluss wurde nach umfangreichen Truppenversuchen in Konkurrenz zu einer Entwicklung der Industriegesellschaft Neuhausen als Schmidt-Rubin Gewehr Modell 1889 eingeführt.

Das Repetiergewehr 89 der Schweizer Armee sollte sich im groben Äußeren und im Verschlusssystem bis in die Mitte des 20. Jahrhunderts nicht mehr wesentlich ändern. Das erste Land jedoch, das ein Gewehr mit kleinem Kaliber einführte, war Frankreich. Das neue Gewehr im Kaliber 8 mm wurde nach dem Namen des Colonel Nicolas Lebel als „Lebel-Gewehr" bekannt. Lebel stand einem Ausschuss vor, der die Entwicklung einer Waffe vorantreiben musste, die eine von Capitaine Desaleux und dem Chemiker Vieille erfundene Patrone mit rauchschwachem Pulver verwenden sollte. Das Lebel-Gewehr war an sich keine Neuentwicklung, sondern basierte auf dem Gras-Gewehr mit Zylinderverschluss von 1874. Das „Lebel" verfügte neu über ein Röhrenmagazin unter dem Lauf für 9 Patronen. Aus dieser Tatsache lässt sich auch die verhängnisvolle Fixierung Frankreichs zu Deutschland ableiten. Frankreich besaß nun eine Infanteriewaffe im Stile des Mausergewehres 1871/84, das ebenfalls ein Röhrenmagazin besaß, verfügte aber über eine im Moment überlegene Munition. In den Jahren 1893 und 1897 wurden am „Lebel" Verbesserungen vorgenommen, die es Frankreich ermöglichten, diese an sich rasch veraltete Waffe in beiden Weltkriegen einzusetzen. Insbesondere die Umkonstruktion des Hülsenbodens mit einer Rille, in der die Spitze des nachfolgenden Geschosses ruhte, ermöglichte später den Einsatz von Spitzgeschossen, was eigentlich der Hauptnachteil von Röhrenmagazinen war. In Österreich wurde 1885 ein 11 mm Mannlicher-Gewehr mit Geradzugverschluss eingeführt. 1889 übernahm die dänische Armee ein 8 mm Gewehr vom Typ Krag-Jørgensen mit seitlich nachfüllbarem Mittelschaftmagazin. Dieses Gewehr wurde übrigens auch in den USA eingeführt.

Deutschland zog mit der Einführung des 7,9 mm Gewehrmodells 88 nach. Diese Waffe verschoss Stahlmantelgeschosse. Die damit erreichte Geschossführung war etwas Neues. Man nennt sie Pressführung, weil ein Geschoss, das ein zum vornherein stärkeres Kaliber als das Laufkaliber besitzt, durch die Züge gepresst wird. Die Truppe war aber bald mit dem ebenfalls durch eine Kommission vorgeschlagenen Gewehrmodell nicht mehr zufrieden. Nach relativ kurzer Zeit wurde daher ein von Mauser entwickeltes Gewehr eingeführt, das den Nimbus dieses Namens und der Firma begründete. Das neue Infanteriegewehr 98 erwies sich als eines der vollkommensten Militärgewehre, das je gebaut wurde. Diese Waffe wurde in verschiedenen Ausführungen in beiden Weltkriegen und von vielen Staaten eingesetzt.

Beim neuen Mausermodell hatte man peinlich darauf geachtet alle Mängel auszumerzen, mit dem das Modell 88 behaftet war. Der die Präzision beeinflussende Laufmantel fiel weg und der Lauf selbst erhielt eine neuartige Form, die seinen Bedürfnissen nach möglichst freier Schwingung beim Schuss und nach ungehemmter Ausdehnungs- und Streckungsmöglichkeit bei Erwärmung gerecht werden sollte. Auch auf Sicherheit wurde großer Wert gelegt. Trotz all dieser Überlegungen schlich sich ein

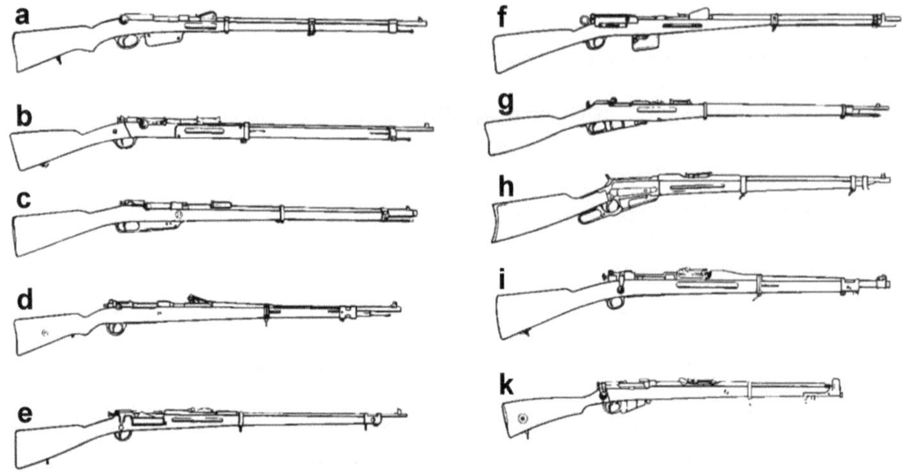

Militärgewehre um die Jahrhundertwende

a) Österreich, Mannlicher-Gewehr 85, Kaliber 11 mm, b) Frankreich, Lebel-Gewehr 86, Kaliber 8 mm, c) Deutschland, Gewehr 88, Kaliber 7,9 mm, d) Deutschland, Mauser-Gewehr 98, Kaliber 7,9 mm, e) Dänemark, Krag Jørgensen Gewehr 89, Kaliber 8 mm, f) Schweiz, Schmidt-Rubin Gewehr 89, Kaliber 7,5 mm, g) Russland, Mosin-Nagant Gewehr 91, Kaliber 7,62 mm, h) USA, Winchester Model 1895, Kaliber 7,62 mm, i) USA, Springfield-Gewehr, Kaliber 7,62 mm, k) England, Lee-Enfield Gewehr, Kaliber 7,7 mm

schwerer Fehler in die Konstruktion ein. Das alte Gewehr hatte die Eigenschaft besessen, den Schützen auf das Ausgeschossensein aufmerksam zu machen, indem beim letzten Schuss der Patronenrahmen unten aus der Waffe fiel. Beim Modell 98 war man von diesem System abgekommen und hatte eine Streifenladung eingeführt, bei der mit dem Daumen die Patronen in einen unten geschlossenen Magazinkasten gedrückt wurden. Diese gegen Verschmutzung gute Konstruktion besaß den Nachteil, dass der Schütze nach dem letzten Schuss und sofortigem Durchrepetieren nicht merkte, dass er keine Patrone mehr zuführte. Obwohl es leicht gewesen währe, diesen Zustand sofort mit Hilfe eines „Mahners", der den Verschluss blockierte, wenn das Magazin leer war, zu beheben, wurde in dieser Angelegenheit lange nichts unternommen. Die Ursache ist bei den Ausbildern zu suchen, die den Drill höher stellten als die kriegstechnische Ausbildung. Obwohl Exerzierpatronen zur Verfügung standen, verzichtete man schon aus Bequemlichkeit auf sie. Die deutsche Infanterie bezahlte diesen Umstand später im Kriege mit unnötigen Verlusten.

Gegen Ende des Jahrhunderts hatten alle Armeen der Großmächte in irgendeiner Form Gewehre mit Zylinderverschlüssen und rauchschwacher Munition eingeführt. Die rauchschwachen Pulver, entwickelt und verwendet von diversen Staaten bis zum Ersten Weltkrieg, glichen sich ziemlich: Kordit in England, Ballistit in Italien, Nitrozellulose in Österreich, Dänemark, Frankreich, Deutschland, Griechenland, Holland, Japan, Norwegen, Rumänien, Spanien, Schweiz, Türkei und den USA, Nitrozellulose sowie Nitroglyzerin in Belgien und Portugal. Russland ist in dieser Aufzählung ausgeklammert, da es um diese Zeit die Fabrikation von Infanteriewaffen vernachlässigte und Waffen und Munition mehrheitlich aus dem Ausland bezog.

Mit der Einführung des rauchschwachen „Schießpulvers" fielen auch bei den Bodentruppen im Gefecht die üblichen Sichtbehinderungen durch den Pulverqualm weg. Auffällige Bekleidungen und Kopfbedeckungen zur Identifikation für die Heerführer waren nicht mehr notwendig. Das Ausbleiben von qualmenden Feuerlinien erschwerte der Artillerie das Schätzen der Schussentfernung bis zur gegnerischen Feuerlinie. Andererseits begünstigte das rauchschwache Pulver auch die Annäherung von Angriffstruppen an die gegnerische Stellung, da diese sich weniger durch den Pulverrauch verrieten. Diesen Vorteilen standen auch Nachteile gegenüber, so zum Beispiel, dass eigene Truppenbewegungen nicht mehr unbemerkt hinter dem Rauchschleier der schießenden Feuerlinie vor sich gehen konnten. In diese Lücke sprangen aber bald spezielle Rauchgranaten der Artillerie.

Bei allen Gewehrverschlusskonstruktionen der Militärgewehre war die Verriegelung nun zentral, indem symmetrisch angeordnete Verriegelungswarzen der Kammer sich beim Schließen des Verschlusses in entsprechende Ausfräsungen im Innern des Hülsenkopfes eindrehten. Die an der Hülsenwand angelehnten Kammerstengel stellten nur noch eine Verriegelungsreserve dar. Beim Mannlicher und Schmidt-Rubin Gewehr wurde auch darauf verzichtet. Diese Geradzug-Verschlüsse gestatten daher ein sehr schnelles Repetieren. Der schnellste Repetierer dieser Zeit aber blieb das Gewehr Winchester M1895 mit Unterhebel, das z. B. in Russland eingeführt wurde. Im Jahre 1895 gelang es der Firma Winchester, einen Vertrag über 15 000 Repetiergewehre mit der US-Marine abzuschließen. Bei diesem speziellen Modell handelte es sich um ein vom Erfinder des Mittelschaftmagazins, James P. Lee übernommene Konstruktion mit Geradzugverschluss, auch als Winchester-Lee-Navy bekannt. Interessant war aber nicht nur der Verschluss des Gewehres, sondern auch

Übersicht der bekanntesten Mehrladergewehre um 1900

Land	Modell	System	Kal. mm	v_0 m/s	Patrone g	Geschoss g	Ladung g	Mag.- kapazi- tät	Waffen- gewicht kg
Deutschland	Gew. 98	Mauser	7,9	670 895*	27,9 23,7*	14,7 10,0*	2,6 3,3*	5 5*	4,1 4,1*
Frankreich	M93	Lebel	8	632	29	15	2,7	7	4,16
England	M89/91	Lee-Enfield	7,7	610	28,3	14	2,2	10	4
Italien	M91	Carcano Mannlicher	6,5	685	21,5	10,5	1,95	5	3,9
Japan **	M30	Meiji	6,5	725	22,4	10,3	2,14	5	3,9
Russland	M91	Nagant	7,62	620	25,8	13,8	2,2	5	3,99
USA	M1903	Springfield	7,62	682	25,6	13,8	2,2	5	4,4
Österreich	M1895	Mannlicher	8	620	29,4	15,8	2,75	5	3,65
Schweiz	1889	Schmidt	7,5	590	27,5	13,8	2	12	4,9

*) nach Einführung der Patrone 7,9 mm S ab 1903

**) Daten variieren je nach Quelle

die eigens entwickelte Patrone im Kaliber .236 (6 mm). Diese Patrone war ihrer Zeit weit voraus (Vorläufer der .220 Swift – eingeführt 1935, und der .243 Winchester – eingeführt 1955) konnte aber aus verschiedenen Gründen die in sie gesetzten Erwartungen nicht erfüllen.

Die nun verwendeten Vollmantelgeschosse erzeugten eine unvorhergesehene Schwäche in der Verwundungskraft der Handfeuerwaffen. So erlangte das neue .303 Geschoss der britischen Armee im außereuropäischen Feldeinsatz schnell den Ruf, „humane Durchschüsse" zu verursachen. Diese Eigenschaft wurde erstmals im Verlauf des Chitral-Feldzuges von 1895 bekannt. Ein am Feldzug teilnehmender Chirurg berichtete, dass das Fehlen von Schock oder Schmerz es den getroffenen Männern möglich machte weiterzukämpfen. Ein Eingeborener erholte sich sogar nach 6 Treffern wieder. Ein Offizier drückte den zeitgenössischen Blickwinkel zu diesem Problem im Wesentlichen wie folgt aus: „Bei einem zivilisierten Menschen, der über die Lage seiner lebenswichtigen Organe informiert ist und weiß, was ein Fremdkörper darin verursachen kann, reicht oftmals eine verhältnismäßig kleine Verletzung dazu aus, ihn von jeder weiteren Aktion abzuhalten. Nichtzivilisierte Völker wüssten aber über ihr Innenleben sowenig Bescheid wie ein Tiger. Genau wie bei diesem wilden Tier müsse demzufolge, wenn es angreife, der erste Treffer tödlich sein." In der Folge wurden bei Einsätzen gegen „Wilde" die alten Gewehre mit den bekannten Geschossen weiterverwendet, Theorien über die notwendige Lage von sofort aufhaltenden Körpertreffern entwickelt und an Geschossen gearbeitet, die aus den modernen Waffen absolut tödliche Ersttreffer machten. So hatte beispielsweise das Arsenal in Dum Dum bei Calcutta begonnen, eigene Munition mit brutaler Zerstörwirkung im menschlichen Gewebe herzustellen. In Europa wurde diese (Dum-Dum) Munition erst nach Ausbruch des Ersten Weltkrieges allgemein bekannt und berüchtigt. So berichtet die „Schweizer Illustrierte Zeitung" in der Ausgabe Nr. 39 vom September 1914 mit Wort und Bild, dass sich die kriegführenden Staaten gegenseitig beschuldigen, Dum-Dum-Geschosse einzusetzen. Mit dem nun aufkommenden Einsatz von selbsttätig wirkenden Waffen hoher Schussfolge verlor aber die Wirkung des einzelnen Geschosses seine Bedeutung.

Schneller schießen können und erst noch ohne eigenes Dazutun, ein alter Traum der Waffenkonstrukteure seit der Zeit der Orgelgeschütze, wurde kurz vor der Jahrhundertwende ebenfalls Wirklichkeit. In einer Londoner Werkstatt entwickelte Hiram Maxim ein auf dem Rücklaufprinzip basierendes Maschinengewehr, das er zwischen 1883 und 1885 zum Patent anmeldete. Hiram Maxim war die hervorstechende Größe unter den Maschinengewehr-Konstrukteuren. Die Skala seiner Erfindungen reichte über automatische Mausefallen, Gas-Beleuchtung, elektrisches Licht, Gewehre, Schalldämpfer, Maschinengewehre und Kanonen bis hin zu einem mit Dampfkraft angetriebenen Flugzeug. Hiram Maxim wurde 1840 in Sangerville im Staate Maine, USA geboren. Er war ein typischer Amerikaner, besaß nur eine bescheidene Schul- bzw. Lehrausbildung, bewährte sich aber in allen möglichen Berufen. 1881 kam er zur Elektrizitätsausstellung in Paris und erkannte, dass in Europa gute Chancen bestanden im Wehrbereich Geld zu machen. Er schloss alle Arbeiten mit der Elektrizität ab und übersiedelte nach London, wo er ein Büro und eine Werkstatt eröffnete. Hier befasste er sich erstmals mit Maschinenwaffen. Als Ausgangsmaterial diente ihm ein Winchestergewehr, bei dem er über den Rückstoß das Nachladen besorgte. Diese Idee wurde zwar nicht kommerziell genutzt, bewies aber die Richtigkeit der Gedankengänge Maxims. In den Jahren zwischen 1883 und 1885 ließ er sich jede Art von Funktionsmethoden für Maschinenwaffen patentieren, wenn sie auch nur den geringsten Erfolg versprachen. 1884 schloss er seine Arbeit ab und führte eine Rückstoß-Waffe vor, die heute als sein „erstes Modell" bezeichnet wird. 1884/85 vereinfachte er seine Konstruktion und verwendete von nun an den Kniegelenkverschluss und eine Gurtzuführung.

1884 suchte Maxim den Kontakt zu Vickers, einer großen britischen Werft. Dies führte zur Gründung einer neuen Firma, die Maxim Gun Company, mit Albert Vickers als Vorsitzender. Die Stahlwerken von Crayfort in Kent nahmen die Produktion von Maschinengewehren auf. Zuerst erschloss man den heimischen Markt, dann fanden bald Vorführungen in Frankreich, Österreich und Deutschland statt. Auch Russland führte das Maxim-MG ein und baute dazu sogar eine eigene Fabrikation auf. Im Jahre 1888 fusionierte die Maxim Gun Company mit den Nordenfelt-Werken.

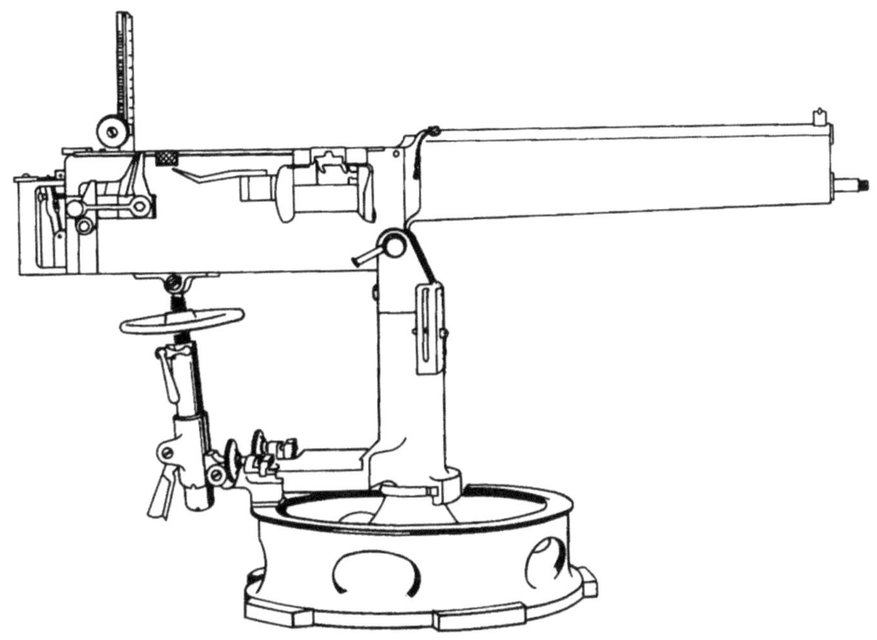

Maschinengewehr mit Wasserkühlung Modell 95, Kaliber .303 (7,7 mm)

Das Maxim-Maschinengewehr wurde erstmals von britischen Kolonial-truppen im Matabelekrieg von 1893/94 eingesetzt.

Die Nordenfelt-Anlagen in Erith wurden für die MG-Produktion ausgebaut. 1892 kaufte Vickers die Maxim-Nordenfelt Co, und das Maxim-Maschinengewehr wurde jetzt zum „Vickers". Die USA übernahmen das „Maxim-Vickers" nur zögerlich, obwohl bereits 1888 Testschießen mit gutem Erfolg stattgefunden hatten. Erst im Ersten Weltkrieg wurde die Produktion bei Colt vorangetrieben und bis zum Ende des Krieges etwas über 12 000 MG fertig gestellt, von denen 7000 an die Front in Europa gingen.

Zwischen 1900 und Maxims Tod im Jahre 1916 in New York übernahmen die meisten Großmächte seine Konstruktion, die mit einem einzigen, wassergekühlten Lauf gegurtete Munition mit einer Kadenz von ca. 600 Schuss pro Minute verfeuerte. Die Schweiz führte das Maxim-MG im Jahre 1891 gemäß Bundesratsbeschluss ein. Bereits im Juli 1892 wurden die ersten MG-Schützen für das neue „Maximgeschütz-Corps" in der Festungsartillerie-Rekrutenschule I in Airolo ausgebildet. Im selben Jahr erfolgten am Gotthard die ersten Manöver unter Mitwirkung von Maschinengewehren. In diesem Zusammenhang ist der Bezug der bereits 1885 geplanten Gotthardbefestigungen beim Hospiz erwähnenswert. Über den Abschluss der Befestigungsarbeiten im Jahre 1902 berichteten in- und ausländische Zeitungen mit genauen Einzelheiten über die Bestückung der Forts, ihre Eingänge, Felsenmagazine, Wachthäuser und so fort. Ab 1906 wurde in der Schweiz nach sorgfältiger Evaluation mit anderen Systemen das verbesserte Maxim-MG unter der Bezeichnung MG 11 eingeführt. Ab 1915 erfolgte die Produktion dieser Waffen in der Eidg. Waffenfabrik Bern.

Neben Maxim/Vickers gab es bald weitere Systeme. So etwa das Hotchkiss- und das Browning-System, die entgegen der Rückstoßkonstruktion von Maxim auf dem Gasdruckladerprinzip beruhten. Browning begann im Jahre 1889 mit den ersten Arbeiten an einem Maschinengewehr. Das erste Browning-MG ist als „Potato-Digger" (Kartoffelroder) bekannt. Erfolg hatte aber Browning erst mit seinem Modell 1917 und der späteren Verbesserung „M1917A1", die als Standardwaffe der USA noch im Zweiten

Weltkrieg geführt wurde. Bedeutung erhielt auch das Hotchkiss-MG, das auf dem Patent eines österreichischen Edelmannes, Hauptmann Baron Adolf Odkolek von Újezd basierte. Die Waffe war ein Gasdrucklader im Kaliber 8 mm. Die Zuführung erfolgte über einen 30-Schuss Ladestreifen, der von rechts eingelegt wurde.

Der Russisch-Japanische Krieg von 1904/05 offenbarte erstmalig entscheidende Merkmale moderner Kriegsführung. Er demonstrierte mit schwerer Artillerie bestückte Schlachtschiffe und auf große Entfernung ausgetragene Seeschlachten, Gewehre mit hoher Treffleistung, das Maxim-Maschinengewehr und schnell feuernde Artillerie in großem Maßstab. Seine Schlachten, die von schweren Verlusten durch das Maschinengewehr und Artillerie gekennzeichnet waren, ließen den Grabenkrieg des Ersten Weltkriegs bereits erahnen.

Mit der Zeit wurden in allen Staaten, die über eine entsprechende Industrie verfügten, eigene MG-Entwicklungen in Angriff genommen. Die Funktion von Maschinenwaffen um diese Zeit litt aber allgemein am Ausziehproblem der abgeschossenen Hülsen. Mit gefetteter Munition usw. wurde versucht Abhilfe zu schaffen, was aber erst nach der Erfindung der Gasentlastungsrillen im Patronenlager befriedigend gelang. Gasdrucklader waren bei den zuständigen Militärs um diese Zeit allgemein wenig beliebt, weil bei diesen Waffen noch zusätzlich das Problem der Verschmutzung und die Korrosion der gasbewegten Waffenteile dazukam.

Auch im Bereich der Faustfeuerwaffen tat sich Neues. 1893 konstruierte der Deutsche Hugo Borchardt eine Selbstladepistole, die zur Ausgangsbasis der Kniegelenkpistole von Luger wurde. Die Vorherrschaft des Revolvers wurde allmählich gebrochen, als sich immer mehr Konstrukteure mit dem Bau von Selbstladepistolen befassten. Ganz verdrängt wurde der Revolver aber nie. Noch im Zweiten Weltkrieg wurden in sehr vielen Armeen Revolver geführt. Es gab auch Bestrebungen den Revolver mit einer Selbstladefunktion zu versehen. Bekanntgeworden ist insbesondere die Konstruktion des Webley Fosbery Automatic Revolvers. Bei diesem Revolver wurde der Rückstoß ausgenutzt zur Drehung der Trommel und zum Spannen des Hammers. Ein anderer Weg wurde mit dem Paulson Gas-Operated Automatic Revolver versucht. Bei dieser Konstruktion wurde die Trommelachse als Gaskolben genutzt. Durch die Kolbenbewegung wurde der Hammer gespannt und gleichzeitig die Trommel in Schussposition gedreht.

Das zwanzigste Jahrhundert von Tsushima bis Hiroshima und Nagasaki

Die Erfolge von Wissenschaft und Technik machten die heutige Zivilisation mit ihren Ballungszentren und Raumfahrtprogrammen möglich. Doch vorerst musste Europa seine Vormachtstellung nach zwei Kriegen an die Vereinigten Staaten abgeben und war nun in der Folge unfähig, aus eigener Kraft die Bedrohung seitens der Sowjetunion in Schach zu halten.

Als das rastlose 19. Jahrhundert zu Ende ging, beherrschte Europa die Welt, obwohl es nicht überall unmittelbar Macht ausübte. Fast ganz Afrika war zwischen sieben europäischen Nationen aufgeteilt. Das europäische Asien schloss Französisch-Indochina mit ein, die holländischen Besitzungen in Ostindien und die britischen Kolonien in Indien, Burma und Malaya. Frankreich, Großbritannien und Holland besaßen zudem auch in der westlichen Hemisphäre Kolonien. Daneben existierten noch subtilere Mittel der Einflussnahme. Die europäische Kultur hatte sich auf Süd- und Nordamerika, Neuseeland und den ganzen Kontinent Australien ausgebreitet.

In der Schweiz wandelte sich gegen Ende des 19. Jahrhunderts die Agrar- zur Industriegesellschaft. Das traditionelle Gefüge wurde mehr und mehr durchbrochen. Das 1891 gefeierte Jubiläum „600 Jahre Eidgenossenschaft" gab dem Vaterlandsgefühl und dem Patriotismus mächtigen Auftrieb. Die Einführung der jährlichen Bundesfeier am 1. August, die Landesausstellung von 1896 in Genf und die Einweihung des Schweizerischen Landesmuseums in Zürich im Jahre 1898 waren vaterländische

Höhepunkte. Das erweiterte Bundeshaus und die Waffenhalle im Landesmuseum galten als nationale Ruhmestempel und wurden ebenso stark besucht wie Richard Kisslings 1895 vollendetes Telldenkmal in Altdorf.

Westeuropa produzierte um 1900 mehr als die Hälfte der Industriegüter der Welt, kreuzte auf den Weltmeeren mit über 70 % der Handelstonnage und verbuchte, gefolgt von der kommenden Wirtschaftsmacht USA, über 65 % der Handelsgeschäfte. Im Wettlauf um die Weltherrschaft hielt England die Spitze, gefolgt von Frankreich und dem noch jungen Kaiserreich Deutschland, das sein Industriepotenzial verstärkte und neben dem Heer auch die Kriegsflotte auszubauen begann. Der wirtschaftliche Einfluss Europas reichte tief in noch unabhängige Staaten hinein, ja er reichte bis an den Rand des chinesischen Reiches. Nur das Kaiserreich Japan blieb unabhängig und ahmte ohne Skrupel die europäische Technologie nach.

Von hier aus erfolgte auch der erste Donnerschlag zum Einläuten des 20. Jahrhunderts. Hochfliegende Pläne und Hoffnungen auf ein neues Zeitalter zerstoben vor der Macht der Realität. Die Weltausstellung 1900 in Paris, der am 17. Dezember 1905 erfolgte erste Flug mit einem lenkbaren motorgetriebenen Flugzeug durch die Gebrüder Wright in den USA lagen noch ganz in der Linie einer Epoche, die beherrscht werden sollte von der politischen und militärischen Macht Europas und Nordamerikas, ihrer Technologie, wirtschaftlichen Stärke und Kultur, die sich auf einen Großteil der Welt abstützten. Zwar lag in dieser Linie durchaus eine Abhandlung im Jahrgang 1905 der „Annalen der Physik", in der Albert Einstein, damals ein kleiner Beamter am Schweizer Patentamt in Bern, neben zwei anderen epochemachenden Arbeiten seine Relativitätstheorie begründete. Seine Theorien wurden in dieser Zeit nur von einem kleinen Kreis in ihrer Bedeutung und kommenden Auswirkungen erkannt und lagen noch nicht in der Linie des Fassbaren.

Am 9. Februar 1904 bekam das europäische Selbstbewusstsein erstmals einen argen Dämpfer. An diesem Tag entluden sich politische Spannungen zwischen Japan und Russland, als japanische Torpedoboote ohne Vorwarnung das russische Fernostgeschwader angriffen. Die anfängliche Entrüstung verwandelte sich bald in Entsetzen, als abzusehen war, dass zum ersten Mal in der modernen Geschichte ein außereuropäisches Volk europäischem Machtstreben einen Riegel vorschob. Unter den bestehenden und aufsteigenden Seemächten des frühen 20. Jahrhunderts war Japan eine Anomalie, da es das Segelschiffzeitalter infolge einer selbstgewählten jahrhundertelangen Isolation vollständig übersprungen hatte. Nach der gewaltsamen Öffnung des Landes durch den westlichen Imperialismus eigneten sich die führenden Männer in der japanischen Marine mit bemerkenswertem Scharfsinn nicht nur die Lehren von drei Jahrhunderten westlicher Seekriegführung an, sondern überflügelten auch viele westliche Denker in der Entwicklung von Marinewaffen und taktischen Konzepten.

Obwohl stärkemäßig unterlegen, stellten die Japaner überlegenen Kampfgeist und bessere Ausbildung in Rechnung. Japan war sich zwar bewusst, dass es wegen der riesigen Entfernung zu Russland nicht auf der ganzen Linie Sieger werden konnte. Japan sah aber auch die Schwierigkeiten der Russen, ihre langen und dünnen Nachschublinien, und schlug daher los, um für ein beschränktes Ziel zu kämpfen. Die Geschichte gab dem Land der aufgehenden Sonne recht, das siegreich blieb und mit diesem Sieg zugleich den Grundstein legte zum späteren großjapanischen Reich. Die Japaner ließen sich den ganzen Krieg hindurch die Initiative nicht mehr entreißen. Sie stürmten Port Arthur, schlugen die Russen in der Riesenschlacht von Mukden und errangen einen beispiellosen Seesieg bei Tsushima. Alles Siege, die das japanische Selbstbewusstsein erhöhten und starken Einfluss auf spätere Gedankengänge und Maßnahmen auf die Führung dieses Volkes ausübten.

In diesem Krieg von 1904/05 wurden zur See Minen und Torpedos eingesetzt, zu Lande Maschinengewehre verwendet und bereits im erheblichem Maße Schützengräben ausgehoben. Überstrahlt aber wurde alles durch den Schock von Tsushima, der Schlacht zwischen der japanischen Flotte unter Admiral Heihachiro Togo und der russischen Ostseeflotte unter Vizeadmiral Sinowi Petrowitsch Roschestwenski im japanischen Meer 1905. Tsushima kennzeichnete den Höhepunkt der ersten Herausforderung der europäischen Vorherrschaft auf See durch Mächte des Ostens, seit die Türken 1571 bei Lepanto geschlagen worden waren. Der auf den zwei Komponenten Mittel- und schwere Artillerie beruhende „klassische" Feuerplan galt als die Hauptursache der russischen Niederlage in der Seeschlacht von Tsushima am 27./28 Mai 1905. Dank ihrer überlegenen

Geschwindigkeit diktierten die Japaner den Russen Position und Distanz, in dem sie ihr Fernfeuer auf weite Entfernung (ca. 6500 m) wirken ließen. Aus der russischen Schlachtlinie wurden drei Linienschiffe versenkt, aus der japanischen keines. Nach dem Zerfall ihrer Schlachtordnung büßten die Russen fast alle Schiffe ein, ohne die Japaner ernsthaft bedrängt zu haben. Diese Schlacht wurde allgemein als Beweis für die Zweckmäßigkeit der Forderung nach einer spürbaren Vermehrung der Hauptartillerie an Bord von Linienschiffen aufgefasst. Nach Tsushima war Japan eine Seemacht erster Klasse. Es war eine Macht geworden, die vom Westen als bündnisfähig angesehen wurde. Aber Japan, dass sich vom Westen um die Früchte seiner Siege gegen China und Russland gebracht worden sah, fuhr fort, seine Flotte für den Tag aufzurüsten, an dem sich die Gelegenheit bieten würde, seine Vorherrschaft im Fernen Osten durchzusetzen.

Bereits wenige Monate nach Tsushima, im Oktober 1905, legte England die HMS „Dreadnought" auf Stapel. Das Kriegsschiff, im Dezember des folgenden Jahres fertig gestellt, rief eine Sensation als der umwälzende neue Typ des Großkampfschiffes hervor. Damit sollte gleichzeitig auch demonstriert werden, wo die Quelle der wahren Seemacht lag.

Der Name „Dreadnought" wurde zum Markstein für alle neuen Schiffsentwürfe. So unterschied man nach ihrer Fertigstellung zwischen Dreadnoughts, Pre-Dreadnoughts und Super-Dreadnoughts. Hervorstechendes Merkmal all dieser Entwürfe war eine vereinheitlichte Artillerie mit identischer Schussleistung und ein funktionsfähiges Feuerleitsystem, das den Schiffen die Möglichkeit gab, beobachtbare Salven auf das Ziel abzugeben. Die wirksame Reichweite wurde so auf 9000 Meter und darüber hinaus ausgeweitet. Und das war nötig, denn die Bedrohung für das Großkampfschiff nahm stetig zu. Der Torpedo mit Dampfantrieb wurde kurz vor Indienststellung der „Dreadnought" entwickelt. Der neue Antrieb gab der Unterwasserwaffe einen Aktionsradius der mit der Schiffsartillerie gleichzog und sie vielfach auch übertraf. Auch die Tauchboote wurden langsam zu einem ernsthaften Gegner. Einige wenige Propheten, wie z. B. der Artillerist Percy Scott sagten bereits zu diesem Zeitpunkt dem Flugzeug eine große Zukunft voraus.

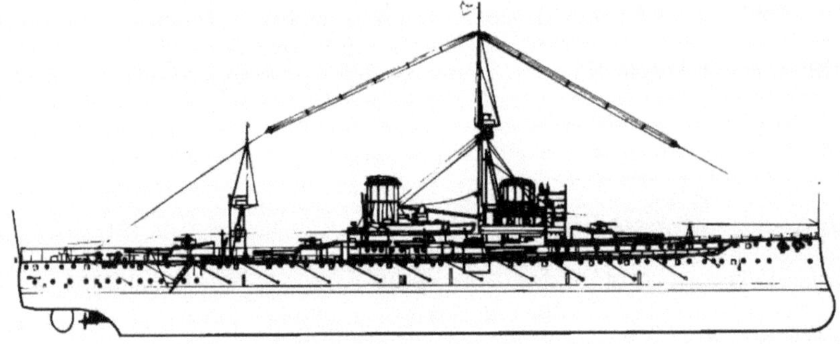

HMS „Dreadnought"

Mit ihrer vereinheitlichten Hauptbewaffnung von 30,4-cm-Schnellfeuer-Geschützen in fünf Doppeltürmen (1 vorn, 2 achtern hintereinander auf gleicher Ebene, 2 seitlich) stellte das Schiff das endgültige Ergebnis der wissenschaftlichen Artillerierevolution dar und wurde zum Wegbereiter aller weiterer Großkampfschiffe. Die HMS „Dreadnought" verdrängte bei 160 m Länge 18 000 t. 4 Parson-Turbinen verliehen dem Schlachtschiff eine Geschwindigkeit von 21 kn, bei einer Fahrtstrecke von 6600 sm bei 10 kn Marschfahrt. Die maximale Panzerdicke betrug 28 cm.

Solche Voraussagen wurden jedoch mit Geringschätzung bedacht. Das Torpedo wurde als ernsthafte Bedrohung, jedoch nicht als entscheidend betrachtet. Die schwere Artillerie war noch immer die Waffe, mit welcher die großen Marinen ihre Vorherrschaft auf See aufrechtzuerhalten trachteten. U-Boote, Torpedos, Minen und Flugzeuge passten nicht in dieses Konzept. Insbesondere die Unterseeminen waren ein Thema für sich. Der Gedanke, durch Explosion von Sprengstoffen unter Wasser Löcher in den Schiffsrumpf zu reißen, um das feindliche Schiff zum Sinken zu bringen, hatte schon im Mittelalter zu Erfindungen geführt, die aber alle technischer Probleme wegen nur momentane Bedeutung erlangten. Die Versuche auf diesem Gebiet wurden erst mit Beginn des amerikanischen Bürgerkrieges wieder ernsthaft und mit entsprechendem Erfolg (22 nordamerikanische Schiffe wurden zum Sinken gebracht) aufgenommen. Aber in Europa hielt man die Anwendung von Unterwasserminen lange zurück, da man diese Waffe als heimtückisch, hinterlistig und unritterlich ansah, welche einen offenen und ehrlichen Kampf unmöglich machte. Ein Umschwung der Meinungen trat erst ein, als Whitehead aus der Unterseemine das allgemein als ernsthafte Bedrohung empfundene Torpedo entwickelte. Unterschieden wurden die Unterwasserminen in dieser Zeit grob in Verteidigungs- und Angriffs-Seeminen. Das maßgebende Unterscheidungsmerkmal zwischen beiden Typen war im Wesentlichen: Bei Verteidigungsminen wurde die Meerestiefe genau erkundet und das Ankertau der Mine entsprechend eingestellt. An Zündern besaßen diese Minen vorwiegend Säurekontaktzündung mit Sicherheitszündleitung oder Stromschließkontaktzündung und Zündleitung vom Lande her. Angriffsminen wurden einfach über Bord geworfen und funktionierten mit einer automatischen Tiefeinstellvorrichtung. Durch Schaffung von sogenannten Einheitsminen wurden diese Unterschiede immer geringer und die Anwendungsmöglichkeiten und Leistungsfähigkeit insbesondere mit der Einführung des Sprengstoffes Trotyl gesteigert, als auch die Ausbildung vereinfacht. Insbesondere kleinere Seemächte oder Anliegerstaaten zeigten großes Interesse an Seeminen, um mit möglichst geringen Kosten in Verbindung mit der Küstenartillerie ihre Küsten wirksamer verteidigen zu können.

Zu Lande wurde ebenfalls sehr lange alles negiert, was nach einer Änderung bisheriger Anschauungen aussah. Dem Maschinengewehr wurde seine große Wirksamkeit abgesprochen und zum Vergleich immer wieder die früheren und zum Teil noch im Einsatz stehenden manuell arbeitenden, geschützlafettierten Schnellfeuergewehre herangezogen. So vertrat man beispielsweise im deutschen Heer die Meinung, dass das Maschinengewehr wegen seines hohen Munitionsverbrauchs und seiner damaligen Anfälligkeit für Ladehemmungen als hauptsächlicher Rückhalt in dem als wahrscheinlich angenommenen Bewegungskrieg zu einem lange anhaltenden Feuerkampf nicht befähigt sei. Doch anders als bei den Marinen, wo die neuen Technologien erst nach dreißig Jahren voll zum Tragen kamen, wurde es für die Infanterie schon in der Anfangsphase des ersten großen Krieges bitter.

Zu Beginn des Ersten Weltkrieges, der aus machtpolitischen Gegensätzen im europäischen Staatensystem, einem daraus resultierenden Rüstungswettlauf, deutsch-englischer Rivalität im Flottenbau und Verlust des defensiven Charakters der Bündnisse sowie den inneren Schwierigkeiten des österreichisch-ungarischen Staatenbundes entstand, ging jede der kriegführenden Parteien in den Kampf mit der Überzeugung, den Krieg in kurzer Zeit gewinnen zu können. Die Engländer bauten auf ihre Kriegsschiffe, mit denen sie alle anderen Flotten der Welt übertrumpften. Die Franzosen gründeten ihre Überlegenheit auf eine Feldartillerie, die sie in Erinnerung an das Versagen im Krieg von 1870/71 zur wendigsten Europas ausgebildet hatten. Die Deutschen setzten ihre Zuversicht in eine erdrückende zahlenmäßige Überlegenheit ihrer mittelschweren (10,5 cm) und schweren (15 cm) Geschütze. Außerdem verfügten sie noch über 42-cm-Geschütze, gegen die keine Festung Widerstand leisten konnte. Darüber hinaus war man der Meinung, mit der neugeschaffenen Hochseeflotte die zu erwartende (klassische) Blockade der Engländer aufbrechen zu können.

Vor Ausbruch des Krieges schien die Monarchie in Deutschland sicher begründet trotz der innenpolitischen Spannungen, die davon herrührten, dass das politische System hinter der sozialen und technisch-industriellen Entwicklung zurückgeblieben war. Als aber bei Kriegsbeginn der Kaiser mit den Worten: „Ich kenne keine Parteien mehr, ich kenne nur noch Deutsche" die allgemeine Stimmung zum Ausdruck brachte, hatten alle Deutschen, ob Konservative, Sozialisten oder Liberale, Bürger und Arbeiter zusammengefunden im Wahn, von einer feindlichen Welt überfallen zu werden. Mit der Mobilmachung mobilisierte allein Deutschland über 3,8 Millionen Soldaten. Die durch Reservisten verstärkten Feldtruppen umfassten 2,3 Millionen Soldaten und 727 000 Pferde, das Besatzungsheer mit allen Ersatztruppen kam auf über 1,7 Millionen Mann und wurde durch viele Kriegsfreiwillige laufend verstärkt. Niemand glaubte an einen langen Krieg. Wie ein Wunder erschien es später, als man die nun folgenden grauenhaften Ereignisse analysierte, dass trotz des Fehlens jeglicher Vorratswirtschaft und trotz der sofort einsetzenden gegnerischen Blockade der Krieg seitens Deutschland so lange geführt werden konnte.

Ein Merkmal in der Anfangsphase des Krieges, das zugleich auch zur Kriegsauslösung mit beitrug, war die Einhaltung von starren Operationsplänen. Frankreich erwartete von deutscher Seite einen mehr gewaltsamen als taktisch geschickten Eröffnungskampf. Auf Grund dieser Annahme bestanden Pläne, den Angriff der Deutschen zu kanalisieren, sie ins Artilleriefeuer zu locken und in eigentlichen Fallen zu vernichten. Auf der anderen Seite vertrauten die Deutschen auf ihre Angriffskraft und auf den Schlieffen-Plan, das Vermächtnis Graf Schlieffens, des Chefs des Großen Generalstabes, dessen Leitung 1905 an den Nachfolger Generaloberst Helmuth von Moltke überging. Schlieffen hatte vorgesehen, mit einer schwachen Armee gegen die Russen zu halten, mit zwei Armeen Elsass-Lothringen bis Metz-Diedenhofen zu verteidigen und mit weiteren fünf ausgesuchten Armeen sichelartig in einer riesigen Umfassungsbewegung mit dem rechten Flügel durch das neutrale Belgien und Nordfrankreich sowie westlich an Paris vorbei das französische Heer vernichtend zu schlagen.

Die französische Heeresleitung unter General Joffre hatte demgegenüber einen Plan entwickelt, der auf der Offensive bis zum Äußersten beruhte. Zur Sicherung der Mobilmachung sollten verstärkte Deckungskräfte an der Nordostfront defensiv bleiben. Zwei Armeen des rechten Flügels sollten jedoch nach Lothringen, zwei Armeen in der Mitte den aus dem Raum von Metz erwarteten Feind angreifen. Ferner sollte die linke Flügelarmee mit dem britischen Expeditionskorps je nach Angriffsrichtung der Deutschen nach Belgien oder im Anschluss an die Mitte nach Osten vorgehen. Gleichzeitig würden zwei russische Armeen nach Ostpreußen vorgehen. Vordergründiger Anlass zum Kriegsausbruch war die Ermordung des österreichisch-ungarischen Thronfolgers am 26.6.1914 in Sarajevo. Österreich-Ungarn erklärte darauf Serbien (28.7.1914) den Krieg. Die deutsche Regierung wiederum erklärte unter dem Zeitdruck des Schlieffenplanes den Krieg am 1.8. Russland und am 3.8. Frankreich. Nach dem Einmarsch deutscher Truppen in Belgien erklärte England seinerseits Deutschland am 4.8. den Krieg. Japan als Verbündeter Englands trat am 23.8.1914 in den Krieg gegen Deutschland ein. Die Türkei, die mit Deutschland am 2.8.1914 ein Geheimabkommen geschlossen hatte, blieb vorerst abseits.

Das militärische Kräfteverhältnis bei Kriegsbeginn 1914 in Europa:

Land	Gesamtzahl der Wehrpflichtigen in Mio.	Gesamtkriegsstärke des Heeres in Mio.	Feldheer in Mio.	Divisionen: Infanterie Kavallerie Artillerie	Geschütze Feldartillerie Schwere Geschütze
Deutschland	10,494	3,832	2,292	107	6.971
Österreich-Ungarn	6,120	2,500	1,421	63	2.538
Mittelmächte*	16,614	6,323	3,713	170	9.509
Frankreich	5,940	3,580	1,867	93	4.032
Russland	17,000	5,338	3,420	142	6.796
Groß-britannien	keine Wehr-pflichtigen	0,350	0,160	7	552
Serbien	0,440	0,542	0,240	13	466
Belgien	---	0,222	0,117	7	348
Entente	23,380	10,032	5,804	262	12.194

*) Die Mittelmächte setzten zudem 4020 MGs ein, die Alliierten 6476.

(Aus: Wörterbuch zur Deutschen Militärgeschichte, Berlin 1985)

„Das allgemeine Ziel des Krieges: Sicherung des Deutschen Reiches nach West und Ost auf erdenkliche Zeit. Zu diesem Zweck muss Frankreich so geschwächt werden, dass es als Großmacht nicht neu erstehen kann, Russland von der deutschen Grenze nach Möglichkeit abgedrängt und seine Herrschaft über die nichtrussischen Vasallenvölker gebrochen werden." Mit diesen Sätzen begann das Dokument, in welchem die deutsche Regierung ihre Kriegsziele festgelegt hatte. Darin waren auch die de-facto Annexion Belgiens und der Niederlande, die Erwerbung eines Kolonialreiches in Mittelafrika sowie die Schaffung eines durch Deutschland beherrschten „mitteleuropäischen Wirtschaftsverbandes" vorgesehen. Ihm sollten neben der verbündeten Donaumonarchie auch die besiegten Feinde (ohne Russland) und die neutralen Staaten (mit einem Großteil der aufgeteilten Schweiz!) angehören. Im Gegenzug wollte Frankreich, „um einen deutschen Angriff ein für alle Mal zu verhindern", das Reich in sechs kleine Länder aufteilen, ihr eigenes Gebiet, auch auf Kosten der Niederlande, bis zum Rhein ausdehnen und erst noch eine neutrale Zone unter seiner Kontrolle schaffen. Die Donaumonarchie sollte ebenfalls aufgelöst werden; aus ihrem Erbe hätten neben Serbien auch Italien und die Schweiz Landgewinne beanspruchen können.

Mit Beginn der Grenzschlachten an der Westfront standen sich deutscherseits sieben Armeen und auf französischer Seite fünf Armeen und nach dem deutschen Einfall in Belgien noch zusätzlich ein britisches Expeditionskorps gegenüber. Für Deutschland gab es gleich zu Beginn ein böses Erwachen. Belgien leistete viel härteren Widerstand als erwartet. In der

Wut über die Abwehrleistung belgischer Truppen und dem Beginn einzelner Franctireur-Heckenschützenaktionen wurde sehr hart reagiert. Die Niederbrennung von Löwen war in diesem Zusammenhang ein Fanal.

Löwen und weitere harte Maßnahmen und immer wieder vorkommende summarische Erschießungen von belgischen Zivilisten klärten für viele die Fronten. Die Vorfälle in Belgien und eine entsprechende Propaganda brachte nahezu die ganze Welt gegen Deutschland auf. Insbesondere in den USA fand die bisher eher neutrale Beurteilung des Geschehens durch die Bevölkerung und die Regierung ein Ende. Die sich immer mehr gegen Deutschland und seine Verbündeten verfestigende Allianz der Alliierten führte auch zu viel weitergehenden Kriegszielen. Diese sollten sich nicht mehr nur in militärischen Siegen erschöpfen, sondern erst mit der Niederwerfung des „preußischen Militarismus" und der Hohenzollern erreicht sein.

Vorerst diktierte aber Deutschland ganz im Gegensatz zu den französischen Absichten das Geschehen. Das schwere Artilleriefeuer zu Beginn des Kampfes war zwar von beiden Seiten vorausgesehen worden, nicht aber seine Resultate. Nach dem Durchstoß von Belgien wurden in mörderischen Schlachten die französischen Armeen unter dem Oberbefehl von General Joffre innerhalb von vier Tagen, wenn auch nicht vernichtend geschlagen, so doch unaufhaltsam zurückgedrängt. Bis zum 24. August hatten die Kämpfe bereits 300 000 Mann gekostet. Aber auch auf deutscher Seite gab es schwere Verluste. Unter dem Eindruck dieser

Geschehnisse wurde der Schlieffenplan verkleinert und auch ein Durchbruch mit der sechsten Armee unter Kronprinz Rupprecht von Bayern mehr im Zentrum versucht. Nirgends gelang jedoch ein vollständiger Sieg. Um diesen zu erreichen und den Feind endlich zu umfassen, zog die erste deutsche Armee unter von Kluck an der zweiten Armee unter von Bülow vorbei, um, dabei Paris nicht mehr umfassend, die fünfte französische Armee und möglichst auch das britische Expetitionskorps einzukesseln. In dieser Phase des Krieges, der mit dem Beginn der Marneschlacht vom 5. September fixiert ist, standen sich von der Schweiz her gesehen die französische erste und zweite Armee und die siebte und sechste deutsche Armee gegenüber. Die fünfte, vierte und dritte deutsche Armee bedrängte die dritte und vierte französische Armee. Die zweite deutsche Armee stand nun gegen die neunte französische Armee und die erste Armee immer noch gegen die fünfte französische Armee. Als französischerseits erkannt wurde, dass von Klucks erste Armee nicht mehr direkt gegen Paris vorstieß, wurde die einmalige Chance, die sich dadurch bot sofort durch die inzwischen vor Paris stehenden weiteren französischen Truppen (sechste Armee) in Zusammenarbeit mit den britischen Expeditionskorps genutzt. Die sich nun ergebende Schlacht an der Marne endete, wie man weiß, mit dem deutschen Rückzug. Zwischen Ourcq und Grand Morin ließen sich die Deutschen in den vier Tagen, die von ihrem Zeitplan noch übrigblieben, den entscheidenden Sieg entgehen. Der Bewegungskrieg erstarb in der Schlacht an der Marne endgültig, als der energische Befehlshaber von Paris, General Gallieni, der mit allen Mitteln, sogar mit 600 Taxis, Verstärkungen an die Front gebracht hatte, den im ersten

Kriegsmonat unwiderstehlichen Vormarsch der Deutschen stoppen konnte indem er der nördlichst stehenden 5. Armee unter Kluck in die Flanke fiel.

Auf die Ereignisse an der Marne folgte der deutsche Rückzug an die Aisne, der Sturm an die Küste mit dem Ziel, die Kanalhäfen zu besetzen, der Fall Antwerpens und die Schlacht von Ypern. Danach kam mit dem herannahenden Winter das langsame tödliche Erstarren im Grabenkrieg. Bald bildete sich ein Netz von Schützengräben von der Schweizer Grenze bis zur Nordsee. Trotz verzweifelter Anstrengungen auf beiden Seiten änderte sich an diesem Zustand nichts mehr. Die Offensiven starben im Granathagel der schweren Artillerie. Gegenangriffe bluteten aus durch die massierte Abwehr leichter Geschütze und Maschinengewehre, die den Feuerhagel überstanden hatten. Die Waffenwirkung mittelte sich ein in ein Gleichgewicht, aus dem die Verantwortlichen keinen Ausweg mehr fanden und in dem der einzelne Mensch trotz vielen großen Leistungen zur unbedeutenden, zumeist nur noch in Todeslisten figurierenden Zahlen degenerierte. Es gab viele Ursachen, die zu diesem Patt führten. Eine davon war, dass die Munition der schweren Artillerie im Ziel nicht die Wirkung aufwies, die nötig war, den Gegner entscheidend zu treffen. Zu geringe Splitterleistung (die Granaten zerlegten sich vielfach in nur wenige große Splitter) und unrealistische Zünder-Funktionen führten zu diesem nicht vorhergesehenen Fiasko, das die Artilleristen nüchtern umrissen mit dem Begriff „ungenügende Geschossrendite". Dazu kam die Unfähigkeit der Infanterie, ihre Gefechtstaktik den brutalen Gegebenheiten anzupassen. So verloren in der ersten Zeit des Bewegungskrieges in von Franzosen geführten Sturmangriffen die Truppen bis zu 80 % ihres Bestandes. Im Verlauf des Stellungskrieges wühlten beidseits der Linien die Granaten den Boden um und erschwerten jedes Vorgehen. In der Tiefe angelegte Unterstände gaben den Soldaten jedoch ausreichenden Schutz. Eine einzige Maschinengewehrbedienung, die dem Artilleriefeuer entgangen war, genügte dann vielfach, den Angriff in ihrem Sektor abzuschlagen. Die gegnerische Infanterie konnte ja nicht ungehemmt vorstoßen, sondern musste sich mühsam über eigentliche Mondlandschaften, die durch Stacheldrahtverhaue gesichert waren, vorankämpfen. Kavallerie war in solchem Gelände unbrauchbar, Geschütze konnten nicht rasch genug vorgezogen werden. Das leichte Geschütz, die immer mehr eingesetzten schweren Bogenschusswaffen und das Maschinengewehr, in der Abwehr von brutaler Wirksamkeit, versagten in der Offensive. In der Erregung des Graben-Nahkampfes kam es immer wieder zu Handlungen äußerster Brutalität, aber ein eigentlicher Hass gegen den Gegner entwickelte sich an dieser oft keine hundert Meter auseinander liegenden Front nicht. Die Propaganda beider Seiten versuchte zwar, je länger der Krieg dauerte, den Völkerhass zu schüren, aber der Frontsoldat hatte dazu weder Veranlagung noch Neigung.

Ganz im Gegensatz zu dieser nun beginnenden Ausweglosigkeit im Westen gestalteten sich die Ereignisse im Osten. Nach anfänglichen Misserfolgen, die zu einer Änderung in der Führung der deutschen Ostkräfte

Schützengräben an der Westfront. Im Vordergrund der Kampfgraben

Die noch aus den Erfahrungen des Deutsch/Französischen Krieges heraus entwickelten Feldkanonen mit möglichst flacher Flugbahn zur Bekämpfung von Kolonnenzielen versagten gegen die Schützengräben an der Westfront. Nur Steilfeuerwaffen wie Haubitzen und Mörser sowie Kanonen mit entsprechend hoher Rohrerhöhung und mehrteiligen Ladungen konnten in die Kampfgräben hineinwirken und Unterstände durchschlagen.

führte, gelang es dem neuen Befehlshaber, dem aus dem Ruhestand zurückgeholten General Hindenburg und seinem Chef des Generalstabes, Generalmajor Ludendorff, gegen die Russen unter Samsonow bei Tannenberg einen der vollständigsten Siege der Geschichte zu erringen. Tannenberg (im August und September 1914) war für die Deutschen insofern entscheidend, als ihr Verlust den Kriegsverlauf grundlegend geändert hätte. Aber wie schon bei Cannae (216 v. Chr.) brachte dieser glänzende Sieg (92 000 Gefangene, 300 erbeutete Geschütze) dem Sieger nicht das, was er sich letztlich erhoffte. Die russische Militärmacht war nicht völlig ausgeschaltet. Sie konnte tatsächlich noch einmal in Ostpreußen einfallen.

In Russland drang die Kunde von der katastrophalen Niederlage nicht sofort an die Öffentlichkeit, da sie hinter einem großen Sieg zurücktrat, der zur gleichen Zeit an der galizischen Front über die Österreicher errungen worden war. Zahlenmäßig übertraf dieser Sieg den von Tannenberg; auf den Feind aber hatte er dieselbe Wirkung. In einer Reihe von Gefechten, die zwischen dem 26. August und dem 10. September 1914 stattfanden und in der Schlacht von Lemberg gipfelten, fügten die Russen den Österreichern Verluste von 250 000 Mann zu, machten 100 000 Gefangene, zwangen die österreichischen Truppen zu einem Rückzug, der 18 Tage dauerte und sich über 240 Kilometer erstreckte. Diese Niederlage bereitete der österreichisch-ungarischen Armee, besonders was den Offiziersbestand betraf, einen Aderlass von dem sie sich im Verlauf des ganzen Krieges nicht wieder erholen sollte. Der russische Sieg lähmte Österreich, konnte aber die Verluste von Tannenberg nicht wieder gutmachen und die Auswirkungen der Schlacht nicht aufheben. Die zweite russische Armee hatte aufgehört zu existieren, General Samsonow war tot (Selbstmord), und von seinen fünf Korpskommandeuren waren zwei gefangen und drei wegen Unfähigkeit entlassen. Eine weitere Armee unter Rennenkampff wurde in einer nachfolgenden Schlacht an den Masurischen Seen aus Ostpreußen verjagt. Die Schlacht bei Tannenberg hatte aber auch Einfluss auf die Westfront, von der deutsche Truppen abgezogen werden mussten. Die Eisenbahn wurde dabei zum wichtigsten Transportmittel. Nach der Katastrophe machte General Marquis de Laguiche, der französische Militärattaché in St. Petersburg, dem russischen Oberkommandierenden einen Besuch, um ihm sein Beileid und den Dank Frankreichs auszusprechen. „Wir sind glücklich, für unsere Verbündeten solche Opfer gebracht zu haben", erwiderte Großfürst Nikolai ritterlich. Sein Ehrenkodex schrieb ihm Gleichmut im Unglück vor, zudem waren die russischen Oberkommandierenden im Bewusstsein ihres unerschöpflichen Menschenreservoirs daran gewöhnt, selbst die schwersten Schicksalsschläge mit Ruhe entgegenzunehmen. Die russische Dampfwalze, auf welche die Verbündeten im Westen so viele Hoffnungen gesetzt hatten, und die sie nach dem Debakel an ihrer Front nur um so sehnlichster erwartet und gefordert hatten, war nicht mehr. Aber mit ihrem vorzeitigen Aufbruch und frühen Ausfall hatten die russischen Armeen unter Rennenkampff und Samsonow doch das geleistet, was sich die Franzosen wünschten; den Abzug deutscher Truppen von der Westfront. Die zwei Korps, die für Tannenberg zu spät kamen, hatten an der Marne gefehlt.

Im November 1914 rief der Sultan in Konstantinopel zum „Dschihad", zum heiligen Krieg auf und eröffnete auf Seiten Deutschlands den Krieg gegen Russland. Kriegsminister Enver Pascha führte die türkischen Heere in den Kaukasus, wo er tausende von christlichen Armeniern massakrierte. Im Winter wurden die Türken aber bereits wieder zurückgedrängt. Der türkische Versuch, sich am Suezkanal festzusetzen, scheiterte ebenfalls am energischen Widerstand der Briten auf der Sinai-Halbinsel.

Der Verlauf des Krieges nahm langsam auch Einfluss auf das Material und seinen taktischen Einsatz. Die schweren Verluste in den Schützengräben, insbesondere die vielen Kopfverletzungen, führten zur Entwicklung von Stahlhelmen für die kämpfende Truppe. Während sich die Alliierten mehr durch künstliche Empfindungen bei der Gestaltung des neuen Markenzeichens des Krieges leiten ließen, wählten die Verantwortlichen in Deutschland von vornherein den Weg der Funktionalität. Auch die Uniformen passten sich den neuen Gegebenheiten an. Die früher stolz im Angriff vorangetragenen Fahnen wurden eingerollt und nach Hause zurückgeschickt. Ganz allgemein verschwand die Farbigkeit und Koketterie und machte der Gleichförmigkeit Platz. Alles Auffällige konnte den Tod bedeuten. Im Dreck der Schützengräben waren militärische Modetorheiten nicht mehr gefragt. So waren auch die Franzosen neu eingekleidet worden; statt der roten Hosen und den blauen Jacken, die dem Feind als willkommene Zielhilfen gedient hatten, trugen die „Poilus" jetzt graue, mit Fäden in den Landesfarben Rot, Weiß und Blau durchwirkte Uniformen. Der Grabenkämpfer verlangte aber auch nach neuen Kleinwaffen. Gewehr und Karabiner waren im Nahkampf zu unhandlich. Selbstladepistolen wurden daher mit größeren Magazinen ausgerüstet und teilweise mit Dauerfeuereinrichtungen versehen. Im Verlauf des Krieges führte diese Entwicklung zur Maschinenpistole. Mit dieser Waffe, die Pistolen-

munition verschoss, war der Infanterist imstande, im Nahkampf ein ver-
heerendes Abwehrfeuer zu unterhalten.

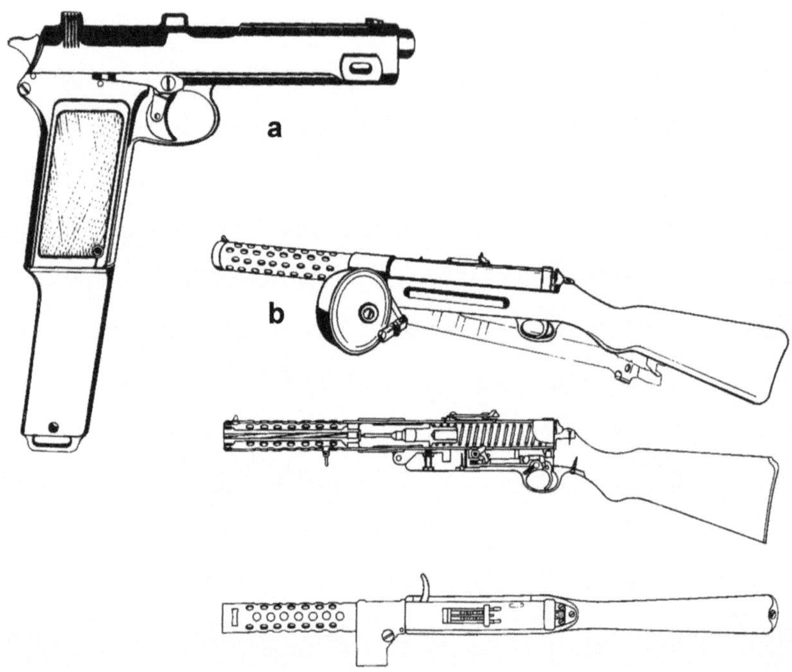

*In den 1890er Jahren begann die Entwicklung der Selbstladepistolen.
Eingeleitet wurde dieser Entwicklungsschritt durch Hugo Borchardt,
Ferdinand Ritter von Mannlicher, Paul Mauser, Andreas Wilhelm
Schwarzlose, Georg Luger und dem genialen Autodidakten John Moses
Browning. Doch bald genügte die einfache Selbstladefunktion nicht mehr.
Man rüstete verschiedene Pistolentypen auf Dauerfeuer um. Daraus ent-
standen dann wiederum die Maschinenpistolen.*
*Verbindend für alle diese Typen war, dass sie normale Pistolenmunition
verschossen.*
a) Steyr-Armeepistole M 12/P16
b) Schmeißer-Maschinenpistole (mit Masseverschluss)

Auch leichte Maschinengewehre wurden eingeführt, um den vorgehenden Infanteristen einerseits gewichtsmäßig möglichst zu entlasten und andererseits die Bekämpfung von nur kurzzeitig auftauchenden Infanteriezielen überhaupt erst zu ermöglichen. Vor dem Krieg wurde die niederhaltende Wirkung der lafettierten schweren Maschinengewehre unterschätzt. Im Stellungskrieg zwang das schwere MG alles in Deckung. Es gab im Westen kaum mehr Massenziele, sondern nur noch viele kleine, kurz auftauchende und wieder verschwindende Ziele auf nahe Entfernung zu bekämpfen. Für diese Ziele genügte die Bekämpfung mit kurzen Feuerstößen. Für einen derart kurzzeitigen Einsatz war ein leichtes MG mit luftgekühltem Lauf und Zweibeinstütze ausreichend. Denn nach Möglichkeit sollte es sich nicht von einem gewöhnlichen Gewehr unterscheiden. Denn beim Vorgehen einmal als Maschinenwaffe erkannt, zogen auch leichte Waffen unweigerlich die Gegenwaffen massiert auf sich. Dass diese Erkenntnis erst im Kriege gemacht wurde, kostete Abertausenden das Leben. Dies ist besonders tragisch, wenn man weiß, dass bereits ab 1903 mit einem leichten Madsen-MG (Gewicht 7,5 bis 9,5 kg) eine im Russisch-Japanischen Krieg erprobte Waffe zur Verfügung stand. Demgegenüber war das von Deutschland entwickelte MG 08/15, mit Wasserkühlung und Maxim-Verschlusssystem, kein wirklich leichtes Maschinengewehr (Gewicht rund 21 kg mit Gabelstütze und gefülltem Wassermantel). Beutewaffen wie das Lewis-MG (14,5 kg mit Zweibein und 50 Schuss Magazin) waren daher bei den deutschen Soldaten mit Recht beliebter. Das MG 08/15 ist nicht ohne Grund zum Symbol für veraltete, mittelmäßige Dinge und einfallslose Methoden geworden. Zudem verriet sich diese

Waffe bei längerem Schießen durch die entstehende Dampfentwicklung des Kühlwassers und wurde deshalb rasch ein lohnendes Ziel für die gegnerische Artillerie.

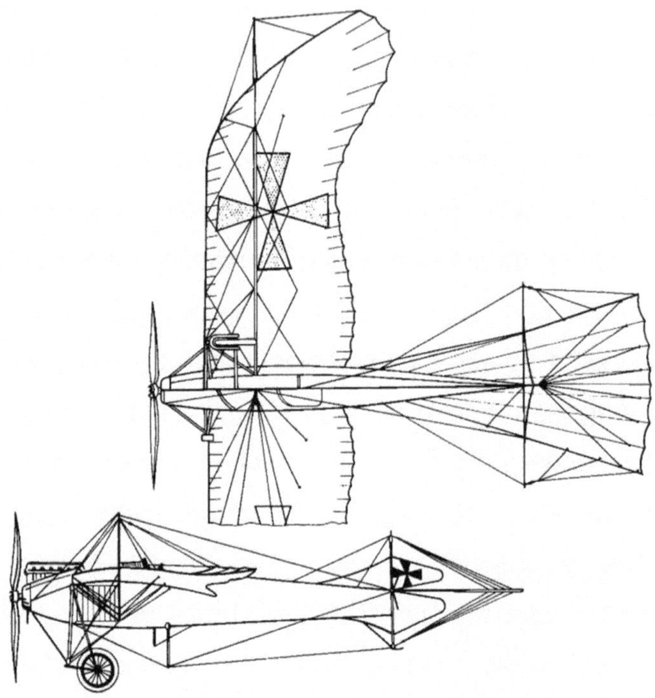

Die „Etrich Taube", ein Aufklärer der deutschen Fliegertruppe im Oktober 1914 Entwickelt wurde diese Flugzeug vom österreichischen Ingenieur Igo Etrich. Bei Kriegsausbruch war dieser Flugzeugtyp bereits bei den Luftwaffen von Österreich-Ungarn, Italien und Deutschland als Beobachtungs- und Schulflugzeug im Dienst.

Antrieb: wassergekühlter 100 PS Mercedes-Motor, Spannweite: 14,35 m, Länge: 9,85 m, Startgewicht: 870 kg, Höchstgeschwindigkeit: 115 km/h in Meereshöhe, Dienstgipfelhöhe: 3000 m, Flugdauer: 4 Stunden

Das LMG, wie es nun vielfach hieß, diente bald auch als Bewaffnung eines neuen Kriegsgerätes, des Flugzeuges. Die zerbrechlichen Fluggeräte der Vorkriegszeit gaben niemandem Anlass, sie für eine praktische Verwendung im Krieg vorzusehen. Ganz anders als bei den um diese Zeit weiterentwickelten Zeppeline wurden die Flugzeuge von den führenden Militärs als unbrauchbar für einen praktischen Einsatz betrachtet. Doch die technische Entwicklung schritt hier rascher voran als die Vorurteile. In den ersten Kriegsmonaten wurden von beiden Seiten mit abenteuerlich anmutenden „Flugapparaten" die feindlichen Linien überflogen, um über Truppenbewegungen oder die Genauigkeit des eigenen Artilleriefeuers Auskunft einzuholen.

Bald schon wurden diese Flugzeuge von gegnerischen Zweisitzern angefallen, deren Beobachter Pistolen oder Gewehre mit sich führten. In der Schlacht bei Tannenberg war das Flugzeug jedoch bereits ein entscheidendes Aufklärungsmittel. Generaloberst Paul von Hindenburg entschloss sich beispielsweise erst nach dem Studium von Luftaufklärungsmeldungen zum Umfassungsangriff gegen den in Ostpreußen eingedrungenen russischen Feind. Ebenso konnte eine während der Kesselschlacht auftretende Krisenlage dank einer Fliegermeldung rechtzeitig abgewendet werden. Unmittelbar nach der Schlacht äußerte sich Hindenburg mit den Worten „Ohne Flieger kein Tannenberg" sehr positiv über dieses neue Kriegsmittel.

Der Kräftevergleich 1914 in der Luft:

Land	Anzahl Flugzeuge	Anzahl Luftschiffe
England	113 Flugzeuge	6 Luftschiffe
Frankreich	138 Flugzeuge	4 Luftschiffe
Russland	226 Flugzeuge	11 Luftschiffe
Belgien	24 Flugzeuge	---
Deutschland	232 Flugzeuge	11 Luftschiffe
Osterreich-Ungarn	36 Flugzeuge	1 Luftschiff

(Aus: Das große Buch der Luftkämpfe, Buch und Zeit Verlagsgesellschaft mbH, Köln)

Nach dem Erstarren der Westfront vollzog sich hüben wie drüben bei der Militärfliegerei der Übergang von der Hilfswaffe zur selbständig kämpfenden Truppe. Flieger überwachten einerseits die aufgeworfenen Schützengrabensysteme, flogen strategische Fernaufklärung, ergänzten ihre Meldungen zunehmend durch präzise Luftbilder und leiteten das Artilleriefeuer. Hierzu hatten einzelne deutsche und französische Flugzeuge ab Dezember 1914 Funk an Bord. Andererseits begann auch sehr schnell der Bombenkrieg. So griffen im Januar 1915 bereits französische Bombengeschwader Ziele in Ludwigshafen mit erheblicher Wirkung an. Auch auf See bekam das Flugzeug Bedeutung und gegen Ende des Krieges zeichnete sich die Möglichkeiten von Flugzeugträgern ab.

Gesteuertes Schießen durch den Propellerkreis galt als kritisch. Die Vermeidung von Eigentreffern setze das präzise Zusammenspiel von Motor, Waffe und Munition voraus. Der auf deutscher Seite arbeitende Holländer

Anton Fokker reagierte auf französische Deflektoren, indem er das MG über den Motor ansteuerte. Eine patentrechtliche Gratwanderung, hielt doch seit 1913 der Schweizer Flugzeugkonstrukteur Franz Schneider das Patent 276396, „Abfeuerungsvorrichtung für Schußwaffen auf Luftfahrzeugen", mit dem Erfindungsgegenstand „des Schießens nach vorn, und zwar zwischen den Propellerflügeln hindurch, ohne sie zu verletzen" und Daimler das DRP 290120 für den Schuss durch die hohle Propellerwelle.

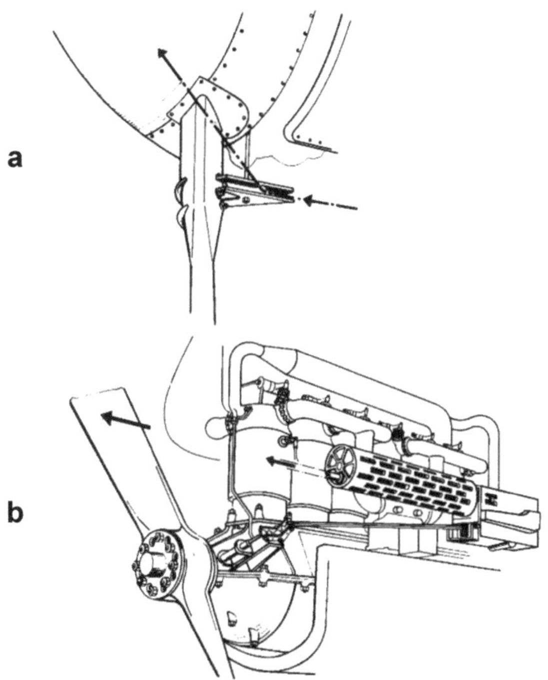

Raymond Saulnier, Hersteller der franz. Morane-Saulnier-Jagdflugzeuge, und der Pilot Roland Garros revolutionierten den Luftkampf, durch den ersten erfolgreichen Einsatz von keilförmigen Geschossabweisern an Propellerblättern. Starre Einbauten konnten nun durch den Propellerkreis schießen – Verwendung von Kupfergeschossen vorausgesetzt.

a) Abweiser, geeignet für Kupfer-Geschosse, b) Unterbrecher von Fokker

Der Infanterist am Boden bekam den schnellen Fortschritt in diesem Bereich bald schmerzhaft zu spüren. Dabei hatte er schon genug Unbill zu ertragen. Neben Gewehr und Karabiner – für die auch spezielle und ab der Waffe verschießbare Granaten entwickelt wurden –, der Pistole, Maschinenpistole, dem leichten und schweren Maschinengewehr, traten bald wirksamere Handgranaten, Flammenwerfer sowie die leichten und schweren Mörserwaffen. Die ersten Minenwerfer glichen noch stark vereinfachten Geschützen. Das Urbild des heutigen, allgemein eingeführten Minenwerfers entwickelte ein dem Kriegsgeschehen völlig Abseitsstehender. Sir Wilfrid Stokes, Managing Direktor einer englischen Firma zur Herstellung von Schleusen und elektrischen Industriekränen, entwickelte den Grabenmörser in Eigeninitiative aufgrund der schrecklichen Wirkung der deutschen Minenwerfer. Der Stokes Grabenmörser wies schon 1916 die Hauptmerkmale der heutigen modernen Werfer auf. Wilfred Stokes entwickelte ihn als Vorderlader mit glattem Lauf mit am Boden geschlossenem Rohr, einer Abfeuerung durch einen feststehenden Zündstift im Rohrboden, einem Zweibein mit Höhen- und Seitenrichtspindel und der Abstützung des Rohres in einem Kugelzapfen der auf einer massiven Bodenplatte befestigt war. Trotz der offensichtlichen Vorteile dieser Konstruktion wurde der Stokes Grabenmörser vom zuständigen Kriegsministerium abgelehnt mit der Begründung, es gehe nicht an, vorhandene Typen von Grabenkanonen um eine weitere Bauart mit anderer Munition zu vermehren. Erst nach der Schaffung eines Munitionsministeriums im Jahre 1915 kam der Stokes-Mörser zum Zuge. Im Rahmen einer Vorführung, an der diese genial vereinfachte Bogenschusswaffe vorgeführt wurde, kam es zum Durchbruch. Lloyd George, der zuständiger Minister, setzte sich persönlich für diese Waffe ein. Nachdem der Mörser General Douglas Haig, dem Oberkommandierenden der englischen Truppen in Frankreich, vorgeführt worden war, kam die Produktion ins Rollen. Im Oktober 1915 begann die Auslieferung an die Truppe. Im Jahre 1918 wurde der Stokes-Mörser verbessert. Nun begann auch die Einführung bei den französischen und amerikanischen Truppen. In den letzten Kriegsmonaten des Jahres 1918 konnte der Stokes-Mörser dank seiner einfachen Konstruktion und geringem Gewicht im wieder anlaufenden Bewegungskrieg erfolgreich eingesetzt werden.

Der Schrecken des Grabenkampfes aber war die Gaswaffe. Das Kampfgas war ein Versuch, mit Hilfe einer technologischen Überlegenheit die operative Handlungsfähigkeit wieder an sich zu reißen. Der erste deutsche Gasangriff erfolgte am 22. April 1915 nördlich von Ypern. Der Erfolg war zwiespältig und brachte mehr Verruf als Nutzen. Das Kampfgas, in der Anfangsphase Chlorgas, spätere härtere Mittel wie z. B. Buntkreuz usw., war schwierig einzusetzen und stark von der Windrichtung abhängig. Das Gas wurde daher bald nicht mehr aus Flaschen abgelassen, sondern durch Gaswerfer verschossen. Auch wurde die Artillerie zunehmend mit Gasgranaten ausgestattet. Die Geschütze schossen vor Angriffen eine Gassperre oder einen Gassumpf. Bei den großen Angriffen im Frühjahr 1918 wurde mit Artillerie-Gasbeschuss vor allem die gegnerische Artillerie ausgeschaltet. Die Gaswaffe, die im Großen und Ganzen nicht die erhoffte Wirkung erzielte, hatte aber durchgreifende Auswirkungen auf das Verhalten der Truppe. Die Angst vor dem Gas war groß und die ständige Unbequemlichkeit durch das Mittragen der Gasmaske kam dazu.

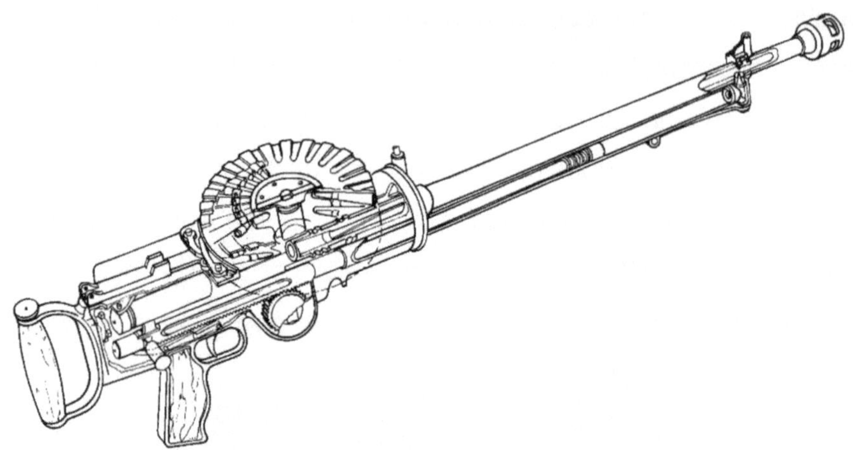

Das leichte Lewis-Maschinengewehr vom Kaliber .303 (7,7 mm)

Das vom amerikanischen Obersten N. Lewis entwickelte leichte Maschinengewehr mit Trommelzuführung wurde in beiden Weltkriegen zu Lande, zu Wasser und in der Luft eingesetzt. Das nach dem Gasdruckladersystem arbeitende luftgekühlte leichte MG besaß eine Kadenz von 550 Schuss pro Minute.

Leichte Maschinengewehre zur Verstärkung der Offensive wurden im Verlauf des Ersten Weltkrieges in den meisten kriegführenden Staaten eingeführt. Gegen Ende des Krieges brachten die Amerikaner auch noch ein von John Browning (der bereits einige MGs entwickelt hatte) entwickeltes Schnellfeuergewehr „BAR" im Kaliber .30-06 (7,62 mm) nach Europa. Diese Waffe wurde sogar noch im Vietnamkrieg eingesetzt.

Das Browning Schnellfeuergewehr war etwas zwischen Gewehr und leichtem Maschinengewehr. Mit dieser Waffe sollte der vorgehenden Infanterie wieder ein Mittel zu Verfügung stehen, mit dem sie imstande sein würde, das feindliche Abwehrfeuer niederzuhalten. Der Magazininhalt von nur 20 Patronen, die starke (.30-06) Munition, das entsprechend hohe Gewicht der Waffe und die zu geringe Verfügbarkeit verhinderte aber dieses Unterfangen. So kämpften die Soldaten über die ganze Dauer des Ersten Weltkrieges unter immer widerwärtigeren Umständen, die so gar nichts mit den Vorkriegsillusionen zu tun hatten. Auf Wetter und Jahreszeiten wurde keine Rücksicht mehr genommen. Der Krieg ging unerbittlich weiter. Gekämpft wurde bald auch auf außereuropäischen Schlachtfeldern, auf deckungslosen Ebenen, aber auch auf Höhen, die bis anhin höchstens berggewohnte Wanderer besucht hatten. Das später in den Krieg eingetretene Italien (Kriegseintritt 23.5.1915 gegen Österreich-Ungarn, 28.8.1916 gegen Deutschland) krallte sich zusammen mit den gegnerischen Österreichern am Isonzo fest. Hier gelang es den Österreichern und Deutschen erst nach mehreren verlustreichen Kämpfen 1917, bei Flitsch und Tolmein einen Durchbruch zu erzielen und die Italiener bis zum Piave zurückzudrängen.

Mit eine Ursache für das ausgeglichene Kriegsgeschehen war, dass in diesem Krieg die deutsche Artillerie nicht wie 1870/71 mit einer ausgesprochenen Überlegenheit, wie sie der hohe Stand der technischen Industrie ermöglicht hätte, antrat. Im Gegenteil: Die gegnerischen Feldkanonen waren den deutschen an Wirkung überlegen; die schwere und mittlere Flachfeuerartillerie war auf beiden Seiten einander ebenbürtig; nur durch die verhältnismäßig starke Ausstattung mit leistungsfähigem Steilfeuer erhielt sie deutscherseits einen gewissen Ausgleich. Das war insofern überraschend, als Deutschland zu Anfang des Krieges mit schwersten deutschen und österreichischen Haubitzen gegen belgische und französische Grenzfestungen aufgefahren war. Von den Geschütztypen war vor allem die französische Feldkanone der deutschen stark überlegen. Überlegen waren die Franzosen und die Engländer aber auch in der Technik des Schießverfahrens, ebenso im Mess- und Beobachtungswesen mit Lichtmess- und Schallmessverfahren. Deutschland kam nicht über subjektive Lokalisationsmethoden hinaus, während die Alliierten bald objektiv arbeitende Ortungsgeräte einsetzten. Unterstützt wurden diese Messverfahren, die bis weit nach dem Zweiten Weltkrieg im Einsatz blieben, durch die Luftbilderkundung, die bei allen Kriegführenden einen ähnlichen Verlauf nahm. Eine Entwicklung des Ersten Weltkrieges war auch die Einführung der Feuerwalze. Vorreiter war Deutschland, aber Frankreich verfeinerte dieses artilleristische Unterstützungsfeuer zu großer Wirksamkeit. General Nivelle führte das Verweilen der Walze auf den einzelnen Widerstandslinien ein. Auch das Beschießen der ersten feindlichen Widerstandslinien mit Minenwerfern wurde auf alliierter Seite angewendet. Die deutsche Infanterie musste durch blutige Opfer die Kosten der artilleristischen Unterlegenheit auf sich nehmen. Entlastung schafften nur die eigenen Steilfeuergeschütze (Minenwerfer). Zu Anfang des Krieges wäre es beinahe aus logistischen Gründen zur Katastrophe gekommen, weil die Heeresverwaltung den ungeheuren Munitionsverbrauch nicht vorausgesehen hatte. So rechnete man deutscherseits zu Kriegsbeginn mit monatlich 343 000 Schuss aller Kaliber, bei Kriegsende waren es 11 Millionen geworden. Um den Bedarf raschmöglichst zu decken, konnte die im Frieden erreichte hohe Qualität der Munitionsfertigung nicht mehr aufrechterhalten werden, was wiederum zu Problemen führte. Zu diesen und unzähligen anderen Schwierigkeiten trat auch der starke Abgang, und daraus resultierend, der große Mangel an feldbrauchbaren Pferden. Deshalb wurde die Automobilindustrie immer stärker gefordert und in das Kriegsgeschehen eingebunden. In diesem Krieg entwickelte sich aber trotz vieler Mängel die Artillerie zur Hauptfeuerkraft der Landstreitkräfte. Besonders in der Verteidigung gab die Artillerie in Verbindung mit den Sperren eine hohe Standfestigkeit. Beim Angriff hatte sie den Gegner durch intensives und anhaltendes Vorbereitungsfeuer (Trommelfeuer) niederzuhalten. Mit den nun zur Verfügung stehenden rücklaufgebremsten Geschützen war es, wie schon erwähnt, möglich geworden, zur Unterstützung der angreifenden Infanterie als typische Feuerform die Feuerwalze anzuwenden, während in der Abwehr das Sperrfeuer aufkam. In der Vorkriegszeit gab es große Diskussionen um die Feuerstellung der Artillerie. Die ersten Erfahrungen zeigten aber rasch, dass auch mit Schutzschilden ausgerüstete Geschütze in der offenen Feuerlinie nicht bestehen konnten. Deshalb wurde die verdeckte Feuerstellung auch für die Feldartillerie allgemein notwendig. Dazu mussten vielfach die entsprechenden Richtmittel erst geschaffen werden.

Die Konstruktionsgrundlagen der Haubitze M1916, die Zerlegung in Teil-
lasten, die verschiedenen Arten des Transportes (es wurde eine von Prof.
Porsche entwickelte Benzin-/Elektrofahreinheit für Straßen- und Schie-
nenfahrt eingesetzt), die Einbauarbeiten für die Aufstellung des Geschützes usw., wurden auch für noch mächtigere Geschütztypen vorbildlich.
Technische Daten: Rohrlänge: 6,46 m, Rohrgewicht: 20 700 kg, Geschossgewicht: 740 kg, Reichweite: 15 km. Am 15. Mai 1916 wurden die
beiden ersten Geschütze dieser Art (Barbara und Gudrun) anlässlich der
beginnenden Frühjahrsoffensive an der Tiroler Front gegen italienische
Befestigungen eingesetzt.

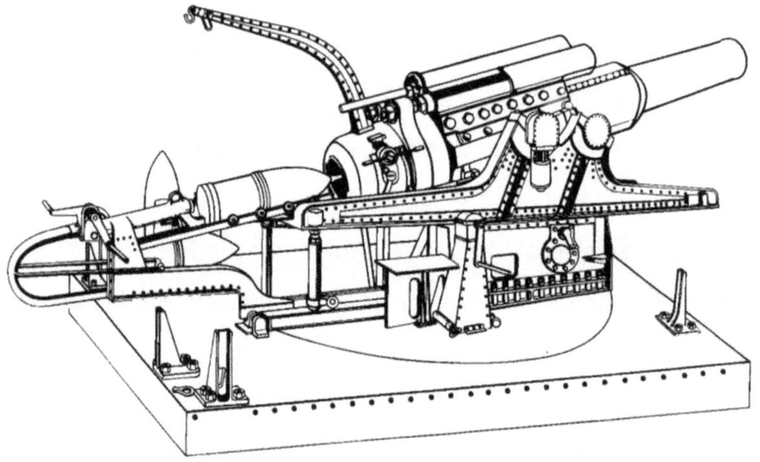

*Österreichische Auto-Haubitze „Gudrun" M1916, Kaliber: 38 cm – eine
technische Meisterleistung der Skoda-Werke und ihres Konstrukteurs
Dr. h.c. Richard Dirmoser*

In Deutschland hatte man sich in hohen Offizierskreisen lange gegenüber
den nun aufkommenden Riesengeschützen verschlossen. Man befürch-

tete eine Schwächung der moralischen und ethischen Faktoren. So entstand der berühmte 42-cm-Mörser (Dicke Berta) auf Drängen des Generalstabes in Privatinitiative der Firma Krupp. Erst nach Fertigstellung und Erprobung wurde das Geschütz von der Heeresverwaltung, die diese Konstruktion für unausführbar hielt, übernommen. Weitere Riesengeschütze, die nach und nach deutscherseits an die Front kamen, waren z. B. der „lange Max", ein 17-Meter-Langrohrgeschütz, das über 40 km weit schießen konnte sowie die 1918 während der großen Schlacht gegen Paris eingesetzten „Paris"-Geschütze. Bei diesen hatte man ein 21-cm-Seelenrohr in einen 38-cm-Mantel eingezogen und durch eine Aufhängevorrichtung das Durchbiegen des überlangen Geschützrohres verhindert. Die Schussweite betrug 128 km bei einer Scheitelhöhe von 40 km.

Die ständigen schweren Belastungen des deutschen Heeres, das die Hauptlast des Krieges tragen musste, führten zu Aversionen gegen die Marine. Man schimpfte auf die „dicken faulen Schiffe", die untätig in den Flottenstützpunkten lagen und die Gefahren des Krieges kleineren Einheiten wie Torpedobooten, Vorpostenschiffen, Minenlegern, Minenräumbooten und der neuen Seewaffe, dem Tauchboot (U-Boot) überließen. Diese Untätigkeit war den mit marinestrategischen Überlegungen nicht vertrauten Heeresoffizieren und der breiten Öffentlichkeit insbesondere unverständlich, da ihnen die Zeit des Wettrüstens und der groß propagierten Flottenpolitik noch allzu gut in Erinnerung haftete. Die Realitäten des Weltkrieges aber hatten vor dem Seekrieg ebenfalls nicht haltgemacht. Nach internationalem Seerecht musste eine Blockade feindlicher Häfen und Küsten „effektiv“ sein; die Kriegsschiffe mussten die feindliche Schiff-Fahrt unmittelbar vor deren Heimathafen kontrollieren können.

Das taten die Engländer in den napoleonischen Kriegen und versuchten die Franzosen und Deutschen 1870/71. Doch in diesem Krieg erkannten britische Seestrategen, dass es besser und viel einfacher war, den Kanal und die Durchfahrt nördlich von Schottland „zuzumachen“, um Deutschland von jedem Seeverkehr abzuriegeln. Die Großkampfschiffe warteten daher vergeblich auf die Engländer. Sich selbst legte man Zurückhaltung auf, einmal wegen des ungünstigen Kräfteverhältnisses sowie der Verluste bei Seegefechten vor Helgoland, an der Doggerbank und vor den Falklandinseln, wo am 8. Dezember 1914 die Briten das deutsche Ostasiengeschwader unter Graf Spee versenkten. Erst am 31. Mai 1916 kam es zur einzigen, aber entscheidungslosen Seeschlacht zwischen den beiden Hochseeflotten vor dem Skagerrak, die auch für Russland Konsequenzen hatte. Die Skagerrakschlacht besiegelte 1916 das Schicksal des kaiserlichen Russlands, weil sie zeigte, dass die englische Flotte den Einbruch in die Ostsee nicht wagen konnte. Russland blieb damit von der dringend benötigten Seezufuhr abgeschnitten. Der Mangel an Kriegsmaterial führte zu schwersten Verlusten. Die Menschen in den russischen Großstädten hungerten im Winter 1916/17, was unter anderem zur bald ausbrechenden Revolution beitrug.

Die Seeschlacht im Skagerrak zeigte die Mängel in den damaligen Marinen auf. Befehle an schnellfahrende Schlachtkreuzer nur durch Signalflaggen weiterzugeben (der Funkverkehr steckte noch in den Kinderschuhen) stellte sich als schweres Kommunikationsproblem heraus. Mit den damaligen Feuerleitmitteln waren Nachtgefechte großer Flotten nicht möglich. Die englischen Granaten stellten sich als unwirksam heraus. Auch dem Schutz der Schiffe gegen Durchschüsse in die Kartuschräume wurde seitens der englischen Marine zu wenig Beachtung geschenkt. Die Briten konnten die größere Reichweite ihrer Geschütze wegen der schlechten Sicht und der Entfernungsmessfehler nicht ausnutzen. Viele Schiffe besaßen eine zu schwache Panzerung. Hingegen widerstanden der starke Panzer und die hervorragende Konstruktion der englischen Super-Dreadnoughts den deutschen Granaten. Wegen ihrer überlegenen Geschwindigkeit konnten sich die Briten dem deutschen Gros entziehen. Doch zeigten sich die Grenzen der noch mehrheitlich kohlebefeuerten Dampfantriebe in der psychischen Belastbarkeit der Heizmannschaften und der immer wieder notwendigen Reinigung der Roste, die in einem bestimmten Rhythmus entkokt werden mussten. Es gingen auch Schiffe durch mangelnde Disziplin verloren. So unternahm Konteradmiral Arbuthnot mit seinem Kreuzergeschwader einen leichtsinnigen Versuch, ein lahmgeschossenes deutsches Schiff zu versenken. Arbuthnot fiel mit seiner gesamten Besatzung, als sein Flaggschiff „Defence" in die Luft flog. Insgesamt verloren die Briten in dieser Schlacht 14 Schiffe, davon 4 Schlachtkreuzer. Deutschland verlor 11 Schiffe, darunter ein Schlachtschiff und ein Schlachtkreuzer. An Mannschaften verzeichneten die Briten 6094 Gefallene, 674 waren verwundet. Der Blutzoll der Deutschen war mit 2551 Gefallenen und 507 Verwundeten weit geringer. Doch am 2. Juni

meldete der britische Admiral Jellicoe der Admiralität, dass sein Flaggschiff „Iron Duke" innerhalb von 4 Stunden an der Spitze einer voll ge-
fechtsfähigen Flotte von 24 Dreadnoughts wieder auslaufen könne. Sein
deutscher Gegner Admiral Scheer verfügte nur noch über 10 Großkampfschiffe. Das strategische Kräfteverhältnis hatte sich nicht geändert. Der
deutsche Kaiser wollte in der Folge kein weiteres Risiko mehr mit seiner
Hochseeflotte eingehen. Die Moral der untätigen Hochseeflotte begann
zu verfallen.

Mit der Eröffnung des uneingeschränkten U-Bootkrieges glaubte man die
britische Blockade doch noch brechen zu können. So ging nach der Skagerrakschlacht die Initiative deutscherseits im Marinebereich von den
„Dickschiffen" auf die unscheinbaren Tauchboote über, die bereits zu Beginn des Krieges einigen Erfolg aufzuweisen hatten (Versenkung von drei
britischen Schiffen am 9. September 1914 durch U 9). Doch diese als
Trumpf betrachtete Waffe wurde erst später voll eingesetzt. 1916 hatte
das Heer das Sagen. Die Idee vom Durchbruch war noch nicht ausgeträumt. Im Jahr der Skagerrakschlacht wurde der Durchbruch seitens der
Deutschen bei Verdun versucht, mit niederschmetterndem Misserfolg.

Im Sommer 1916 setzte sich eine Offensive der Alliierten zum Ziel, ganz
Nordwestfrankreich und das belgische Flandern mit einem Schlag zu be-
freien. Vom 24. Juni an warfen die Briten unter General Douglas Haig im
Norden sowie die Franzosen unter General Ferdinand Foch im Süden ihr
gesamtes militärisches Potenzial gegen den hinter der Somme eingegra-

benen Feind. Nach einem sieben Tage und Nächte dauernden Bombardement der Artillerie stürmten 17 Divisionen (200 000 Mann) auf einem Abschnitt von 40 km Breite vorwärts. In monatelangen Kämpfen beulten die Alliierten die deutsche Front aber nur 12 km weit ein und bezahlten dabei jeden Quadratkilometer Boden mit dem Verlust von 2500 Mann. Als der Herbstregen die Offensive im Schlamm erstickte, zählten die drei

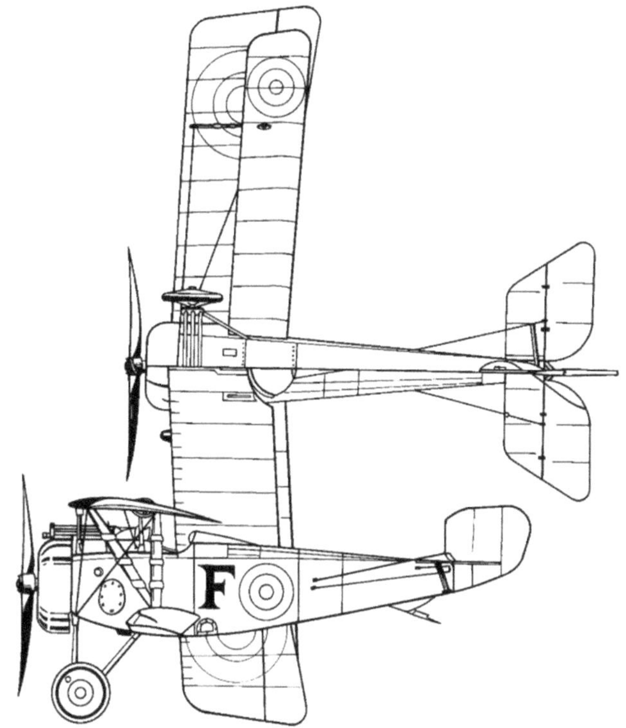

Kampfflugzeug Nieuport 17C1, Frankreich 1916

Antrieb: 110 PS Rotationsmotor, Spannweite: 8,22 m, Länge: 5,74 m, Startgewicht: 565 kg, Höchstgeschwindigkeit: 177 km/h in 2000 Meter Höhe, Dienstgipfelhöhe: 5300 m, Bewaffnung: ein synchronisiertes Vickers-MG

Kriegführenden Nationen an diesem Kampfabschnitt zusammen 750 000 Gefallene. Ein solcher Durchbruchsversuch glückte den Deutschen erst 1918, aber dann war es zu spät. Auch die Alliierten versuchten, aus der tödlichen Umklammerung herauszukommen, zum Beispiel mittels Umgehung der deutschen Flanke im Jahre 1915 in den Dardanellen und bei Gallipoli. Diese Unterfangen endeten ebenfalls in den Schützengräben. Front und Hinterland vermischten sich nun. Ein viel größerer Anteil der zivilen Bevölkerung der kriegführenden Nationen wurde ebenfalls in den Strudel des Krieges gezogen. Paris wurde nicht nur mit Langrohrgeschützen (Parisgeschütz) beschossen. Der Luftkrieg wurde massiv gesteigert durch Zeppeline und Gothabomber, die auch Bomben auf London abwarfen.

Aus den unförmigen Kisten der Anfangszeit waren fliegende Waffensysteme geworden, die nun auch den Bodentruppen gefährlich werden konnten. Diese erwehrten sich der neuen Gefahr anfangs mit wenig wirksamen Mitteln. Geschütze, auf Drehgestelle aufgebaut, Maschinengewehre auf behelfsmäßigen Fliegerabwehrlafetten usw. und das alles ohne geeignete Richt- und Zielmittel, waren zu wenig effizient. Die Steigerung der Fluggeschwindigkeit ließ aber solche Behelfslösungen bald ablösen durch eigentliche Fliegerabwehrmittel. Diese verfügten über die notwendigen Erhöhungswinkel und Richtmaschinen. Die Zielmittel wurden mit der Zeit immer ausgeklügelter. Die Vorhalteberechnungen erfuhren mehr und mehr Unterstützung durch mechanische Apparaturen. Der Zielfindung dienten auch akustische Sensoren – wie z. B. Horchgeräte und optische

Mittel in Form von starken Scheinwerfern, welche die bald einmal auch bei Nacht angreifenden Flugzeuge zu erfassen hatten.

Fliegerabwehrgeschütz

Französische 7,5-cm-Kanone mit hydraulisch/pneumatischem Rückstoßmechanismus, 1918 von amerikanischen Kanonieren gegen deutsche Flugzeuge eingesetzt.

Das Automobil, als ein neues, sich unbemerkt stets weiter ausbreitendes Beförderungsmittel, sickerte in immer mehr Bereiche des militärischen Transportwesens ein. Pferde bleiben in ihrer Leistung begrenzt. Sie müssen ständig gepflegt werden, brauchen ausreichendes Futter und sind Krankheiten aller Art ausgesetzt. Dieses jahrtausendealte Transport- und Kampfmittel bekam im Verlauf des Krieges durch das Auto Konkurrenz. Das „Automobil", zuerst verlacht, dann beargwöhnt, wurde aber Kraft seines ihm innewohnenden Entwicklungspotenzials immer mehr eingesetzt, zuerst für den reinen Transport, dann als Waffenträger wie zum Beispiel als „Panzerkraftwagen" oder Fliegerabwehr-Selbstfahrlafette. Es wurde im Westen auch bald klar erkannt, dass die Beweglichkeit und damit die Motorisierung insbesondere der schweren Artillerie von entscheidender strategischer Bedeutung war. Deutschland und seine Verbündeten gerieten bei der Motorisierung infolge ihrer kleineren industriellen Kapazität bald erheblich ins Hintertreffen.

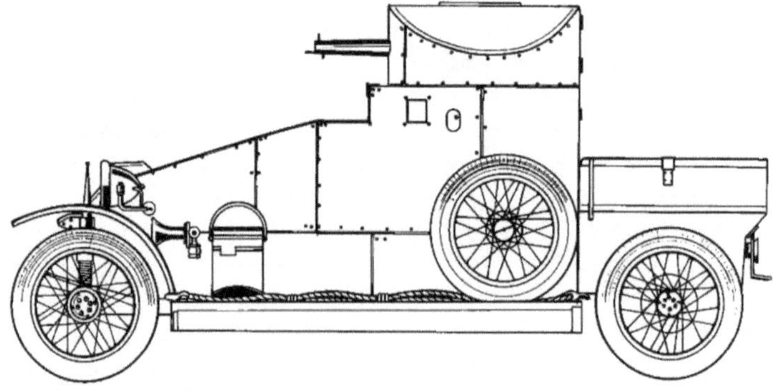

Panzerkraftwagen Lanchester (Großbritannien), Baujahr 1915

Gesamtgewicht: 4,9 t, Länge: 4,88 m, Breite: 1,93 m, Höhe: 2,29 m, Geschwindigkeit: 80 km, Bewaffnung: 1 Maschinengewehr Vickers, Kaliber .303, Besatzung: 4 Mann

Der Höhepunkt des selbstangetriebenen Kampfmittels, der Panzer, damals aus Tarnungsgründen noch Tank genannt, eine reine britische Leistung (obwohl die Idee so alt ist wie Kriege geführt werden), gab einen Vorgeschmack auf zukünftige mechanisierte Kriege. Gegen starken Widerstand setzte sich die Idee durch. In der Schlacht an der Somme am 15. September 1916 voreilig eingesetzt (von den 49 von Oberst Swinton von den „Royal Engineers" entwickelten und gebauten, aber noch unvollkommenen Raupenfahrzeugen blieben 31 im flandrischen Schlamm stecken), wäre die neue Waffe beinahe vertan worden. Erst in der Schlacht von Cambrai am 20. November 1917 kam der massierte Angriff einer großen Zahl dieser Fahrzeuge zum Erfolg. Der dabei erreichte Einbruch in die deutsche Front konnte aber strategisch nicht ausgenutzt werden.

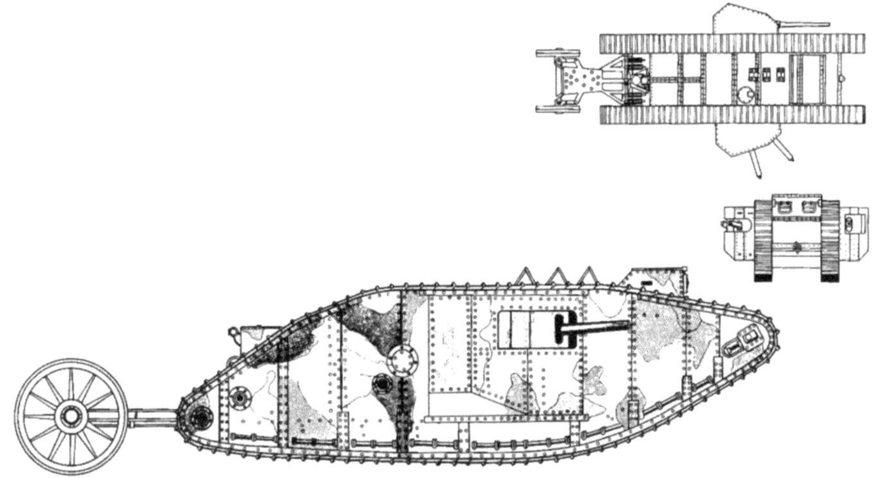

Englischer Panzer, Baujahr 1916

Gesamtgewicht: 28 t, Länge über alles: 9,90 m, Breite: 4,20 m,
Höhe: 2,5 m, Geschwindigkeit: 6 km/h, Bewaffnung: 2 Kanonen,
Besatzung: 8 Mann

Mit dem Erscheinen der Panzer traten gleichzeitig die Faktoren Technik und wirtschaftliche Leistungsfähigkeit auf dem Gefechtsfeld auf. Zugleich war damit das Mittel gefunden, die sich in Materialschlachten festgelaufene Kriegführung zu revolutionieren. Durch die ersten Panzereinsätze waren auch die Franzosen aufgeschreckt worden. Ihre eigenen, eilig konstruierten Panzerfahrzeuge vermochten aber in der Anfangsphase nicht zu überzeugen. Erst als es gelang, Renault für den Panzerbau zu gewinnen, kam etwas Brauchbares heraus. Der Erfolg des leichten Panzerwagens FT 17 Char Canon, lässt sich nicht zuletzt daraus ableiten, dass Panzer dieses Typs mit minimalen Verbesserungen noch 1942 in Nordafrika eingesetzt wurden.

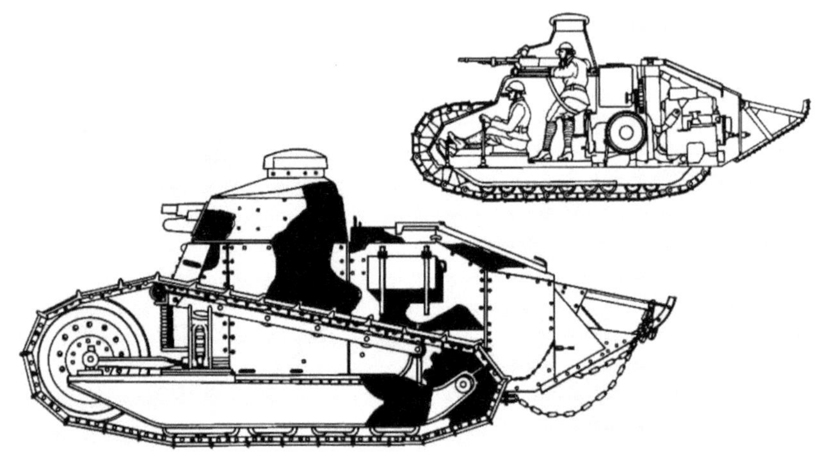

Französischer Panzerkampfwagen Renault FT 17 Char Canon, Baujahr 1918

Gesamtgewicht: 7,4 t, Länge über alles: 5 m, Breite: 1,7 m, Höhe: 2,13 m, Geschwindigkeit: bis 7,7 km/h, Bewaffnung: 1 3,7-cm-Kanone, Besatzung: 2 Mann

Die Engländer hatten bis zu diesem Zeitpunkt ihre Typenserien verbessert. So rüsteten sie ihre 1918 aufgelegten „Mark V" und später auch den mittleren Panzer „Mark A" (Whippet) mit verbesserter Lenkung, stärkeren Motoren und größerer Hindernisüberschreitfähigkeit aus. Vom Prinzip der Lenkung durch außenliegende Steuerungsräder, die mittels starkem Federdruck auf den Boden gedrückt wurden, kamen sie ab und gingen auf

das schon beim ersten „Tank" erprobte Prinzip, die eine oder andere
Gleiskette zu verlangsamen, um den Panzer zu lenken.

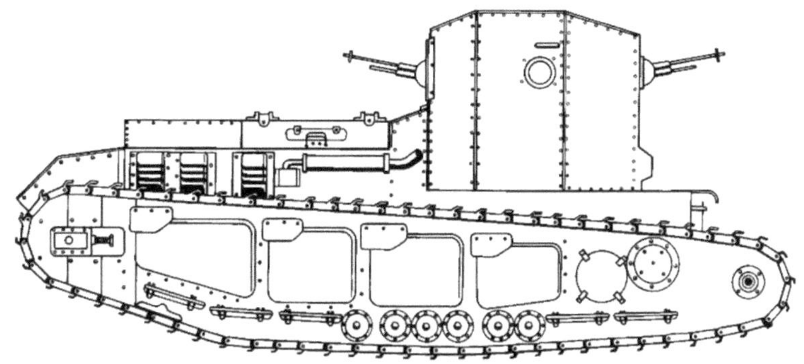

Englischer mittlerer Panzerkampfwagen „Mark A" (Whippet),
Baujahr 1917/18

Gesamtgewicht: 14,3 t, Länge: 6,7 m, Breite: 2,6 m, Höhe: 2,7 m,
Geschwindigkeit: 13 km/h, Bewaffnung: 4 Maschinengewehre,
Besatzung: 3 Mann

Auf deutscher Seite erkannte man erst nach Cambrai den Wert der Panzerwaffe. Ab diesem Zeitpunkt wurde versucht, mit dem Gegner gleichzuziehen. Abwehrwaffen aller Art wurden entwickelt, wie zum Beispiel Tank-
gewehre als Einzellader sowie Maschinengewehre vom Kaliber 13 mm.
Doch erst im Jahre 1918 tauchten die ersten deutschen Panzer auf dem
Schlachtfeld auf.

Die deutschen Sturmpanzer wurden ebenfalls erfolgreich eingesetzt,
doch reichte die Stückzahl von 20 Fahrzeugen, verstärkt durch Beutepan-
zer, bei weitem nicht aus, um gegen Ende des Krieges entscheidende
Durchbrüche in die gegnerische Front zu erzielen. Zudem war die geistige

Verarbeitung der Technik, die hier zur Verfügung stand, noch im Fluss. Die wirtschaftliche Situation Deutschlands war zudem stark angespannt. Die gleichzeitig laufenden Bemühungen um die U-Bootwaffe verhinderte praktisch jede zusätzliche wirtschaftliche Anstrengung. Je mehr man in Deutschland, als Hauptträger des Krieges der Mittelmächte, erkannte oder erahnte, dass eine positive Kriegsentscheidung zu Lande nicht rea-lisierbar war, desto mehr wandte sich alle Hoffnung der U-Bootwaffe zu. Obwohl die Zahl der U-Boote anfangs gering war, errangen sie Erfolge im

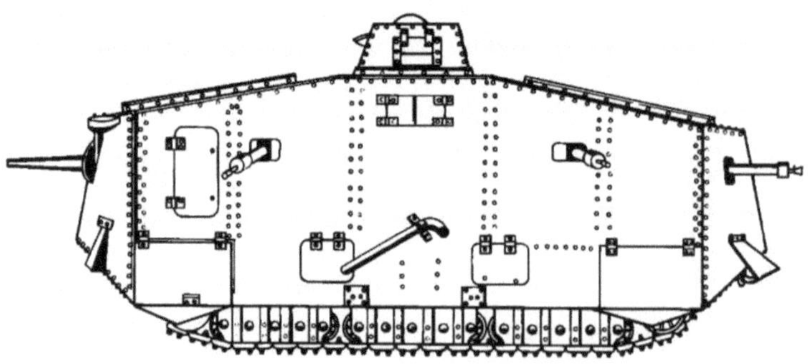

Der deutsche Sturmpanzer A7V, Baujahr 1917/18

Gesamtgewicht: 30 t, Länge: 8 m, Breite: 3,20 m, Höhe: 3,50 m, Geschwindigkeit: 9 km/h, Bewaffnung: 1 5,7-cm-Kanone, 6 Maxim- oder 7 Spandau-MG, Besatzung: 7 Mann

Handelskrieg gegen feindliche und neutrale Schiffe. Während der 52 Monate des Ersten Weltkrieges (August 1914 bis November 1918) führten insgesamt 320 U-Boote 3274 Operationen durch. In dieser Zeit wurden 6694 Handelsschiffe und 100 Kriegsschiffe vernichtet. Im gleichen Zeitraum gingen 178 U-Boote vor dem Feind verloren.

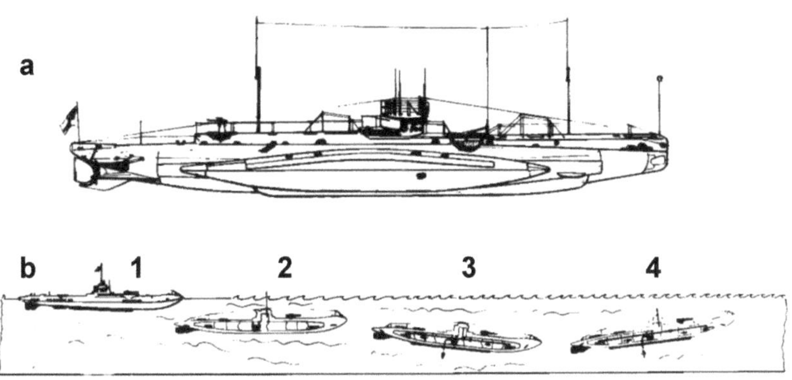

a) Englisches U-Boot des Ersten Weltkrieges

b) Deutsches U-Boot des Ersten Weltkrieges (U 135–138)
   mit Hauptstadien des tauchenden U-Bootes

1.   Überwasserfahrt, Ballasttank leer, Dieselmotoren laufen
2.   Tauchfahrt, Ballasttanks rund um Druckkörper herum gefüllt
3./4. Trimmsituationen: Bei ausgewogenen Trimm- und Reglertanks ist das Boot „freischwebend". In solchen Situationen war das Boot empfindlich gegen jede Gewichtsverlagerung der Länge nach. War das Boot vorne zu schwer, so begann es tiefer und tiefer zu sinken (kopflastig). Man begegnete diesem Umstand durch Ausblasen der Reglertanks und der Trimmtanks vorn und achtern. Die Horizontalruder an Bug und Heck halfen die Stabilität wieder herzustellen. War das Boot zu leicht und hecklastig, so musste man den Reglertank mehr fluten und Wasser von hinten nach vorne trimmen.

Der Einsatz der damaligen, technisch noch in den Kinderschuhen ste-
ckenden Tauchboote – von eigentlichen U-Booten kann man erst gegen
Ende des Zweiten Weltkrieges sprechen – wurde zu einem schweren politischen Ballast. U-Boote sollten wie Überwasserschiffe nach Prisenord-
nung Krieg führen, was wegen ihrer Empfindlichkeit gegenüber den U-
Bootfallen und illegal bewaffneten Handelsschiffen nicht möglich war. Der
innerlich auf Seiten der „Entente" stehende Präsident der USA, Thomas
Woodrow Wilson benutzte die Verkündung des unabhängigen und uneingeschränkten U-Bootkrieges (die USA hatten bereits im Mai 1915 Bürger
durch Torpedierung der unter amerikanischer Flagge fahrenden „Lusita-
nia" verloren) als willkommenen Anlass, ebenfalls in den Krieg einzutre-
ten. Am 3. Februar 1917 brach die amerikanische Regierung ihre Bezie-
hungen zu Berlin ab. Im März wurden sieben amerikanische sowie englische und unzählige neutrale Schiffe durch U-Boote versenkt. In einer
Atmosphäre, die durch das Abfangen des „Zimmermann-Telegramms" (in
dem Deutschland vorschlug, im Falle eines Kriegseintritts Amerikas ein
Bündnis mit Mexiko einzugehen) bereits stark vergiftet war, erfolgte am
6. April 1917 die amerikanische Kriegserklärung.

Die maßgeblichen Stellen in Frankreich konnten sich ausrechnen, dass
mit dem Kriegseintritt Amerikas die Führerrolle in der Welt von Europa auf
die neue Welt übergehen würde. Deshalb sollte ein neuer Großangriff die
Deutschen zerschmettern, bevor der erste Amerikaner europäischen Boden betreten würde. Unter Führung von General Nivelle wird eine große
Offensive auf den 16. April 1916 angesetzt. Doch die Deutschen haben

einen massierten Angriff der Alliierten seit dem Beginn des Frühjahres erwartet. Rasch entschlossen und fast unbemerkt hat das nun auch für den Westen zuständige Zweiergespann Hindenburg und Ludendorff die Truppen an der erstarrten Front vom Gegner gelöst und sich auf eine festausgebaute „Siegfriedstellung" zurückgezogen. In der Folge erreicht auch Nivelle trotz ungeheurer Verluste keinen Erfolg. Im Gegenteil, in 16 Armeekorps brachen ernstzunehmende Unruhen aus. Ganze Truppenteile verweigerten den Gehorsam. Anfangs Juni hatte der deutsche Generalstab recht genaue Nachrichten über die erschütternden Vorgänge hinter der französischen Front. Doch diese Situation konnte nicht ausgenutzt werden. Im November 1916 stirbt der alte Kaiser Franz Joseph. Das neue Kaiserpaar Karl und Zita zeigt sich bereit, unter gewissen Umständen Frieden zu schließen, um den Zerfall der Donaumonarchie zu verhindern. Gleichzeitig gelangten Nachrichten über Hungerrevolten im Ruhrgebiet und in den Küstenstädten in die Hände der Alliierten. Zugleich beginnt in Frankreich der „Tiger" Clemenceau zum äußersten Widerstand aufzurufen: „Schwäche wäre Mitschuld! Alle an der Meuterei Beteiligten vor die Kriegsgerichte! Der Soldat auf dem Richterstuhl eins mit dem Soldaten auf dem Schlachtfeld! Keine Pazifistenumzüge mehr, keine Umtriebe zugunsten Deutschlands, weder Verrat noch Halbverrat: Krieg, nichts als Krieg!" Nun walten die Standgerichte ihres Amtes. Hunderte der Meuterer werden an die Wand gestellt, Tausende gehen in die Strafbataillone. Die französische Armee kehrt zum Gehorsam zurück, der Kampf geht bis zur Erschöpfung weiter.

Dazu kam, dass die maßgebenden Kreise in Deutschland, insbesondere die Marine, die zusätzliche Bedrohung durch die Amerikaner gering einschätzten. Anders die oberste Heeresleitung (OHL), die den uneingeschränkten U-Bootkrieg als letzte Rettung betrachtet hatte. Sie plante daher ebenfalls eine letzte große Schlacht in Frankreich, um noch vor dem Eintreffen frischer amerikanischer Truppen das Schlachtenglück zu wenden. Was die OHL nicht wusste, war der Umstand, dass die Amerikaner wohl eigene Verbände einsetzen wollten, aber über kein nennenswertes schweres Kriegsmaterial verfügten. Erst im Herbst 1918 kamen nach und nach selbständige amerikanische Verbände zum Einsatz. Die USA entsandten im Ersten Weltkrieg 42 Kampfdivisionen nach Westeuropa. Entsprechende logistische Unterstützungstruppen aber fehlten. Zwar gelang es dank der bereits damals starken Volkswirtschaft der USA, die benötigten Versorgungsgüter zu produzieren und über die „Rollbahn Atlantik" nach Europa zu transportieren. Hier aber fehlten die Spezialisten zum Aufbau des Nachschubes und zur Durchführung der Versorgung. Zwölf der insgesamt 42 Kampfdivisionen mussten daher aufgelöst und für die Versorgungsaufgabe eingesetzt werden, obwohl die dafür notwendige Ausbildung (und Motivation!) dazu fehlte.

Ein Lichtblick für Deutschland waren die Ereignisse in Russland im Jahre 1917. Sofort nach der Oktoberrevolution machten sich die Bolschewisten daran, den Krieg für ihr Land zu beenden. Am 21. Dezember begannen in Brest-Litowsk Verhandlungen mit den Mittelmächten. Aber erst am 3. März 1918 akzeptierte Lenin die Forderungen Berlins. Deutsche

Armeen besetzten darauf die ganze Ukraine. Die „Schutzmacht" plünderte das besetzte Land rücksichtslos aus. Die Deutschen marschierten nun auch im Baltikum, in Finnland und selbst im fernen Kaukasus ein. All diese Eroberungen mussten jedoch nach Abschluss des Waffenstillstandes wieder aufgegeben werden.

Im Frühjahr 1918 machte sich die amerikanische Hilfe immer mehr bemerkbar. Nach der Entlastung, den der russische Zusammenbruch den deutschen Armeen gebracht hatte, wollte General Ludendorff im Westen die Entscheidung erzwingen. Er setzte alles auf eine Karte und ließ 4 Millionen Mann (71 Divisionen) zusammenziehen. Mit dem ersten Stoß bei St. Quentin in Richtung Amiens beabsichtigte er, zunächst die französischen und britischen Truppen aufzuspalten und anschließend die Engländer an die Kanalküste zurückzudrängen. Die letzten Offensiven Deutschlands hatten in der Anfangsphase Erfolg, weil sie auf völlig ahnungslose Alliierte trafen. Deutsche Truppen überquerten nach einem artilleristischen Paukenschlag von acht Stunden am 21. März die Linie zwischen Arras und La Fère. Die folgenden Tage ließen den Einbruch zum Durchbruch werden. Bis 20 Kilometer vor Amiens wurde der Angriff vorangetragen. Nahezu 100 000 Gefangene und mehr als 1300 Geschütze wurden erbeutet. In Deutschland begann man nach diesen Anfangserfolgen aufzuatmen. Der Bann des Stellungskrieges im Westen schien gebrochen. Auch die Zweifler begannen nun zu glauben, es könne möglich werden, den überlangen Krieg mit kurzen und wuchtigen Schlägen dem Ende zuzuführen. Nach Tagen des Vorwärtsstürmens kam jedoch die Bewegung ins Stocken. Die Eignung der modernen Waffen, namentlich des Maschinengewehres, zur Verteidigung und zum Aufhalten eines nachdrängenden Feindes bewährte sich aufs Neue. Ein am 28. März deutscherseits unternommener Vorstoß gegen starke englische Stellungen bei Arras schlug fehl und musste bald abgebrochen werden. Nach einer kurzen Gefechtspause wurde am 9. April von Deutschland ein neuer Hauptschlag gegenüber Lille geführt. Nach wenigen Tagen war die ganze Gegend um Ypern wieder in deutschen Händen. Dann kam aber auch dieser mit gewaltiger Anspannung geführte Kampf zum Erliegen. Der Monat Mai endete, ohne dass eine der beiden Parteien noch größere Kampfhandlungen unternommen hätte.

Dann aber brach der Sturm von neuem los, dieses Mal mit einer Wucht, die selbst den Aufwand der Märzoffensive übertraf. In der Früh des 27. Mai zerhämmerte die deutsche Artillerie mit gewaltigem Feuerschlag die französisch-englischen Stellungen zwischen Laon und Reims. Dem Feuerschlag folgte unmittelbar der Angriff der Infanterie. Die Alliierten wurden im ersten Ansturm überrannt. Am 30. Mai erreichten die deutschen Truppen südlich von Fère-en Tardenois die Marne. Am 1. Juni wurde der auf dem Nordufer der Marne gelegene Teil von Château-Thierry gesäubert. Der Kampf dehnte sich nun nach Westen hin bis in die Gegend von Noyon aus. Ergänzt wurde der Erfolg durch Angriffe am 9. und 10. Juni auf der west-östlich verlaufenden Front zwischen Montdidier und Noyon, der die deutschen Truppen bis auf 9 Kilometer an Compiègne heranführte. Von der 250 Kilometer langen Frontlinie zwischen Dünkirchen und Reims hatten die deutschen Offensiven seit dem 21. März etwa vier Fünftel zerschlagen. Bei Château-Thierry waren die deutschen Angriffspitzen bis auf wenig mehr als 60 Kilometer an Paris herangerückt. Der Durchbruch war nahe. Paris war abermals in Gefahr. Doch mit amerikanischer Hilfe konnte der deutsche Vormarsch gestoppt werden. Marschall Foch gab später dazu interessante Zahlen in Bezug auf die amerikanische Leistungsfähigkeit bekannt: Anfangs März 1918 zählte die in Frankreich stehende amerikanische Armee etwa 300 000 Mann. Im gleichen Monat kamen 94 000 Mann dazu. Der Monat Mai brachte einen Zugang von nicht weniger als 200 000, der Juni sogar einen solchen von 245 000 Mann. In den vier Monaten von Anfang März bis Ende Juni wurde also das in Frankreich stehende amerikanische Heer auf rund 900 000 Mann verstärkt. Dank diesem Rückhalt behielt die französische Führung unter dem neuen Oberbefehlshaber aller alliierten Truppen an der Westfront, General Foch, die Nerven. Der Gegenstoß im Juli 1918 wurde sorgfältig und überlegt aufgebaut und alsbald die Front wieder abgeriegelt. Die deutschen Offensiven kamen endgültig zum Stehen, die Wende begann sich abzuzeichnen.

Dazu kam die ebenfalls erfolglose letzte Großoffensive der österreichischen Truppen im Süden. Der große britische Angriffssieg bei Amiens am 8. August 1918, dem schwarzen Tag des deutschen Heeres, besiegelte das Schicksal der Mittelmächte, insbesondere da auch die Österreicher einem Großangriff der Italiener im Oktober keinen ernsthaften Widerstand mehr entgegensetzen konnten. Im nahen Osten war die Entscheidung ebenfalls zu Gunsten der Alliierten gefallen. Ende Oktober gelangten die Engländer nach Aleppo, im Irak mussten die türkischen Garnisonen bei Misul die Waffen niederlegen und ein französisches Expeditionskorps landete in Beirut. Das einstige Weltreich der Osmanen war damit auf das Kernland Türkei zusammengeschmolzen. England und Frankreich traten das Erbe an. Die drei Verbündeten Österreich-Ungarn, die Türkei und Bulgarien verloren angesichts dieser Ereignisse jeden Willen, den Krieg weiterzuführen. Zur Zerreißprobe des Krieges, der Niederlagen auf dem Schlachtfeld, kamen jetzt noch die Auswirkungen der Proklamation des amerikanischen Präsidenten Wilson betreffend des „Selbstbestimmungsrechtes der Völker". Tschechen und Slowaken, Polen, Rumänen und Südslawen lösten sich nun aus dem Vielvölkerstaat. Am 11. November dankte der österreichische Kaiser Karl I. ab und floh in die Schweiz.

Der deutsche Kaiser Wilhelm II. (der noch am 8. November drohte, das infolge sozialer Unruhen meuternde Berlin zusammenschießen zu lassen) war bereits am 10. November nach Holland geflohen, nachdem er jede Unterstützung der Armee verloren hatte. Deutschland hatte die jahrelangen Anstrengungen des Krieges in verblendeter Zuversicht auf den Endsieg willig ertragen. Umso tiefer hatte das Eingeständnis der Niederlage das Land erschüttert und die Monarchie hinweggefegt. Die Generäle hatten zwar den Ruhm für die Siege gerne angenommen, mit dem Zusammenbruch wollten sie aber nichts zu tun haben. Und als die Marine unter Admiral Scheer beschloss, den Krieg mit Sieg oder Untergang der deutschen Flotte würdig zu beenden, verweigerten die Matrosen den

Gehorsam. Damit kam auch für Deutschland das Aus. Der letzte amtliche Heeresbericht aus dem großen Hauptquartier vom 11. November 1918 endete lapidar: „Infolge Unterzeichnung des Waffenstillstandsvertrages wurden heute Mittag an allen Fronten die Feindseligkeiten eingestellt." Der Zivilist Matthias Erzberger fuhr mit Zustimmung der OHL in den Wald von Compiègne, um sich vom französischen Marschall Foch die Bedingungen des Waffenstillstandes diktieren zu lassen, die praktisch auf eine bedingungslose Kapitulation hinausliefen. Deutschland vermochte seine Truppen noch geordnet nach Hause zu führen. Es war mit der fast reibungslosen Rückführung die letzte organisatorische Leistung der Obersten Heeresleitung Deutschlands.

Am Ersten Weltkrieg nahmen insgesamt 38 Staaten mit 67 % der Weltbevölkerung (einschließlich der Kolonien) teil. Davon beteiligten sich an den militärischen Kampfhandlungen 21 Länder (einschließlich der britischen Dominions und Indien) sowie eine Reihe kolonial regierter Länder Afrikas. Insgesamt wurden etwa 70 Millionen Mann mobilisiert: 45 Millionen von den Alliierten und 25 Millionen von den Mittelmächten. Der erste Weltkrieg unterschied sich grundlegend von allen vorangegangenen Kriegen, da er erstmals sämtliche Bereiche der Gesellschaft erfasste. Sein neuer Charakter zeigte sich auch in der Größe des Kriegspotenzials beider Seiten, in der Abhängigkeit des Kampfes von der ökonomischen Stärke und der politisch-moralischen Festigkeit des Hinterlandes (das noch nicht in großem Stil unter den Wirkungen der späteren Luftkriegsmittel zu leiden hatte.

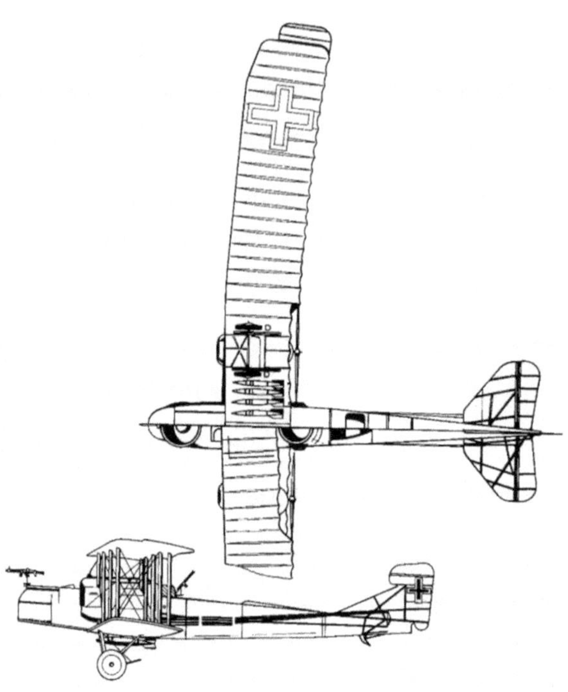

Gotha G.V, Langstreckenbomber der deutschen Fliegertruppe 1918

*Antrieb: 2 wassergekühlte 260 PS Motoren, Spannweite: 23,70 m,
Länge: 12,35 m, Startgewicht: 3975 kg,
Höchstgeschwindigkeit: 140 km/h in Meereshöhe,
Dienstgipfelhöhe: 6500 m, Reichweite: 840 km*

Für Missionen nach England (Nachtangriffe) wurden gewöhnlich sechs 50 kg Bomben (etwa halbe Höchstlast) mitgeführt. Der Gotha-Bomber war recht wendig, er verfügte auch über eine gute Abwehrbewaffnung mit der 20 mm Becker Kanone. Gotha-Bomber gingen daher weniger durch Luftkämpfe als vielmehr durch Fliegerabwehrbeschuss und Unfälle bei der Landung verloren.

Die Schweiz stand in dieser Zeit „Gewehr bei Fuß". Doch dieses Land hatte während des Krieges ebenfalls schwierige Zeiten durchzustehen. Man hatte sich, ganz wie die Kriegsführenden, auf einen Krieg eingestellt, wie er im 19. Jahrhundert und in den kleineren Feldzügen zu Beginn des 20. Jahrhunderts geführt worden war, in welchen das Kriegsgeschehen nahezu allein bei den Armeen lag. Von einem mehrjährigen Krieg, der sich außer der militärischen Mittel der Kriegführung auch jener des wirtschaftlichen und des psychologischen Krieges sowie des bald einsetzenden Bombenkrieges gegen das feindliche Hinterland bedienen würde, hatte man sich auch in der Schweiz keine Vorstellungen gemacht. Doch mit der Besetzung der Grenze erfüllte die schweizerische Armee einerseits nicht nur die Forderung des nationalen Selbstschutzes, sondern andererseits auch eine neutralitätsrechtliche Verpflichtung. Dass diese Aufgabe gut gelöst wurde, zeigt die Tatsache, dass die Kriegführenden keine echte Verletzung der schweizerischen Neutralität in Aussicht genommen hatten. Gesamthaft gesehen waren die Verletzungen der Schweizer Neutralität während der Kriegszeit durchwegs leichter Natur; von tausend Verletzungen erfolgten 800 von den Luftwaffen. Im Verlauf des Aktivdienstes erlebte die Armee mannigfache Wandlungen. Im Sommer 1915 wurde zum feldgrauen Tuch übergegangen und der Stahlhelm (vorerst allerdings nur als Korpsmaterial) eingeführt. Die schweren Maschinengewehre wurden vermehrt und immer mehr den unteren Verbänden zugeteilt. Auch die Artillerie wurde erheblich verstärkt. Die Handgranate, deren Wirksamkeit sich im Stellungskrieg erwiesen hatte, wurde 1917 eingeführt. Die Motorisierung lief ebenfalls an und es wurde eine eigene Flugwaffe aufgebaut.

Zum Einsatz kam die Armee allerdings noch kurz vor Kriegsende im Innern des Landes während dem Landesstreik, in dem sich die während des Krieges angestaute Unzufriedenheit entlud. Die Lehren wurden später daraus, so gut es ging, gezogen, so dass im Nachfolgekrieg die wirtschaftliche Belastung der Bevölkerung (mit sofort einsetzendem Rationierungssystem/Erwerbsausfallersatz usw.) besser unter Kontrolle war. Parallel zur Verbesserung der Rüstung lief während des Krieges auch die Anpassung der von der Armee befolgten Abwehrtaktik. In Anpassung an die seitens der Kriegsführenden gewaltig gesteigerte Feuerwirkung musste auch in der Schweizer Armee eine vermehrte Auflockerung der Gefechtsformationen, eine verbesserte Ausnutzung des Geländes und eine engere Zusammenarbeit der Infanterie mit der Artillerie und dem neuen Element Maschinengewehr angestrebt werden. Die Weisungen des Armeekommandos in den Jahren 1916 und 1917 für die Gefechtsausbildung enthielten die notwendigen Anordnungen.

Im Ersten Weltkrieg starben fast 10 Millionen Menschen auf den Schlachtfeldern Europas, in den Kolonien und Übersee, mehrere Millionen an Hunger und Seuchen. Ungezählte erlitten den Henkertod oder starben vor Erschießungspelotons, die psychologische Kriegführung hatte Wirkung gezeigt und so die Sabotage, Spionage und Gegenspionage ihre Opfer gefordert. Das waren damals ungeheure, unfassbare Zahlen, die in der ersten Abscheu vor der Wirksamkeit der Waffen zu Abrüstungsbestrebungen und zum Völkerbund führten. Europa lag 1918 in Agonie. Die Sieger waren schwerer getroffen, als sie glaubten. Ihre Forderungen an die Besiegten waren dennoch hart. Sie legten zugleich die Saat für den nächsten Krieg. Deutschland und das stark verkleinerte Österreich verloren nicht nur große Gebiete, sondern auch ihre monarchische Staatsform. Der demokratische Neubeginn konnte in der nun anlaufenden Notzeit nicht gelingen. Der von Deutschland bedingungslos zu unterzeichnende Friedensvertrag wies nach zeitgenössischem Urteil Deutschland die alleinige Schuld am Kriege zu. So stellte Artikel 227 des Friedensvertrages Kaiser Wilhelm II. „wegen schwerer Verletzung des internationalen Sittengesetzes und der Heiligkeit der Verträge unter öffentliche Anklage". Artikel 231 bezeichnete Deutschland und seine Verbündeten als Urheber aller Verluste und Schäden. Zu den Zuweisungen der Schuld am Kriege trat in den Artikeln 228–230 noch zusätzlich die Zuweisung von Schuld im Kriege. Dem Deutschen Reich wurde deshalb die Verpflichtung auferlegt, Soldaten und Beamte, die beschuldigt wurden, die Gesetze und Gebräuche des Krieges verletzt zu haben, zwecks militärgerichtlicher Aburteilung den Siegermächten auszuliefern.

Das Aufwerfen der Fragen „Schuld am und im Kriege" im Versailler Vertrag bedeutete ein Novum in der Staatenpraxis. Die Schuldzuweisung und Ahndung nach dem Kriege durch die Siegermacht oder Mächte bedeutete eine Abkehr von der über 300-jährigen Tradition des „Ius Publicum Europaeum", den Friedensschluss nicht mit Streitfragen zu belasten, die Anlass zum Krieg gegeben hatten oder im Verlauf des Krieges aufgetreten waren. Tatsächlich sind aus der Staatenpraxis vor 1919 nur drei Fälle bekannt, in denen Kriegsrechtsverletzungen von einer mit der Beendigung der Feindseligkeiten verbundenen Amnestie ausgenommen wurden, und nur zwei Fälle, in denen Sieger über Besiegte, die als rechtmäßige Kombattanten im Sinne des Völkerrechts anerkannt waren, zu Gericht saßen. So schloss der amerikanische Präsident von der Amnestie, die er 1865 zu Ende des Bürgerkrieges proklamierte, Personen aus, die Kriegsgefangene rechtswidrig behandelt hatten. Ein US-Militärgericht verurteilte in der Folge den aus der Schweiz stammenden Hauptmann der konföderierten Armee Henry Wirz, ehemals Kommandant des Kriegsgefangenenlagers Andersonville (Georgia) wegen menschenunwürdiger und grausamer Behandlung von Gefangenen zum Tode. Die weiteren Präzedenzfälle datieren aus den Burenkriegen in Südafrika. Die deutsche Regierung konnte zwar die Auslieferung der geforderten Personen verhindern, nicht aber die weitergehenden Forderungen zur Abrüstung des Heeres und der Marine. Ebenso musste sie der Vernichtung oder Übergabe allen Kriegsmaterials, das den Alliierten im Kriege Probleme bereitet hatte, widerstandslos zustimmen. Panzer, Flugzeuge und ein Großteil der Marine (insbesondere die U-Boote) wurden verboten. Die deutschen Seestreitkräfte mussten nach dem Friedensschluss ausgeliefert werden. Die britische Regierung akzeptierte die Forderung ihrer Admiralität, dass zwei der drei deutschen Schlachtgeschwader interniert werden sollten, dazu alle fünf Schlachtkreuzer. Ebenso mussten alle U-Boote übergeben werden. Die Briten wollten nach zwanzigjährigem Kampf um die Macht auf See ihren Sieg besiegeln. Es sollte aber nicht in der vorgesehenen Art dazu kommen. In einem unbewachten Moment vernichteten sich die in Scapa Flow internierten Schiffe der deutschen Hochseeflotte auf Grund der als erniedrigend empfundenen Friedensbedingungen durch Selbstversenkung. Von der Kriegsflotte des Kaisers und ihrer Herausforderung zur See war nur mehr Schrott auf dem Grund des Sundes von Scapa Flow geblieben.

Während man sich in Europa gegenseitig die Kriegsschuld vorrechnete und Deutschland für Jahre im Chaos verharrte, machte sich die Kriegspartei USA auf den Weg zur Supermacht, genauso wie das revolutionäre Russland, das sich die Weltherrschaft des Kommunismus unter seiner Führung auf die Fahne schrieb. Doch vorerst redete man vom Frieden. Die Armeen der siegreichen Staaten sollten von nun an nur noch der Verteidigung dienen. Deutschland hatte man soweit abgerüstet, dass ein Hochkommen in den nächsten Jahren unwahrscheinlich schien, insbesondere Frankreich tat ein Übriges in dieser Richtung mit der harten Durchsetzung seiner Reparationsforderungen. 1923 erreichten die Auseinandersetzungen um dieses Problem ihren Höhepunkt. Am 11. Januar besetzten französische und belgische Truppen das Ruhrgebiet als „produktives Pfand", weil Deutschland mit einer Telegrafenstangenlieferung von 100 000 Stück in Rückstand geraten war. Mit der Besetzung des industriellen Kernstücks Deutschlands wollte Frankreich das angeblich zahlungsunwillige Land zwingen, seinen Verpflichtungen ungeachtet der katastrophalen wirtschaftlichen Lage nachzukommen. Die damalige deutsche Regierung unter Wilhelm Cuno beantwortete diese Zwangsmaßnahmen mit passivem Widerstand. Frankreich unter der Regierung des unbeugsamen Deutschland-Feindes Raymond Poincaré reagierte daraufhin mit einer weiteren Eskalierung der Gewalt. Fast täglich kam es nun in den besetzten Gebieten zu blutigen Zusammenstößen, und extreme Nationalisten beider Länder drängten zu einem neuen Krieg.

Propheten einer neuen Art des Krieges, wie z. B. Oberst Charles de Gaulle in Frankreich und General Fuller in England, die die passive Verteidigung ablehnten und den mechanisierten Angriff befürworteten, fanden in dieser Zeit, die für den Augenblick lebte, kein Gehör. So auch nicht die Generäle Mitchel (USA) und Douhet (Italien), die die Doktrin des strategischen Luftkrieges entwickelten. Im Jahr 1921 vervollständigte Giulio Douhet eine sehr einflussreiche Abhandlung „Il Dominio dell'Aria", die 1935 unter dem Titel „Luftherrschaft" in deutscher Übersetzung erschien. Kernsätze dieses Werkes waren: „Der Krieg ist nunmehr unterschiedslos gegen das gesamte Feindgebiet zu führen, ohne Beschränkung der erlaubten Ziele und Mittel, also auch mit Flächen-, Gas-, Großangriffen."

Das Kampfgas blieb die Waffe des Ersten Weltkrieges. Das Flugzeug aber entwickelte sich zu einer weit wirkungsvolleren Waffe. 1914 flog ein militärisches Flugzeug knapp 80 km/h, 200 km/h waren es 1918. Die Steighöhe betrug gegen Ende des Krieges 7000 m, was zur Ausschaltung der Zeppeline führte. Statt der frei gerichteten Handfeuerwaffe, den Fliegerpfeilen und der von Hand abgeworfenen 3,5-kg-Bombe führten die Bomber nun 1000 kg Bomben an Bord, dazu Zwillingsmaschinengewehre, Bordkanonen usw.

In der Zeit zwischen den beiden Weltkriegen kam es mehrfach zu Lufteinsätzen. Mangels eines Luftkriegsrechts wurden auch minimale Schutzvorschriften nicht beachtet. Mit ein Grund war sicher auch das Fehlen einer wirkungsvollen Fliegerabwehr auf der betroffenen Gegenseite. Insbesondere die Nah- und Nächstbereichs-Fliegerabwehr war in dieser Zeit eine Domäne der Maschinengewehre. Erst ab den 1930er Jahren standen leistungsfähige Maschinenkanonen wie zum Beispiel die 20 mm Oerlikon Fliegerabwehrgeschütze zur Verfügung. Ausgangspunkt der Oerlikon-Maschinenkanone mit Vorlauf-Masseverschluss war eine 20-mm-Waffe, die man in Deutschland im Ersten Weltkrieg vor allem als Flugzeugbewaffnung und als Tankabwehrwaffe entwickelt hatte. Später wurde diese Waffe in einer Firma in der Schweiz weiterfabriziert. Nach der Übernahme des gesamten Materials und eines Teils des Personals durch die Werkzeugmaschinenfabrik Oerlikon wurde die Entwicklung weitergeführt. Die Waffenleistung wurde gesteigert, neue Fliegerabwehrlafetten entwickelt und ein ganzes Flugzeugbewaffnungsprogramm (mit Flügel- und Motorkanonen usw.) aufgebaut. In dieser Zeit entwickelte die Schweizerische Industrie Gesellschaft SIG ein interessantes Modell eines leichten Maschinengewehres. Das KE 7 (benannt nach dem ungarischen Konstrukteur Pál Király und dem damaligen SIG-Direktor Gotthard End) war und blieb das leichteste Maschinengewehr der Welt mit einem Gewicht von nur 8 kg. Diese Waffe konnte ebenfalls gegen Boden- und Luftziele eingesetzt werden.

1936, im spanischen Bürgerkrieg, kam es dann zum Kampf zweier Gegner, die beide über Flugzeuge und Fliegerabwehrwaffen verfügten. Hier kam es neben dem Einsatz der Flugzeuge in Erdkämpfen auch zu Bombenangriffen, die zu schweren Verlusten unter der Zivilbevölkerung führten. Im fast gleichzeitig ausgebrochenen japanisch/chinesischen Krieg kam es ebenfalls zu Luftangriffen in Siedlungsgebieten. Ereignisse also, die die Weltöffentlichkeit stark sensibilisierten.

Aber es war bereits zu spät. Im Gefolge der weltweiten wirtschaftlichen Depression in den Nachkriegsjahren waren in vielen Ländern Diktaturen an die Macht gekommen; mit ihrem utopisch/nationalistisch gefärbten Sendungsbewusstsein verunmöglichten sie das vorgesehene Funktionieren des Völkerbundes. Das japanische Streben nach „Lebensraum“ im fernen Osten, die expansive Politik Russlands (Finnland), Italiens (Äthiopien) und später vor allem Deutschlands unter Adolf Hitler, führten zu Kriegen, die immer größeren Umfang annahmen, bis sie schließlich zum Zweiten Weltkrieg verschmolzen.

Im Ersten Weltkrieg hatte Japan mit geringem Aufwand das deutsche Tsingtau erobert. Es erhielt die Mandate über die deutschen Südseebesitzungen nördlich des Äquators, die Marshall-Inseln, Karolinen und Marianen, bis auf Guam, das amerikanisch war und blieb. Mit dem Schlagwort „Asien den Asiaten“ stellte Japan die Monroe-Doktrin für seine Einflusssphäre auf. Gleichzeitig wurde der Einfluss in Ostasien verstärkt und nach dem Zusammenbruch Russlands die Mandschurei und Ostsibirien besetzt. Diese Gebiete mussten aber auf amerikanischen Druck hin wieder aufgegeben werden. In den zwanziger Jahren entspannte sich in diesem Teil der Welt die Lage, insbesondere da durch Flottenabkommen ein Gleichgewicht der Kräfte erreicht wurde. Innenpolitisch kam Japan jedoch nicht zur Ruhe. Wie in Europa machte die Wirtschaftskrise von 1929 auch hier radikale Kräfte frei. Die gleichen Kreise benutzten 1931 ein nie ganz geklärtes Eisenbahnattentat als Vorwand für die Besetzung der Mandschurei. Durch diesen Schachzug wurde die japanische Rohstoffbasis wesentlich verbessert. In der Folge wehrte sich China mit einem Wirtschaftsboykott japanischer Waren. Um ihn zu brechen, besetzte Japan 1932 Schanghai.

Nach der Machtergreifung Adolf Hitlers im Frühjahr 1933 ergab sich auch für die übrigen faschistischen Parteien Europas ein günstiges Klima. Oswald Mosleys „Schwarzhemden" in England, die „Feuerkreuzler" des Obersten de La Rocque in Frankreich, die „Rexisten" in Belgien, die „National-Socialistische Beweging" in den Niederlanden, die „Heimwehr" in Österreich, die „Falange" in Spanien, die „Eiserne Garde" in Rumänien, die „Pfeilkreuzler" in Ungarn, die „Frontisten" in der Schweiz erlebten einen ungeahnten Aufschwung. In dieser Zeit (man nannte sie später auch die Zwischenkriegszeit) wurde neben dem Flugzeug auch die Panzerwaffe stark gefördert, ebenso die Artillerie und die Marine. Obwohl letzterer bereits vorausgesagt wurde, dass sie ihre Vorherrschaft auf See an die Flugwaffe verlieren würde.

Trotz spektakulärer technologischer Spitzenleistungen im Rüstungsbereich rüsteten die den Diktaturstaaten vor dem Zweiten Weltkrieg ablehnend gegenüberstehenden demokratischen Staaten nur ungenügend auf. Amerika hüllte sich in Isolationismus, England erhoffte sich von Verhandlungen (mit dem faschistischen Italien als Vermittler) mehr als von einem neuerlichen Waffengang. Frankreich, das im Ersten Weltkriege schwere Verluste an Menschenleben zu beklagen hatte, verschanzte sich hinter Festungswerken. Die berühmte „Maginot-Linie", so benannt nach dem 1932 verstorbenen Kriegsminister Henri Maginot, zwischen Luxemburg und den Vogesen angelegt, kostete etwa 4 Milliarden Francs und verschlang damit einen beträchtlichen Teil der französischen Verteidigungsausgaben. Diese Aufwendungen fehlten für den Aufbau einer offensiven Armee, die nun ganz im Geist des Ersten Weltkrieges in der Defensive verharrte.

In der Schweiz gab man sich bald Rechenschaft über die Gefahren, die dem neutralen Kleinstaat inmitten seiner zum Krieg treibenden Nachbarn drohen konnten. Aber erst, als sich auch die Sozialdemokraten 1935 endlich aufrafften, sich zur Landesverteidigung zu bekennen, war es möglich, den dringend notwendigen Ausbau der Armee noch im letzten Augenblick anlaufen zu lassen. Große Anstrengungen wurden angestellt zur Vermehrung der leichten und schweren Maschinengewehre, für die Beschaffung von Minenwerfern und Infanteriekanonen. Ebenso wurde die Neubewaffnung der Gebirgsartillerie und eines Teils der Motorartillerie an die Hand

genommen, die Flugwaffe weiterausgebaut und eine Fliegerabwehr-
truppe aufgestellt.

*Unter anderem wurde in der Schweiz folgendes Material in den Kriegs-
jahren vom 1. September 1939 bis zum 30. Juni 1945 im eigenen Land
hergestellt:*

Stahlhelme	*308.500 Stück*
7,5 mm Karabiner 31	*255.524 Stück*
7,5 mm MG 11	*5.030 Stück*
7,5 mm Lmg 25	*9.515 Stück*
9 mm MP	*26.417 Stück*
8,1 cm Minenwerfer	*1.280 Stück*
4,7 cm Infanteriekanonen und Pak	*1.058 Stück*
20 mm Flab Kanonen*	*2.413 Stück*
10,5 cm sch.Mot.Kanonen	*250 Stück*
10,5 cm Haubitzen	*15 Stück*
15 cm Haubitzen	*30 Stück*
Festungsgeschütze	*240 Stück*
Munition für Handfeuerwaffen	*1.009.467.000 Schuss*
Munition für schwere Infanteriewaffen	*3.774.000 Schuss*
Munition für Mittelkalibergeschütze	*3.919.000 Schuss*
*Munition für Artillerie und schwere Flab**	*2.282.000 Schuss*
Lastwagen, Geländewagen und Traktoren	*1.855 Stück*
Flugzeuge	*386 Stück*

*) Fliegerabwehr

(Aus: Die Schweiz im Zweiten Weltkrieg, Ott Verlag, Thun 1971)

Knapp vor Kriegsausbruch gelang es noch, 24 tschechische Praga-Leichtpanzer (Panzerwagen 39) zu beschaffen. Ein weiterer Glücksfall war die Beschaffung von Messerschmitt Me 109 D und E aus Deutschland. Die vorgenommene Verstärkung der Luftwaffe erwies sich im Krieg als wichtiger Garant einer glaubwürdigen Landesverteidigung. Eingeschlossen im europäischen Kriegsraum, sah sich die Schweiz bald einer zunehmenden Zahl von Fliegergrenzverletzungen gegenüber. Während des gesamten Aktivdienstes summierten sich Luftraumverletzungen durch die deutsche Luftwaffe und alliierte Luftverbände auf 6501 Fälle. Außerdem fanden 77 Bombenabwürfe statt, die 84 Einwohnern das Leben kostete und 260 verwundete. Die schweizerische Flugwaffe bekämpfte in 705 Einsätzen die eingedrungenen Flugzeuge. Sie schoss dabei 16 Flugzeuge ab und zwang 107 zur Landung. Im Verlauf des Kriegs wurden 254 in der Schweiz notgelandete oder abgestürzte fremde Flugzeuge gezählt und 1620 Mann fliegende Mannschaften interniert. Von Mai bis Juni 1940 forderten direkte Angriffe deutscher Kampfflugzeuge die schweizerischen Flieger besonders hart. In ihren Luftkämpfen entwickelten die schweizerischen Jagdpiloten einen Kampfeswillen, der den deutschen Besatzungen ebenbürtig, wenn nicht überlegen war. Sie erlaubten keinen Zweifel über die Abwehrbereitschaft und wurden so zu einem Machtfaktor im schwierigen Verhältnis zu Deutschland. Beachtliche Anstrengungen flossen auch vor und während des Krieges in den Aufbau der Landbefestigung. Darüber hinaus leisteten die Schweizer Bedeutendes im sozialen Bereich, regelten die Kriegsversorgung mittels eines Rationierungssystems, steigerten die Eigenversorgung massiv durch

Förderung des innerschweizerischen Lebensmittelanbaus (Plan Wahlen) und sie investierten nach Beginn des Aktivdienstes sehr viel in die militärische Ausbildung, um größtmögliche Wirkung aus neuem Kriegsmaterial herauszuholen. Im organisatorischen Bereich gab es ebenfalls gewichtige Veränderungen bei der Aufstellung des passiven Luftschutzes und einer neuen Truppenordnung mit neu aufgestellten Grenzschutztruppen und leichten Truppen in der Zusammensetzung Kavallerie, Radfahrer und motorisierte Leichte Truppen. Besondere Bedeutung kam den Maßnahmen zu, die der Stützung der inneren Front im Kampf gegen die totalitäre Bedrohung dienten. Mit dem Einmarsch Hitlers in Polen am 1. September 1939 erfolgte die Mobilisierung der gesamten Schweizer Armee: Kampftruppen 430 000 Mann, Hilfsdienstpflichtige ca. 200 000 Mann; also insgesamt 630 000 Mann. Das waren beeindruckende Zahlen, die aber nicht darüber hinwegtäuschen konnten, dass in Bezug auf das zur Verfügung stehende Material kein neuer theoretischer Ansatz für eine grundlegend veränderte Herangehensweise beim Einsatz der Mittel bereitstand. Der spätere Rückzug der Armee ins „Réduit" war damit vorprogrammiert.

Anders in Deutschland. Hier hatte die aufgezwungene Abrüstung (bis auf ein 100 000-Mann-Heer) den Weg frei gemacht für neue Ideen und neues Material. Der Mechanisierung wurde hier soweit als möglich Vorrang gegeben mit Schwerpunkt Panzerwaffe und Luftwaffe. Anders als die Alliierten, die zu Beginn des neuen Weltkrieges mit 3400 gegen 2400 deutsche Panzer eine bedeutend stärkere Panzertruppe besaßen, sie dafür aber nach einer veralteten Doktrin verzettelt einsetzten, verstanden es die Verantwortlichen in Deutschland nach den ersten Anfangserfolgen im Westfeldzug rasch, ein System verbundener Waffen zu schaffen, das auch stärkste Verteidigungslinien durch den konzentrierten Einsatz von Panzertruppen, Artillerie und Sturzkampfbombern, verbunden mit entsprechend vorgetragener Brutalität, durchbrechen ließ. Diese Taktik, in der Geschichte als „Blitzkrieg" eingehend, erwies sich in den ersten Jahren des Zweiten Weltkrieges als hervorragend. 1939 wurde Polen in 27 Tagen überrannt, 1940 umging das deutsche Heer nach dem Operationsentwurf des nachmaligen Generalfeldmarschalls Erich von Lewinski, genannt von Manstein, die Maginot-Linie und nahm Holland handstreichartig in 5 Tagen, Belgien in 18 Tagen und Frankreich in 39 Tagen.

Vordergründiger Auslöser des Krieges in Europa war der deutsche Überfall auf Polen am 1.9.1939. Dieser Staat, der im Zuge des Ersten Weltkrieges wiedererstanden war, blieb in den wenigen Jahren seiner Unabhängigkeit von Kämpfen und Schwierigkeiten nicht verschont. Der am 11.11.1918 durch Józef Pilsudski ausgerufene Republik Polen übertrug die Pariser Friedenskonferenz die ehemals preußischen Provinzen von Westpreußen, Posen und einen Teil Oberschlesiens, dazu kamen in den folgenden zwei Jahren das österreichische West- und Ostgalizien. Von Anfang an war das neue Polen umkämpft. Im Westen rangen polnische Aufständische gegen deutsche Freikorps. Für die polnische Ausdehnung im Osten schuf Pilsudski in wenigen Monaten eine Armee aus polnischen Weltkriegsveteranen. Im April 1920 eroberte er Litauen und die Ukraine. Das polnische Ziel war die Grenzen von 1772 wieder zu errichten.

In der Folge zweifelten die Nachbarstaaten Russland, Litauen und Deutschland Polens nationale Integrität an. Zwischen Hitlerdeutschland und Stalins Russland stehend, existierte die Republik nur auf Grund der Garantien der Westalliierten, vor allem dem Militärbündnis mit Frankreich. Der neue polnische Nationalstaat barg auch genug Zündstoff für den Zusammenbruch nach innen. Eine dreiviertel Million Deutsche und weitere sechs Millionen Ukrainer, Weißrussen und Litauer trugen nicht gerade zur Stabilität bei. Staatstragendes Element waren nur die Streitkräfte, aber sie befanden sich im Sommer 1939 nicht gerade in bester Verfassung. Als die deutsche Wehrmacht in das Land einfiel, traf sie auf eine dürftig ausgerüstete, untermotorisierte Armee, die dem deutschen Ansturm, wenn nicht zahlenmäßig, so doch in der Feuerkraft 1:10 unterlegen war. Die überraschenden Erfolge von Hitlers Wehrmacht gegen Polen, Belgien, Holland und Frankreich sowie später in Skandinavien wirkten wie ein Blitz in den geschlagenen Ländern. Der „Blitzkrieg" basierte auf der neuen Strategie der weiten Räume, indem Panzerverbände weit in das Hinterland des Feindes eindrangen, in „Kesselschlachten" schnelle Entscheidungen herbeiführten und ganze Festungssysteme (Maginot-Linie) von ihren rückwärtigen Nachschublinien abschnitten.

Wesentliches Merkmal des Blitzkriegerfolges war die neuartige Einsatzdoktrin (in der Zwischenkriegszeit propagiert von Liddell Hart, John Fuller, Charles de Gaulle und Heinz Guderian) für die Panzer als auch für die Luftwaffe. Die schon zu Beginn des Krieges mit Funkgeräten ausgerüsteten Kampfpanzer wurden in Panzerarmeen zusammengefasst und von vorne geführt. Vorstoßen um jeden Preis war die Devise. Auf Flankensicherung im alten Stil wurde keine Rücksicht genommen. Spezielle Flugzeugtypen (Stuka) zerschlugen Widerstandsnester, Nachschublinien, Reserven und griffen auch gezielt die von der Front zurückflutende Zivilbevölkerung an.

Das Kräfteverhältnis in der Luft sah zu Kriegsbeginn folgendermaßen aus: Deutschland: 4840 Flugzeuge, England: 3600 Flugzeuge, Russland (europäische Front): 3300 Flugzeuge, Italien: 2600 Flugzeuge, Frankreich: 2500 Flugzeuge, Rumänien: 840 Flugzeuge, Jugoslawien: 800 Flugzeuge, Niederlande: 330 Flugzeuge, Belgien: 210 Flugzeuge, Norwegen: 100 Flugzeuge, Dänemark: 65 Flugzeuge.

Das „Blitzkriegkonzept" entstammte aber nicht, wie es die Nazi-Propaganda glauben ließ, einer Intuition Adolf Hitlers. Im Polenfeldzug waren die Panzer zumeist im Divisionsrahmen, und somit nur auf taktischer Ebene eingesetzt worden. Sie bildeten nicht viel mehr als die Speerspitze von Infanteriearmeen. Dies war ganz gegen die Interventionen von Guderian, der stets die „Abnabelung" der Panzerdivisionen von der nichtmotorisierten Infanterie gefordert hatte. Der Idee eines Durchbruchs mit Panzerkräften durch die Ardennen stand ein Großteil der deutschen Generalität skeptisch bis ablehnend gegenüber. Dementsprechend verständnislos war die operative Planung und der vorgesehene Einsatz der Panzerwaffe durch das Oberkommando der Heeresgruppe A. Beispielsweise sollten am vierten Angriffstag die fünf Panzerdivisionen der Gruppe Kleist

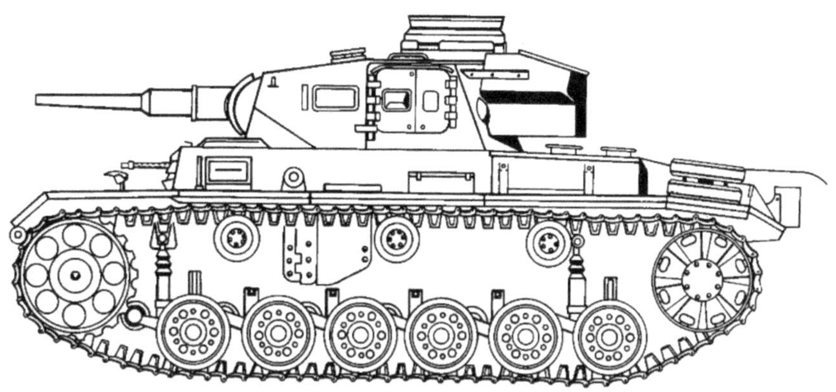

Panzerkampfwagen III (Deutschland), Baujahr 1939/43. Zu Beginn des Frankreichfeldzuges standen 349 Panzer dieses Typs bereit. Die Anfangserfolge in Russland wären ohne diesen Panzer kaum möglich gewesen.

Gesamtgewicht: 22,3 t, Länge: 5,4 m, Breite: 2,9 m,
Antrieb: 12 Zylinder-Motor 300 PS, Geschwindigkeit: 18 bis 40 km/h,
Bewaffnung: 1 5-cm-Kanone, 1 Maschinengewehr, Besatzung: 5 Mann

gleichzeitig die Maas überwinden. Infolge von Fehlplanungen kam es aber zum größten je bisher in Europa stattgefundenen Verkehrschaos indem sich die vordrängenden Fahrzeuge von der Maas über mehr als 200 Kilometer rückwärts bis über den Rhein stauten. Im Prinzip saßen die deutschen Panzerdivisionen in der Falle. Doch diese Beinahekatastrophe blieb ohne Folgen, denn die alliierten Luftstreitkräfte ließen sich diese einmalige Chance entgehen. Mansteins Idee des „Sichelschnitts" und Guderians revolutionäre Forderung nach einem operativ selbständigen Einsatz der Panzerwaffe waren ad absurdum geführt worden. Das „Blitzkriegdenken" hatte also zu diesem Zeitpunkt bei der operativen Führungsebene noch nicht Einzug gehalten. Zudem waren von den 141 im Westen eingesetzten Divisionen nur 16 vollmechanisiert und motorisiert und können als typische „Blitzkrieg-Divisionen" bezeichnet werden.

Erst der Durchbruch des Panzerkorps Guderian bei Sedan bedeutete auch den Durchbruch der Ideen Guderians und wurde zum Ausgangspunkt des späteren „Blitzkrieg"-Denkens. Die Schlacht bei Sedan am 13. und 14. Mai 1940 war im Prinzip eine Wiederholung der französischen Niederlage von 1870. Während aber 1870 der Vereinigungspunkt zweier Zangenarmeen 9 Kilometer von Moltkes Feldherrenhügel entfernt bei Illy lag, bildete die Operation von 1940 eine gigantische, fast 400 Kilometer lange Umfassungsbewegung. Sie erstreckte sich „sichelförmig" von der luxemburgischen Grenze bis zur Kanalküste. War es 1870 gelungen, in Sedan eine französische Armee von 120 000 Mann einzukesseln, so gerieten nun fast 1,5 Millionen alliierte Soldaten in die deutsche Falle. Auf Grund dieses Erfolges war auf der operativen Ebene ein Führungschaos ausgebrochen, während auf der taktischen Ebene die Panzerkommandeure ihre im Polenfeldzug gelernte Lektion umsetzten. Schließlich fuhren die deutschen Panzerdivisionen nicht nur den alliierten, sondern auch der eigenen Führung davon. Es kam zu einer weitgehenden Dezentralisierung der operativen Entscheidungsprozesse. Entschlossene Führerpersönlichkeiten wie Erwin Rommel und Heinz Guderian ergriffen im Rahmen der Auftragstaktik die Initiative. Guderian ging dabei soweit, dass er kurzzeitig seines Kommandos enthoben wurde. Der Erfolg der kombinierten Panzer- und Luftangriffe basierte weniger auf materieller Gewalt, sondern wie bei Sedan (Panik der französischen Soldaten bei Bulson) auf dem psychologischen Verwirrprinzip. Den durchdringendsten „Psychoeffekt" erzielten die Stukas, die beim Sturzflug eine Sirene, die „Jericho-Trompete" auslösten. Die Luftwaffe unterstützte mit „rollenden Einsätzen", die über Stunden anhielten, den Vormarsch. Guderian forderte: Solange man selbst in Bewegung bleibt, solange hält man den Feind in Bewegung und hindert ihn daran, sich festzusetzen.

Nachfolgende Opfer dieser Blitzkriegdoktrin wurden Jugoslawien, Griechenland und die Insel Kreta. Letztere wurde von einer neuen Kampftruppe, den Fallschirmjägern, aus der Luft besetzt. Das waren militärische Erfolge ohne Beispiel, die zu Defätismus bei den einen und zur Verblendung bei den anderen führte. Denn trotz aller Anfangserfolge deutscherseits ließen sich die im Verlaufe der weitergehenden Schlachten und Kampfhandlungen auftretenden Mängel nicht übersehen. Im Kampf gegen Holland und auf Kreta waren zu viele und nicht mehr ersetzbare Transportflugzeuge verloren gegangen die dann im Russlandfeldzug fehlten. Die deutschen Panzer waren bald zu leicht und zu schwach bewaffnet. Das gleiche galt für die Panzerabwehrgeschütze. Die gezogene Fliegerabwehr konnte auf dem von Panzern zerwühlten Schlachtfeld zu wenig rasch nachgezogen werden. Die gezogene Artillerie und ebenso die Infanterie blieben im Angriff oft beängstigend weit zurück. Auch bei der Luftwaffe lief nicht alles rund. Sie stützte sich vor allem auf taktisch einsetzbare Flugzeugtypen. Die Lehren Mitchells und Douhets hatten keinen Eingang gefunden, es fehlte ein Fernbomber, der das Industriepotenzial der Alliierten treffen konnte. Die in der Propaganda glorifizierte Infanterie besaß vielfach Waffen, die nicht auf dem letzten Stand der Technik waren. Die „Braut" des Soldaten, der Karabiner 98k, unterschied sich nur wenig vom Vorgängermodell aus dem Ersten Weltkrieg. Dabei hatten Rüstungsfirmen schon lange Selbstladegewehre in ihrem Verkaufsprogramm.

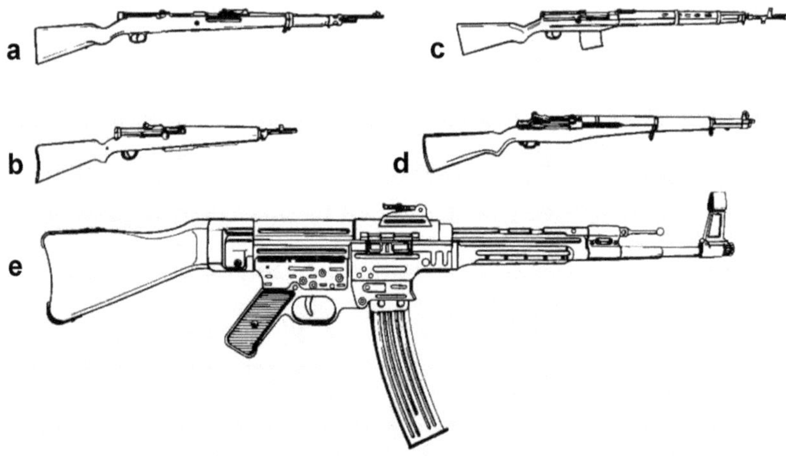

Selbstladegewehre der Zwischenkriegszeit
a) Scotti-Selbstladegewehr, eingerichtet für die Mauserpatrone 7,9 mm
b) SIG-Selbstladegewehr

Selbstladegewehre im Zweiten Weltkrieg
c) Russisches Selbstladegewehr SVT (Tokarew), Kaliber 7,62 mm
d) Amerikanisches Selbstladegewehr M1 (Garand) Kaliber .30 (7,62 mm)
e) Deutsches „Sturmgewehr" 44 mit vollautomatischer Zweitfunktion

Die Rückständigkeit der deutschen Infanterie auf diesem Gebiet bis weit in die Kriegsjahre ist um so erstaunlicher, wenn man weiß, wie rasch unter dem Druck der sich anbahnenden Niederlage später reagiert werden konnte. Es muss nach Beginn des Raubfeldzuges in Russland für die deutschen Infanteristen eine große Überraschung gewesen sein, ihren als Untermenschen bezeichneten Gegner teilweise mit halbautomatischen Gewehren ausgerüstet zu sehen. Ein Durchbruch gelang den deutschen Konstrukteuren auf dem Gebiet der Infanteriebewaffnung allerdings bereits vor dem Krieg mit der Entwicklung eines Einheitsmaschinengewehres. Mit dem MG 34 war es gelungen, die Typenvielfalt des Ersten Weltkrieges in einem Modell zusammenzufassen, das die Aufgabe des leichten und schweren Maschinengewehres übernehmen konnte. Doch spätestens im Russlandfeldzug zeigten sich die Mängel dieser in konventioneller Bauweise gefertigten Waffe, deren Anfälligkeit erst mit einer Neuentwicklung (MG 42, auch Hitler-Säge genannt) behoben werden konnte.

Verheerender als alle technischen, volkswirtschaftlichen und strukturellen Mängel aber war die deutsche Führung, in deren Hände sich das Militär und das Volk begeben hatten. Der mit „Ermächtigungsgesetzen" amtierende selbsternannte „Führer" des deutschen Volkes, Adolf Hitler und seine Trabanten führten am Militär vorbei einen „völkischen" Parallelkrieg gegen die geschlagenen Gegner. Unterjochung, Umsiedlung, Ausrottung ganzer Völker folgte in Form von Sondereinheiten der siegreichen Wehrmacht. Die auf den Führer vereidigte Wehrmacht verstrickte sich bald in die sofort nach Kriegsbeginn anlaufenden Kriegsverbrechen. Jeder Erfolg der nach militärischen Prinzipien vorgehenden Truppenführer von Heer, Luftwaffe und Kriegsmarine stärkte das verbrecherische Regime und führte zu immer weiteren Verstrickungen mit den Handlangern Hitlers. Eine solche bewaffnete Macht konnte wohl Schlachten für sich entscheiden, aber keinen Krieg gewinnen. Der Marschhalt vor Dünkirchen, das eigenmächtige Eingreifen des italienischen Diktators Benito Mussolini in das Kriegsgeschehen mit seinem Angriff auf Griechenland, waren erste, für die damalige Zeit nicht sichtbare Anzeichen der Grenzen innerhalb derer sich das „Dritte Reich" letztlich befand.

In der Zwischenzeit hatte sich die Lage im fernen Osten ebenfalls verdüstert. 1937 war zwischen China und Japan der offene Konflikt ausgebrochen. Der von Japan gewollte Krieg konnte aber nicht wie beabsichtigt in wenigen Monaten beendet werden, sondern dauerte zeitlich in den europäischen Krieg hinein fort. Japan vermochte zwar von den im europäischen Krieg verwickelten Engländern und Franzosen Zugeständnisse zu erzwingen, nicht jedoch von den Vereinigten Staaten von Amerika. Die USA verstärkten im Gegenteil ihre Hilfe an China und unterbanden zugleich durch Gesetz die Ausfuhr wichtiger Rohstoffe nach Japan. Dieser Wirtschaftskrieg traf Japan so hart, dass die Staatsführung nur noch die Wahl sah zwischen Krieg oder Rückzug aus China. Im Oktober 1941 übernahm General Hideki Tojo, ein Exponent der zum Kriege treibenden Kräfte, die Führung der Regierungsgeschäfte und die Ereignisse nahmen ihren Gang.

Der auch für die Achsenmächte überraschende Überfall der Japaner auf Pearl Harbour und die Philippinen (1941) mit Flugzeugen, die von Flugzeugträgern aus ihren verheerenden Angriff ausführten, zeigte sich bald als trügerischer Vorteil. Dieser Schlag lähmte in der Anfangsphase die

USA, so dass den Japanern, denen eine Kriegführung wie 1905 vorschwebte, Zeit blieb, ein Gebiet zu unterwerfen, das sich von den Aleuten bis nach Indien erstreckte. Doch der überraschende Schlag der japanischen Flotte auf Pearl Harbour hatte nicht wie beabsichtigt die Flugzeugträgerwaffe der USA vernichtet, sondern nur die zu diesem Zeitpunkt bereits zweitrangig eingestuften Schlachtschiffe getroffen. In der Folge konnte Japan über eine gewisse Zeit Erfolg auf Erfolg für sich buchen, dann aber begann die Gegenoffensive Amerikas. Der „japanische Blitzkrieg" wurde gestoppt und die Waage begann sich auf die Seite des wirtschaftlich Stärkeren zu senken. Die Ereignisse im fernen Osten hatten daher auch Rückwirkungen auf den Krieg in Europa. Hitlerdeutschland hatte den USA vertragsgemäß den Krieg erklärt. Darauf griffen die USA, die bis anhin die Alliierten nur mit Waffenlieferungen unterstützt hatten, auch in Europa direkt in den Krieg ein. Zudem wurde Russland, das 1941 ebenfalls überraschend von den Hitlerarmeen angegriffen wurde, durch den Kriegseintritt Japans entlastet. Russland konnte winterharte Truppen, die seine Grenze gegen Japan sicherten abziehen und gegen Deutschland und seine Verbündeten einsetzen. Gegen die Westmächte hatte die deutsche Führung mit einem langwierigen, zeitlich zunächst unbefristeten Krieg gerechnet. Die Sowjetunion wollte man in einem für drei Monate geplanten Feldzug militärisch zerschlagen. Auf diese zeitliche Fixierung hin war die Mobilisierung der personellen und materiellen Ressourcen abgestimmt. Doch die Wehrmacht siegte sich operativ „zu Tode". Sie war nur auf einen kurzen Feldzug vorbereitet, und so musste ihr, strategisch gesehen, bald der Atem ausgehen. War der Westfeldzug ein nicht geplanter, aber erfolgreicher „Blitzkrieg" gewesen, so bildete der Ostfeldzug, einen geplanten, jedoch erfolglosen „Blitzkrieg".

Der eigentliche Kern in Hitlers improvisiertem Kriegsplan, den er Ende 1940 gefasst hatte, beinhaltete in einem ersten Schritt die Erringung der Hegemonie über Europa, die er letztlich nur im Niederwerfen Russlands erreicht sah. Hitlers Überlegungen basierten auf der Annahme, dass Russland der letzte „Festlanddegen" Englands sei. Es gelte daher, die Sowjetunion zu zerschlagen, um England friedensbereit zu machen. In einem zweiten Schritt sah Hitler neue militärische Aktionen direkt gegen die britische Insel vor als auch Vorstöße von Libyen aus gegen Ägypten, aus Bulgarien durch die Türkei gegen Suez und unter Umständen aus Transkaukasien heraus gegen den Irak, evtl. bis in den Iran. In diesem zweiten Schritt sollte die Grundlage für die Weltmachtstellung Deutschlands und damit des Nationalsozialismus gelegt und England zum Frieden gezwungen werden, um dann im engen Zusammengehen mit Japan auch gegen die USA bestehen zu können.

Das Phänomen des „Blitzkrieges" erschien den Kriegsführenden unter dem Schock der brutal ausgeteilten Schläge als revolutionär. Heute wissen wir, Hitlers Angriffskriege waren in gewisser Hinsicht ein Anachronismus. Im Industriezeitalter, in dem zwei Weltkriege letztlich rein strategisch, und zwar durch die Produktivität der Industrien, entschieden wurden, waren Hitler und seine Generäle zu einseitig auf die operative Ebene fixiert. Militärisch-operativ gesehen orientierten sie sich an modernsten

Methoden. Strategisch blieben sie reaktionär, einem vergangenen Kriegsbild verhaftet. Der amerikanische Bürgerkrieg hatte ja schon die Überlegenheit des wirtschaftlich Stärkeren aufgezeigt. Diese Tatsache wurde aber von den politisch-militärischen Hasardeuren beider Weltkriege nicht wahrgenommen. Beziehungsweise, es wurde immer angestrebt, auf dem Kontinent die Gegner mit raschen siegreichen Schlägen zu paralysieren und in einen Schock-Frieden zu zwingen. Im Ersten Weltkrieg war diese Rechnung schon im ersten Anlauf gegenüber dem Westen nicht aufgegangen. Im Zweiten Weltkrieg verhinderten die Ressourcen Englands, des außereuropäischen Partners USA sowie dessen großzügige materielle Unterstützung an die Sowjetunion den „Endsieg" des „Dritten Reiches", das sich nun einzuigeln begann.

Die Pläne Hitlers und damit die Chancen für eine erfolgreiche Kriegführung in seinem Sinne scheiterten, als es nicht gelungen war, den Russlandfeldzug in der vorgesehenen kurzen Zeitspanne bis Anfang September 1941 siegreich abzuschließen. Hitlers Hoffnungen, den Mangel an Rohstoffen durch die rasche Eroberung und anschließende Ausbeutung russischer Ressourcen auszugleichen und sein Reich damit in die Lage zu versetzen, langfristig von den angelsächsischen Seemächten autark zu werden, zerstoben vor der Realität eines nicht niederzuringenden Russlands. Hitler und seine Armeen waren im Winter 1941/42 in eine Situation geraten, die eine Weiterführung weitgespannter Ziele zur Erlangung einer „Weltmachtstellung" nicht mehr erlaubte. Der Vorstoß nach Stalingrad und in den Kaukasus im Sommer 1942 war ein letzter, verzweifelter Versuch, die Initiative noch einmal an sich zu reißen, aber ohne dass dadurch noch eine Entscheidung im Großen herbeigeführt werden konnte. Bereits Ende Januar 1942 beliefen sich die Ausfälle des deutschen Ostheeres auf 920 000 Mann, davon 29 000 Offiziere. Allein im Bereich der Heeresgruppe Mitte fehlten zu diesem Zeitpunkt etwa 400 000 Mann. Auch die Verluste an Material und Ausrüstungsgegenständen waren verheerend und auch für größte Optimisten nicht mehr ausgleichbar. Das Ostheer hatte den Russlandfeldzug mit einem Panzerbestand von 3580 Panzern und Selbstfahrlafetten angetreten. Ende Dezember 1941 betrugen die Verluste an Panzern und Sturmgeschützen 3780, Ende Januar 1942 bereits 4240 Geräte. Diese Ausfälle waren bei einer monatlich erreichbaren durchschnittlichen Panzerproduktion von nur rund 250 Panzern kurzfristig nicht mehr ersetzbar. Darüber hinaus war die Beweglichkeit des Ostheeres durch den hohen Ausfall an Fahrzeugen aller Art generell eingeschränkt worden. Von den rund 500 000 Transportfahrzeugen zu Beginn des Ostfeldzuges waren bereits 100 000 ausgefallen, weitere 250 000 standen in Reparatur. Dazu kamen die enormen Pferdeverluste, die sich Ende Januar 1942 auf 210 000 beliefen. Die Flugzeugverluste der Luftwaffe hatten Ende Januar die Gesamthöhe von 6900 Maschinen erreicht. Mitte Januar 1942 meldete deshalb die Luftwaffe, dass sie ihre Verluste im Osten nicht mehr decken konnte.

Nach außen hin aber standen die Achsenmächte im Frühjahr 1942, im vierten Kriegsjahr, auf der Höhe ihrer Macht. Das „Dritte Reich" hatte an allen Fronten gesiegt; die „Festung Europa" reichte von der französischen

Atlantikküste bis zum schwarzen Meer, vom Mittelmeer bis zur Arktis, und umfasste ein Gebiet mit einer Bevölkerung von mehr als 400 Millionen Menschen. Auch in den Wüsten Nordafrikas waren deutsche Truppen siegreich. Im Juni kapitulierte Tobruk mit einer englischen Besatzung von 33 000 Mann. Einzig die ringsum eingeschlossene Schweiz hatte ihre Souveränität bewahrt. Im fernen Osten führte Japan weitere vernichtende Überraschungsangriffe. Im März landeten japanische Truppen auf Neu-

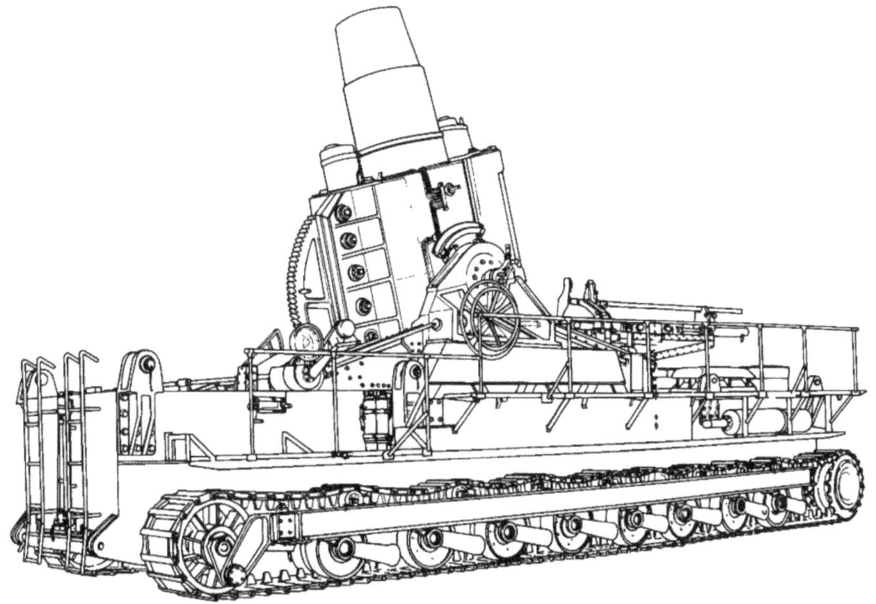

60-cm-Mörser „Karl"

Der 123 Tonnen schwere deutsche Mörser Karl mit einem Geschützrohr im Kaliber 60 cm verschoss Granaten im Gewicht von rund 1,6 Tonnen bis zu 6700 Meter weit. Obwohl neben dem Riesen-Eisenbahngeschütz „Dora" eine der letzten großen Leistungen im Geschützbau, war der Aufwand für das Gerät verfehlt und durch die Möglichkeiten der Flugwaffe überholt.

guinea; Bataan musste kapitulieren, auch in Burma erlosch jeder Widerstand. Wenig später griffen japanische Bomber Kalkutta an. Die japanische Flotte beschoss Colombo und bedrohte die südafrikanische Küste. Im Mai überschritten japanische Truppen Indiens Ostgrenze. Die Armeen Hitlers waren in Russland bis in die Nähe von Moskau vorgedrungen. Im Juli fielen Sewastopol und Rostow. Im Mai 1942 ließ der russische Diktator Stalin den amerikanischen Präsidenten Roosevelt deshalb warnen, die rote Armee sei dem weiteren Ansturm bald nicht mehr gewachsen, wenn die deutsche Wehrmacht noch weitere Truppen in den Kampf werfen könne. Der Ruf nach einer zweiten Front war unüberhörbar.

Aber die Alliierten verfügten noch über zu wenig Schiffe, Panzer und Flugzeuge. Sie hofften daher, den Druck auf die Sowjetunion in einer ersten Phase durch Bombenangriffe zu vermindern. Der Umstand, dass die USA in der Zwischenkriegszeit ein weiteres Mal die Militäraufwendungen drastisch gesenkt hatten, verursachte schwerwiegende Auswirkungen auf die Logistik, denn hier war der Sparhebel besonders angesetzt worden. Der Anteil der Nachschubtruppen wurde um ein Fünftel an der Gesamtarmee gesenkt. Als sich die Amerikaner nach dem Angriff der Japaner zur Mobilmachung gezwungen sahen, trieben sie, wie schon im Ersten Weltkrieg, die Aufstellung der Kampfformationen voran und unterließen es gleichzeitig die logistischen Truppen entsprechend zu erhöhen. 1942 konnten deshalb die amerikanischen Truppen nur eingesetzt werden, weil die Engländer die logistische Unterstützung sicherstellten. Aber auch die englische Kapazität sollte bald nicht mehr genügen, weshalb die amerikanischen Operationen 1942 in den letzten vier Monaten stark zurückgingen. Erfolge und Niederlagen zeigten aber nur die äußere Seite des Krieges. Parallel dazu vollzog sich ein geheimer, der Öffentlichkeit wenig bekannter Kampf. Es handelte sich um den Radarkrieg. Dieser Krieg wurde in Laboratorien, Funkstationen und getarnten Fabriken ausgetragen. Sein Zweck bestand darin, Angriffe feindlicher Luft- und Seestreitkräfte frühzeitig zu erkennen. Wer in diesem „unsichtbaren" Kampf siegte, würde auch bald im offenen Krieg überlegen sein. Die Geleitzüge im Atlantik und die Murmansktransporte mussten geschützt werden. Die Verluste der Bomber waren viel zu hoch (allein das Bomberkommando der RAF hatte monatliche Verluste von etwa 200 Maschinen), um entscheidende Schläge gegen die „Festung Europa" zu führen. Die Briten setzten alles ein, um mit der bis anhin wenig erfolgreichen Radartechnik voranzukommen. Die Erfindung des Magnetrons durch Professor J. T. Randall und Dr. H. A. H. Boot ebnete ihnen den Durchbruch, der mit entscheidend zum Umschwung im Kriegsablauf wurde. In Deutschland schlief hingegen die Forschung auf diesem Gebiet ein. Auf der Höhe der Macht wurde vieles zurückgestellt, das bald bitter benötigt wurde.

Erstes Warnzeichen war der Ausgang der See-Luftschlacht bei den Midway-Inseln im Sommer 1942, als die japanische Flotte unter Admiral Isoroku Yamamoto ihre erste Niederlage seit dem 16. Jahrhundert erlitt. Diese Schlacht beseitigte (wenn auch nicht sofort sichtbar) die entscheidende Überlegenheit der Japaner zur See, die ihnen die Eroberung der südasiatischen Rohstoffgebiete ermöglicht hatte. Die Amerikaner landeten in der Folge Verbände auf der Solomon-Insel Guadalcanal und leiteten damit ihre großräumige Gegenoffensive auf dem pazifischen Kriegsschauplatz ein. Weniger bekannt sind in diesem Zusammenhang die Leistungen der amerikanischen U-Bootwaffe. Die Amerikaner verloren im Laufe des Zweiten Weltkrieges vor allem gegen Japan 52 Unterseeboote, davon 41 durch Feindeinwirkung. Diese 52 U-Boote stellten ungefähr 18 Prozent der während der Kampfhandlungen eingesetzten Unterseeboote dar. Diese U-Boote versenkten 1178 japanische Handels- und 83 Kriegsschiffe sowie 131 U-Boote. Die Japaner, die ebenfalls auf einen begrenzten Krieg vertrauten, hatten kein ausreichendes Programm für den Neubau von Schiffen vorgesehen, um die steigenden Verluste auszugleichen, die sie durch die amerikanischen Unterseeboote erlitten. So betrugen ihre Neubauten im Jahre 1942 ca. 260 000 Bruttoregistertonnen (BRT), während sie durch Einwirkung der amerikanischen U-Boote über 950 000 BRT verloren. 1945 bauten sie noch immer nicht mehr als 500 000 BRT Schiffsraum, während die doppelte Tonnage von den Amerikanern versenkt wurde.

In diesem Zusammenhang ist es auch notwendig, auf eine der Hauptwaffen der damaligen im Pazifik kämpfenden Trägerflugzeuge einzugehen. Das waren einmal Torpedoflugzeuge, die im Horizontal- und Tiefangriff gegnerische Schiffsziele bekämpften und Flugzeuge, die im Sturzflug ihre Ziele angriffen. Die Sturzkampfidee entwickelte sich in den USA aus Einzelinitiativen, und gegen starken Widerstand, als wichtige Alternative zum Horizontalbombenwurf. Die in den dreißiger Jahren zur Verfügung stehenden Bombenzielgeräte waren noch nicht geeignet, Bomben aus großer Höhe mit entsprechender Genauigkeit ins Ziel zu bringen. Das konnte daher nur mit Flächenbombardierungen erreicht werden, was einen sehr hohen Materialaufwand bedingte. Bereits Anfang der dreißiger Jahre wurden deshalb die ersten US-Flugzeugträger zusätzlich mit Sturzkampfbombern ausgerüstet. Nimmt man versenkte Schiffe als Maßstab für den Erfolgsnachweis, so waren amerikanische Sturzkampfbomber die erfolgreichsten des Zweiten Weltkrieges. In Deutschland wurde 1931 die Stuka-Idee vom Flieger-Ass Ernst Udet aufgegriffen. Nicht nur aus der Erkenntnis der verbesserten Wirkung gegen Punktziele, sondern auch als Möglichkeit, um die damals schon von ihm erkannten begrenzten wirtschaftlichen und militärischen Mittel Deutschlands besser nutzen zu können. In der Folge entwickelte sich aus dieser Idee die ursprünglich als schneller Horizontal- und Sturzkampfbomber konzipierte Ju 87, die in den ersten Kriegsjahren die Schlachtfelder in Europa beherrschte. In der Folge wurde aber die einseitige Aufrüstung nur im Hinblick auf taktische Ziele der Luftwaffe und damit auch von Heer und Marine zum Verhängnis.

Ein weiteres Warnzeichen in der Überschätzung der Kräfte war das Schicksal der deutschen Kriegsmarine. Obwohl sie zu Beginn des Krieges Schlagzeilen machte, wurde sie durch die trotz aller Aufrüstung immer noch überlegene Seeherrschaft Englands bald in die Defensive gedrängt. An die Stelle der Großkampfschiffe, die sich vor Luftangriffen kaum retten konnten, mussten, wie schon im Ersten Weltkrieg, kleinere Schiffseinheiten treten. Der Seekrieg artete bald zum totalen U-Bootkrieg aus. In einem harten Ringen um Versenkungszahlen sah es eine Zeitlang aus, als würde die deutsche U-Bootwaffe obenausschwingen. Zu wenig Boote im Einsatz (erst im März 1943 erreichten die deutschen U-Bootzahlen die Höhe, die Großadmiral Dönitz bereits 1939 gefordert hatte), technische Unzulänglichkeiten (der Schnorchel wurde erst im Verlauf des U-Bootkrieges eingeführt), schwerwiegende Mängel bei den verwendeten Torpedos sowie der stetig zunehmende technologische Vorsprung der Alliierten auf dem Gebiet der Radar-Ortung, ließen letztlich die deutschen Anstrengungen im Seekrieg nicht zum Erfolg kommen.

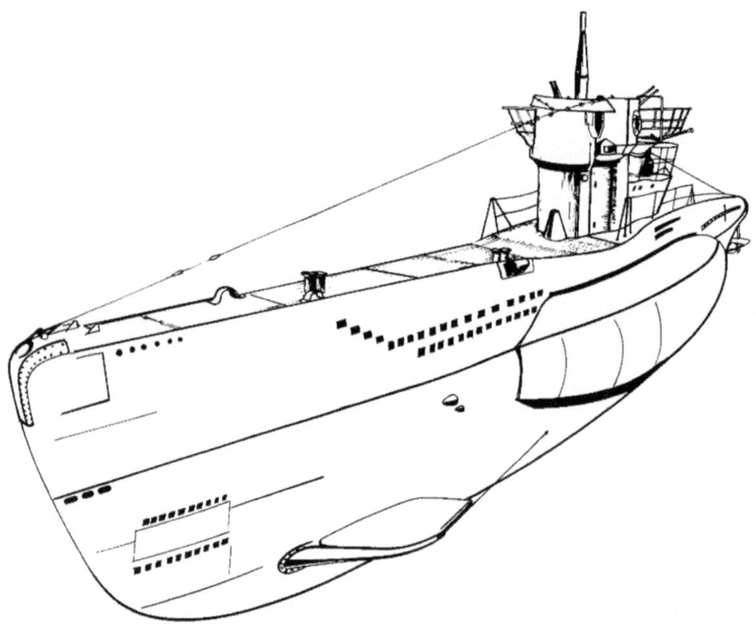

Deutsches Standard-U-Boot im Zweiten Weltkrieg, Typ VII C

Verdrängung: 769 t (über Wasser), Bewaffnung: 5 Torpedorohre mit 14 Torpedos, mehrere leichte Fliegerabwehrwaffen, Geschwindigkeit: 17 kn über-, 7,5 kn unter Wasser

Auch zu Lande verlor der Blitzkrieg allmählich seinen Schwung und kam schließlich tief in Russland (Stalingrad) zum Stehen. Im Juli 1942 waren in den Kampf um Stalingrad die bestens ausgerüstete 6. Armee, geführt vom jüngsten unter den deutschen Heerführern, Generalleutnant Friedrich W. E. Paulus, mit 22 Divisionen und 364 000 Mann angetreten. Am 23. November waren laut Verpflegungsstärken-Nachweis etwa 270 000 Mann von den Russen eingeschlossen. Bis zum 24. Dezember 1942 wurden an Verwundeten und Spezialisten etwa 34 000 Mann ausgeflogen. Nach sowjetischen Angaben gingen bis zum 29.1.1943 rund 16 800 Mann in Gefangenschaft. Vom 30.1. bis 2.2.1943 folgten noch nahezu 91 000 Mann. Fast zwei Drittel der Mannschaften und Unteroffiziere, nahezu die Hälfte der Offiziere, waren gefallen. Viele starben nicht durch direkte Waffenwirkung, sondern erfroren, verhungerten oder fanden den Erschöpfungstod. Der größte Teil zudem in den letzten beiden Wochen des Dramas. Auf dem Stalingrader Schlachtfeld wurden 46 700 gefallene sowjetische Soldaten und Offiziere gefunden. An deutschen Gefallenen wurden nach russischen Angaben 146 300 Mann aufgesammelt und verbrannt. Doch nicht nur die 6. Armee ging zu Grunde, auch die Luftwaffe erlitt schwere Verluste. Allein in den Kämpfen um Stalingrad vom 24. November 1942 bis zum 3. Februar 1943 wurden 7223 Gefallene und Vermisste des Bodenpersonals gezählt. Das fliegende Personal verlor rund 1000 Mann. 168 Flugzeuge wurden total zerstört, 112 galten als vermisst und 215 Flugzeuge waren schwer beschädigt. Die Luftversorgung kostete fast die Hälfte aller vorhandenen Transportflugzeuge vom Typ Ju 52 und den größten Teil des fronterfahrenen Personals. Alles Verluste, die sich nicht mehr ersetzen ließen.

Auf dem Kriegsschauplatz Afrika wendete sich das Blatt ebenso. Das zur Unterstützung der Italiener entsandte deutsche Afrikacorps unter Erwin Rommel, das zu Anfang große Erfolge errang, wurde vom englischen General Bernard Montgomery ab dem 23. Oktober 1942 in zermürbenden Materialschlachten (El Alamein) zerschlagen. Ein weiterer Schlag für die Deutschen war die Landung der Anglo-Amerikaner am 8. November des gleichen Jahres in Nordafrika. Diese Invasion löste zwar im gleichen Monat den Einmarsch deutscher und italienischer Truppen im bis dahin unbesetzten Teil Frankreichs aus, in Nordafrika ergab sich aber für die Achsenmächte bald ein hoffnungsloser Zweifrontenkrieg.

Die trotz aller Zweifel lange Zeit siegreichen, aber immer noch in rein militärischen Denkschemas verharrenden Befehlshaber auf deutscher Seite (Adolf Hitler hatte den Oberbefehl über die Wehrmacht übernommen) wurden unruhig, blieben aber weiterhin aus individuellen Gründen regimetreu. Der Angriff gegen Russland wurde von vielen als zu risikoreich abgelehnt, aber befehlsgemäß ausgeführt. Als Ziel wurde die Niederwerfung der russischen Militärmacht verstanden, im Prinzip nach dem Muster Napoleons, der ja ebenfalls in Russland eingefallen war, um England zu treffen. Die Heerführer Großdeutschlands verstanden ihren Führer nicht, oder wollten ihn nicht verstehen. Hitler ging es nicht um geschlagene Armeen, siegreiche Schlachten usw. das waren alles nur Meilensteine zum tausendjährigen Reich, das in einer ersten Phase ganz Europa mit Russland unter „arischer Herrschaft" umschließen sollte. Im neu eroberten Lebensraum im Osten würde dann die siegreiche arische Rasse (was immer das war) auf Kosten der geschlagenen Völker bis in die fernste Zukunft herrschen. Diesem Wahngedanken hatte sich alles unterzuordnen, auch auf Kosten primitivster menschlicher Regungen. Wer sich dem entgegenstellte wurde beseitigt. Die zivile und militärische Justiz pervertierte daher ebenso wie alle anderen Träger des deutschen Staates zu willfährigen Helfern des abgrundtief Bösen, das sich mit der Errichtung der Nazi-Herrschaft in Deutschland nicht heimlich, sondern öffentlich auftretend (Volksgerichtshof) eingenistet hatte. Der NS-Gerichtsbarkeit werden nach vorsichtigen Schätzungen in den Jahren 1933 bis 1945 über 30 000 Todesurteile angelastet, wovon die Wehrmacht nach dem Militärstrafrecht bis Ende Februar 1945 allein mehr als 6000 Todesurteile an eigenem Personal vollzog. Zum Vergleich: Während des Ersten Weltkriegs wurden vom deutschen Landheer nur insgesamt 48 Todesurteile an eigenen Armeeangehörigen vollstreckt.

In Russland zeigte sich zunehmend die Schwäche deutscher Kriegsführung. Die immer noch verwendeten leichten Panzer konnten gegen die überraschend eingesetzten schweren russischen Kampfpanzer T 34 wenig ausrichten. Auch die Artillerie war vielfach unterlegen. Gefürchtet waren in diesem Zusammenhang die russischen Gegenwaffen: schwere Mörser und die Raketenartillerie. In aller Eile mussten neue Panzer und Panzerabwehrwaffen entwickelt und an die zurückgehende Front geworfen werden. Als besonders effektiv für den Einzelkämpfer erwiesen sich die nun aufkommenden leichten Waffen mit Hohlladungsgeschoss. Der Hohlladungseffekt war zwar bereits seit den 1880er Jahren bekannt (Munroe-Effekt), aber das Prinzip und die physikalischen Vorgänge wurden lange nicht verstanden. So unternahm man bereits während des Ersten Weltkrieges Versuche, jedoch vergebens. Ins Rollen kam diese Entwicklung mit dem deutschen Experimentator Egon Neumann, der entdeckte, dass durch Auskleidung mit einem Metallblech der Durchschlagseffekt ungemein verstärkt wurde. Das britische Heer verfügte bereits 1938 über eine Hohlladungs-Gewehrgranate. Die vom britischen Heer in der Zeit bis zum Kriegseintritt gemachten Erfahrungen wurden auch von den Amerikanern genutzt. Letztere kamen als erste auf die Idee, ein Raketenabschussgerät in Verbindung mit einem Hohlladungskopf als wirkungsvolle Panzerabwehrwaffe zu kombinieren. So entstand die „Bazooka". In Deutschland zog man unter dem Druck der Ereignisse nach und führte entsprechende Geräte für die Infanterie in großer Zahl ein. Die Vorgänge bei der Detonation einer Hohlladung sind äußerst komplex und wurden erst voll verstanden, als entsprechend entwickelte Hochgeschwindigkeitsfotografie, Funkenfotografie und Röntgenblitzfotografie zur Untersuchung der Explosionsvorgänge zur Verfügung standen. Im Prinzip wird die Hohlladung an einem vom Konus weit entfernten Punkt gezündet, so dass die Detonationswelle durch die Masse der Sprengladung dringt und auf den Konus in symmetrischer Form trifft. Nun breitet sich die Detonationswelle über den Konus, verformt das Metall der Einlage und diese „fließt" nun in der Konus-Achse zu einem Strahl gebündelt in Form von Kleinst-Metallpartikeln mit sehr hoher Geschwindigkeit von über 8000 m/s in Richtung Panzerziel, das in etwa entsprechend dem Kaliber der Hohlladung durchdrungen wird.

Die immer stärker werdende Panzergefahr führte dazu, dass auch leichte Geschütze über Panzerabwehrfähigkeit verfügen mussten. Für sie eigneten sich reaktive Granaten mit Quetschkopf. Diese, mit relativ schwacher Ladung abgeschossenen Geschosse, bestanden aus einem dünnwandigen Körper mit plastischem Sprengstoff und Bodenzünder. Beim Auftreffen auf das Panzerziel wurde die Granate zerquetscht und der Sprengstoff haftete am Ziel. Der Bodenzünder löste nun die Sprengung aus und auf der Gegenseite der Panzerplatte wurde ein größerer Abplatzer mit etwa 900 km/h abgesprengt. Diese Entwicklung basierte auf einer Erfindung von Sir Charles Dennistoun Burney, einem bekannten britischen Ingenieur, der sich vor allem mit der Entwicklung rückstoßfreier Geschütze beschäftigte.

Die im Zweiten Weltkrieg seitens der Alliierten und Deutschen entwickelten rückstoßfreien Geschütze gehen zurück auf eine Erfindung im Ersten Weltkrieg. Die „Davis Countershot Gun" (Davis Gegenmassekanone) arbeitete nach einem ganz einfachen Prinzip: Es wurde eine Kartusche gezündet die sich zwischen einem Geschoss und einer gleich schweren Gegenmasse aus einer Ladung Fett und Bleischrott befand. Da die Kräfte beim Abschuss innerhalb des zweigeteilten Rohres gleich waren, hoben sie sich auf und das Geschütz blieb rückstoßfrei. Nach diesem und ähnlichen Prinzipien entwickelten sich im Verlauf des Krieges Leichtgeschütze für Truppen, die aus verschiedenen Gründen die immer schwerer und aufwendiger gebauten Panzerabwehrkanonen nicht einsetzen konnten. Der erste größere Einsatz dieser neuen Waffe fand auf Kreta durch deutsche Fallschirmjäger statt. Einen besonderen Ruf erwarb sich vor allem die amerikanische Glattrohrwaffe M40 (auch bekannt als BAT, Battalion, Anti-Tank), ausgerüstet mit einem speziellen Einschießgewehr. Waffen dieser Art waren zwar sehr leistungsfähig, ein schwerwiegender Mangel war und blieb aber der nach hinten gerichtete Flammenschlag.

Die bessere Antwort auf den gegnerischen Panzer blieb neben diesen speziellen Waffen und den immer leistungsfähigeren Bodenminen das leistungsstarke Geschütz. Hier bewährte sich deutscherseits die 8,8-cm-Flak auf allen Kriegsschauplätzen. Der bereits im Ersten Weltkrieg von Italien und den USA entwickelte Typ von Feldartilleriegeschützen mit Spreizlafetten bewährte sich dank seinem großen Seitenrichtbereich ebenfalls im Panzer-Abwehrkampf. Die noch bessere Antwort aber war ein noch leistungsfähiger Panzer. Der „Panther" oder Panzerkampfwagen V war neben dem früher eingeführten Panzerkampfwagen VI (Tiger I) die direkte Antwort der deutschen Wehrmacht auf den russischen T 34. Am 2. Juli 1941 hatten die deutschen Truppen zum ersten Mal Feindberührung mit dem neuen russischen Kampfpanzer.

Nach dem deutschen Panzergeneral Heinz Guderian war bis 1943 der Sowjetische Panzer T 34 „der beste Panzer der Welt". Waren im Jahre

1940 nur 115 T 34 fertig gestellt, so rollten in den Jahren 1943 bis 1945 je 10 000 Panzer aus den Fabriken. Mit einem Gesamtgewicht von 27 Tonnen und bewaffnet mit einer 7,6-cm-Kanone war der T 34 ein relativ leichter Panzer dessen stark abgeschrägte Konturen aber einen guten Schutz gegen Durchschüsse boten.

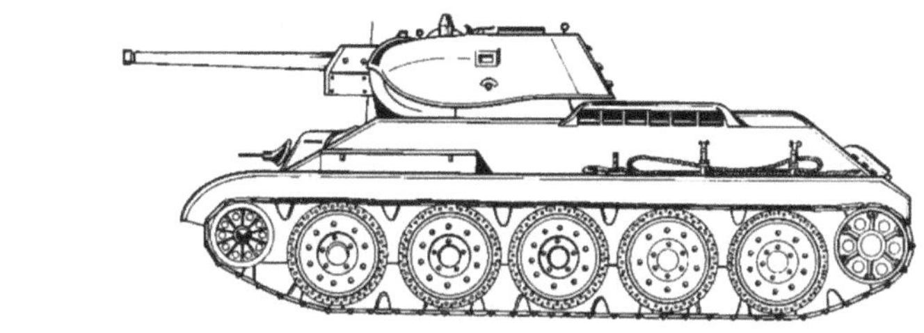

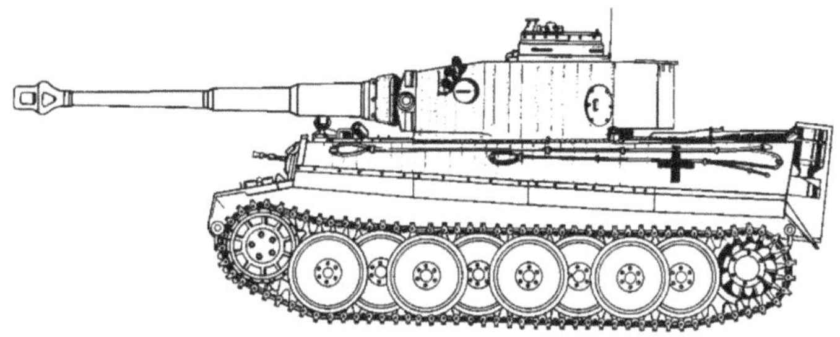

Gegenspieler

Oben: russischer Kampfpanzer T 34 (ab Juni 1940). Dieser Panzer wurde ab 1943 in der verbesserten Version T 34/85 eingesetzt.

Unten: deutscher Kampfpanzer VI „Tiger I" (Sd.Kfz. 181), 1942/45.

Als sich die deutschen Kampfpanzer I bis III nach den ersten Kriegsjahren als zunehmend unterlegen erwiesen und gegen die schwereren britischen, französischen und vor allem russischen Panzer nicht mehr viel ausrichten konnten, forderte Hitler im Mai 1941 den Bau eines entsprechend überlegenen Kampfpanzers. Der als erster Panzer mit überlappenden Laufrädern ausgerüstete Panzerkampfwagen VI „Tiger I", bewaffnet mit der berühmten 8,8-cm-Kanone und einem Gesamtgewicht von 57 Tonnen, absolvierte seine „Feuertaufe" 1942 bei Leningrad. Später wurde dieser in einer Gesamtstückzahl von 1350 Panzern hergestellte Typ in Nordafrika, und in Italien eingesetzt, gegen Kriegsende erschien er an allen Fronten. Ein noch erfolgreicheres deutsches Panzermodell war der Panzer V, auch „Panther" genannt. Die ersten „Panther" mit einem Gesamtgewicht von 44,8 Tonnen, bewaffnet mit einer 7,5-cm-Kanone, erschienen aber erst Mitte 1943 bei der Truppe. Der „Panther" erreichte mit seinen Versionen (Kampfpanzer, Jagdpanzer – ohne Turm –, Befehlspanzer, Bergepanzer und Minenräumpanzer) eine Gesamtstückzahl von 5805 Exemplaren.

Ab dem Jahr 1943 war es der deutschen Panzerwaffe gelungen, mit ihren „Panthern" und „Tiger I" die russischen Panzer zu neutralisieren. Trotzdem entstand der Wunsch nach einem eindeutig überlegenen Panzer. Das Resultat war der Panzerkampfwagen Tiger Ausf. B (Sd.Kfz. 182), auch „Tiger II" oder „Königstiger" genannt. Mit 68 Tonnen Kampfgewicht war er der schwerste eingesetzte Kampfpanzer des Zweiten Weltkrieges. Seine 8,8-cm-Kanone durchschlug auf 1000 Meter Entfernung noch eine 20 cm starke Panzerung. Von diesem ab 1944 gefertigten überschweren Gerät standen bis im März 1945 lediglich 485 Panzer zur Verfügung, so dass auch diese „Wunderwaffe" am Ausgang des Kriegsgeschehens in Ost und West nichts mehr ändern konnte.

Im Westen waren die deutschen Panzer lange überlegen, da vor allem die Amerikaner mit ihren relativ leichten Panzern ausgesprochene Panzerschlachten, wie sie im Osten stattfanden, vermeiden mussten. So dienten beispielsweise die amerikanischen Panzer in erster Linie der gewaltsamen Aufklärung. Ihre Panzer benötigten einen großen Aktionsradius, sparsamen Verbrauch an Treibstoff und demzufolge geringes Gewicht. Mussten doch diese Panzer über tausende von Meilen verschifft und dann in Amphibien-Operationen an feindlichen Küsten angelandet werden. Sie mussten auch fähig sein, unzählige Flüsse und Hilfsbrücken zu überqueren, da die permanenten Brücken im Vormarsch vielfach durch die eigene Luftwaffe zerstört worden waren. Diese mittelschweren Panzer waren damit aber im direkten Kampf Panzer gegen Panzer im Nachteil. Zu Beginn des Jahres 1944 wurde daher beschlossen, die Massenproduktion eines schweren amerikanischen Panzers aufzunehmen. Doch erst mit dem Pershing-Panzer konnte gegen Ende des Krieges dem Gegner ein gleichwertiges Gerät entgegengestellt werden. Weit wichtiger als ein gleichwertiger Panzer wirkte sich aber die englisch/amerikanische Luftüberlegenheit aus, dank der sich die gegnerischen Panzerkräfte schon im Anmarsch zerschlagen ließen. In der Folge wurde die Fliegerabwehr deutscherseits auch bei der kämpfenden Truppe verstärkt und eigentliche Flakpanzer entwickelt, die im Verband mit den Kampfpanzern vorgehen sollten. Die meisten dieser Entwicklungen kamen aber zu spät oder in zu kleinen Stückzahlen an die Front, um noch einen Umschwung herbeizuführen.

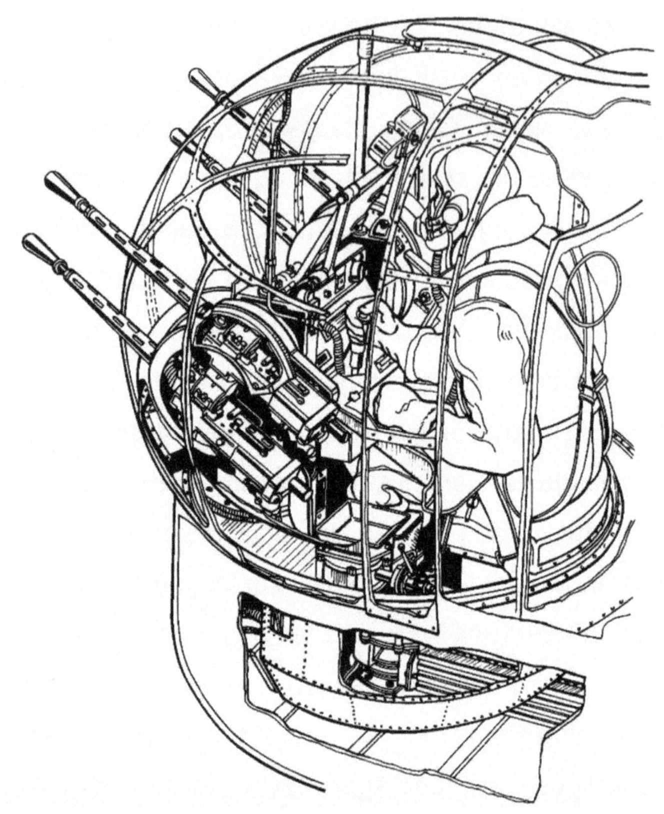

Heckkanzel eines britischen Avro Lancaster Bombers

Die vier Browning .303 Mark II wurden mittels Steuerknüppel hydraulisch gerichtet; Hersteller: Nash & Thompson.

Die Achsenmächte, das Großdeutsche Reich, seine Verbündeten und Japan, hatten es nicht vermocht, die eigentlichen Kraftzentren ihrer alliierten Gegner zu treffen. England, obwohl schwer angeschlagen, blieb standhaft und begann sich zusehends zu erholen. Insbesondere, als es den deutschen Versuch, 1941 mit der Luftwaffe in England die Luftüberlegenheit zu erringen, erfolgreich abgewehrt hatte. Die USA selbst blieben von den

Ereignissen im fernen Osten praktisch unberührt und konnten sich voll und ungestört auf die Kriegsproduktion umstellen. Ihr wirtschaftliches Wachstum wurde angeregt (in den 30er Jahren gab es in den USA jeden Winter neun bis zehn Millionen Arbeitslose, und noch 1941 hatten 5,5 Millionen Menschen keine Arbeit), indem sich die Gesamtproduktion in den Kriegsjahren fast verdoppelte. Zugleich wurden nahezu 13 Millionen kriegsdiensttaugliche Männer eingezogen. Die USA konnten es sich daher leisten, gegen die Achsenmächte in Europa und Japan Krieg zu führen. Die Unterstützung, die es England, aber auch der Sowjetunion angedeihen ließ, machten mit der Zeit jeden Erfolg der deutschen Wehrmacht wieder zunichte. Wie schon im Ersten Weltkrieg, dachte auch jetzt die deutsche Führung kontinental. Einmal mehr wurde verkannt, dass wer die See beherrscht, die größeren Mengen von Menschen und Material über weiteste Strecken befördern kann. Die Offensive gegen Russland blieb nach 1000 km Landweg stecken, im Pazifik überwanden die Amerikaner die 18 000 km bis Tokio. Adolf Hitler begann den Krieg ohne ausreichende Flotte. Er fand auch keine gemeinschaftliche Strategie mit Italien und Japan. Er und das Oberkommando der Wehrmacht (OKW) erkannten im Sommer 1940 nicht die Bedeutung eines koordinierten Angriffs von Marine und Luftwaffe auf den englischen Nachschub und der Sicherung des Mittelmeeres. Dort verblieb zäh die englische Marine bis zu den Landungen der Anglo-Amerikaner in Nordafrika.

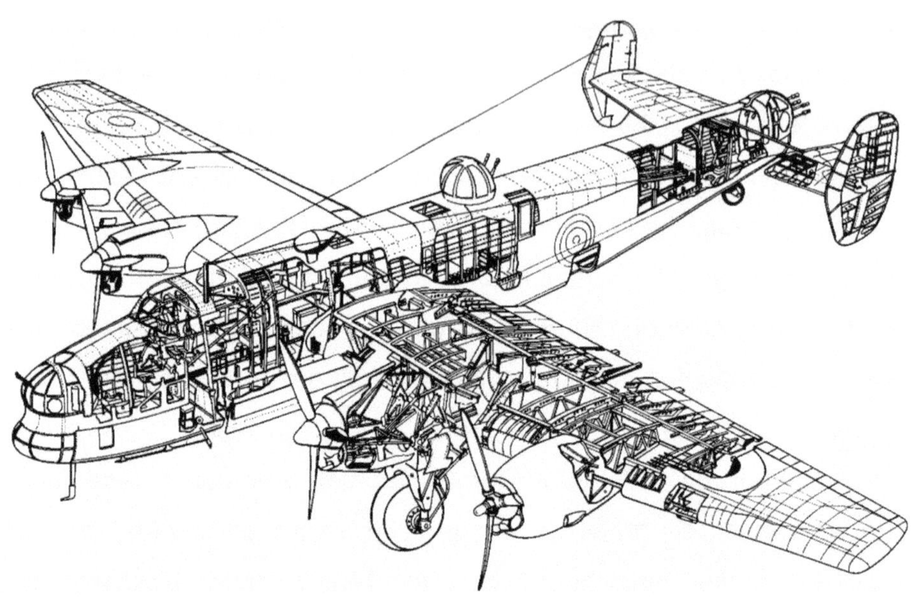

Englischer Bomber Avro Lancaster, Februar 1944

Vier Motoren, Spannweite: 31,09 m, Länge: 21,13 m, Höhe: 5,97 m, maximales Startgewicht: 30 844 kg, Höchstgeschwindigkeit: 462 km/h in 3505 m, Dienstgipfelhöhe: 7467 m, Reichweite, mit 5443 kg Bombenzuladung: 2784 km, Bewaffnung: acht 7,7-mm-Browning MG (je 2 im Bug- und Rumpfrückenturm, vier im Heckturm), bis zu 8165 kg Bomben intern.

Der Höhepunkt wurde erreicht mit der 9979 kg schweren „Grand Slam"-Bombe von Ingenieur Barnes Wallis. Der auch die springende Bombe konzipierte, welche gegen die Staudämme an Möhne und Eder im Mai 1943 eingesetzt wurde.

Das Ausmaß der englischen und amerikanischen Bombenoffensive gegen Deutschland; abgeworfene Bombenlasten:

Jahr	RAF Bomber Command	US 8th Air Force
1939	31 Tonnen	---
1940	13.033 Tonnen	---
1941	31.504 Tonnen	---
1942	45.561 Tonnen	1.561 Tonnen
1943	157.457 Tonnen	44.165 Tonnen
1944	525.518 Tonnen	389.119 Tonnen
1945	191.540 Tonnen	188.573 Tonnen

(Aus: Das große Buch der Luftkämpfe, Buch und Zeit Verlagsgesellschaft, Köln)

Im Verlauf des Krieges wurde seitens der Alliierten zudem der strategische Luftkrieg forciert. Immer größere Bomber schleppten in immer größeren Bomberströmen immer vernichtendere Bomben (bis zur 10 000 kg Bombe) über die großen Zentren Deutschlands. Auf dem Gebiet der Luftrüstung zeigte sich bald die große technologische Überlegenheit der Alliierten. Bei Ausbruch des Krieges verfügten die Engländer mit dem Flugzeug Handley Page Hampden bereits über einen Bomber mit guter Reichweite und ansehnlicher Bombenzuladung. Die etwas später eingesetzten Bomber Handley Page Halifax und Avro Lancaster nahmen in ihren Konturen bereits die später von den Amerikanern eingesetzten „Fliegenden Festungen" Consolidated B-24 Liberator vorweg. Mit den amerikanischen Boing B-17 Flying Fortress und Boeing B-29 Superfortress (die B-29 wurde ausschließlich gegen Japan eingesetzt) setzten die Alliierten nochmals neue Maßstäbe im Luftkrieg. Die amerikanischen Bomber, ursprünglich in den dreißiger Jahren entwickelt, um die USA direkt angreifende Kriegsschiffe abzuwehren, besaßen in der Zwischenzeit weiterentwickelte, hochwirksame Bombenzielgeräte für den Horizontalangriff von Punktzielen.

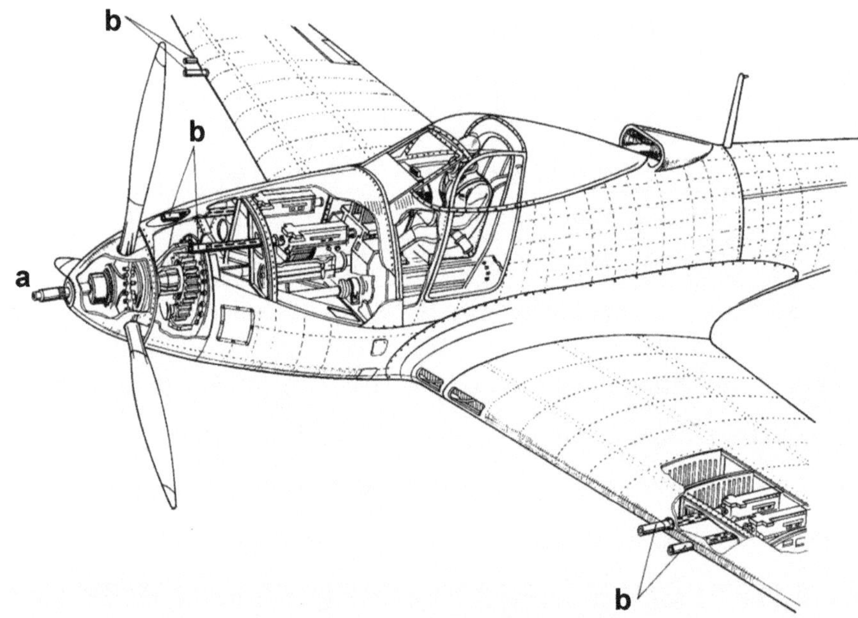

Amerikanische Bell P-39 „Airacobra" bewaffnet mit:

a) 37-mm-Kanone, b) 12,7 mm Browning-MG, wahlweise eine 226 kg Bombe. Dieser Flugzeugtyp wurde vornehmlich im Tiefangriff als „Panzerknacker" eingesetzt. Im Kriegseinsatz in den Jahren 1941–45.

Was zu Anfang bei den amerikanischen Tagangriffen fehlte, war ein Begleitjäger zur Abwehr der deutschen Jäger. In der ursprünglichen Domäne Deutschlands, der Jagdfliegerei, mit ihren beiden wichtigsten Flugzeugmustern Messerschmitt Bf 109 und Focke-Wulf Fw 190, behaupteten sich die englischen Piloten bald als gleichwertig mit ihrer Spitfire. Der ab 1942 eingesetzte Begleitjäger North American Aviation P-51 Mustang war einer der besten, wenn nicht der beste und vielseitigste Jäger des Zweiten Weltkrieges (nach dem Krieg kaufte die Schweiz 100 Stück dieses Jägers aus Restbeständen der US-Luftwaffe). Ab Juli 1944 griff auch der Gloster Meteor, Englands erster und einziger Düsenjäger der Alliierten im Weltkrieg, mit Einsatzflügen gegen die V1 in das Kampfgeschehen ein. Im Frühjahr 1945 dehnten die Meteor-Düsenflugzeuge ihren Aktionsradius auf das Festland aus, um den deutschen Strahljägern entgegenzutreten.

Neben der strategischen Luftflotte, die England und die USA gemeinsam schmiedeten, schufen die Amerikaner ein Instrument zur Anlandung von Truppen, das sich erfolgreich mit den Methoden des Blitzkrieges messen konnte. Bereits 1933 beschäftigte sich die amerikanische Flotte mit dem Studium amphibischer Operationen. Vereinte Luft-, See-, und Landoperationen, auf einen Punkt vereinigt, ebneten den Weg für die Eroberung zahlreicher Inseln im Stillen Ozean. In einem viel größeren Rahmen wurde dieses Landungsmanöver dann am 6. Juni 1944 in der Normandie durchgeführt.

Auf hoher See wurde das Schlachtschiff von einer viel weitreichenderen Waffe überrundet, dem Flugzeugträger. In einem hoffnungslosen Unternehmen gegen die japanische Landung in Malaya wurden beispielsweise die Schlachtschiffe „Prince of Wales" und „Repulse" innerhalb von zwei Stunden durch japanische Trägerflugzeuge mit Lufttorpedoeinsätzen versenkt. Schwere Artillerie tragende Schiffseinheiten wurden auf den zweiten Platz beim Kampf um die Seemacht versetzt. Im Kampf gegen die Japaner kam es zu Seegefechten zwischen Schiffseinheiten der Trägerwaffe, die nie etwas voneinander sahen (Midway). Einige wenige Schlachtschiffkämpfe folgten noch als Nachtkämpfe, in denen weder U-Boote noch Flugzeuge zum Einsatz kommen konnten, oder gegen die europäischen Achsenmächte, die es unterlassen hatten, Flugzeugträger zu bauen (Kampf zwischen der englischen „Hood" und der deutschen „Bismarck" und später zwischen derselben und der „King Georg V" sowie der „Rodney").

Die Endstufe der Dreadnought-Entwicklung, das japanische Riesenschlachtschiff „Yamamoto", das durch Träger-Flugzeugeinsatz versenkt wurde

Verdrängung: 63 000 t, Bewaffnung: 9 46-cm-Geschütze, 6 15,5-cm-Geschütze, 12 12,6-cm-Geschütze sowie zahlreiche leichte Flak.

Der zunehmende Mangel an hochwertigen Materialien zwang die Achsenmächte zu immer mehr Einschränkungen. Viele Waffenentwicklungen Deutschlands der letzten Kriegsjahre, bei denen ganz neue Technologien eingesetzt wurden, kamen nicht mehr in kriegsentscheidenden Stückzahlen an die Front. Dazu gehörten neben dem Sturmgewehr 44 und 45, das Panzerabwehrgeschütz mit konischem Lauf, Einmann-Panzerabwehrwaffen mit Hohlladung, U-Boote, die als erste wirkliche Unterseeboote gelten konnten (Walter), Luft-Boden- und Luft-Luft-Raketen, ferngelenkte Bomben, Lenkwaffen, Infrarotgeräte, „Peenemünder Pfeilgeschosse", Flugzeug-Huckepack-Kombinationen, Revolver-Maschinenkanonen, sowie Raketen- und Strahltriebjäger (Messerschmitt Me 163B Komet und Me 262A Sturmvogel); um nur die wichtigsten „Geheim- und Wunderwaffen" zu nennen. Bereits wurden auch Truppen (z. B. Waffen-SS) eingesetzt, die Tarnanzüge trugen und mit dem Sturmgewehr 44 der Firma C. G. Haenel bewaffnet, das Bild des heutigen modernen Soldaten vorwegnahmen. Mit einer nicht mehr zum Einsatz kommenden Waffe mit der inoffiziellen Bezeichnung „Sturmgewehr 45" (Werkscode: Gerät 06) der Mauser Werke war es auch erstmals gelungen das Verschlusssystem von automatischen Waffen stark zu vereinfachen. Der Typ 06 H hatte einen zweiteiligen, über zwei Rollen halbstarr verriegelten Verschluss. Beim Schuss, wenn der Rückstoß auf den Hülsenboden der Patrone und damit auch auf den Verschlusskopf wirkt, übertragen die Rollen den Bewegungsimpuls auf ein Steuerstück, auf welchem die Masse des Verschlussträger lastet. Die Funktionsflächen am Steuerstück sind so gewählt, dass der Verschlusskopf eine vergleichsweise geringe Rücklaufbewegung ausführt, bis das Geschoss den Lauf verlassen hat. Die gleichzeitige Einführung von Gasentlastungsrillen im Patronenlager führte zur „schwimmenden Patrone", die erst den übersetzten Masseverschluss mit problemlos funktionierender halbstarrer Verriegelung ermöglichte. Gewehre dieser Art entstanden z. B. nach dem Krieg in Form des deutschen G3 und des Schweizer Sturmgewehres „Stgw 57" der Schweizerischen Industrie Gesellschaft SIG.

Im Bestreben, mit artilleristischen Mitteln sehr große Schussdistanzen zu überwinden, wurden in der geheimen Raketenversuchsanstalt in Peenemünde ab 1940 Versuche mit neuartigen großkaliberigen Geschossen unternommen. Ausgehend vom bereits technisch „ausgereizten" Röchlinggeschoss wurde ein neuartiges Pfeilgeschoss („Peenemünder Pfeilgeschoss") entwickelt. Dieses Geschoss für Kanonen im Kaliber 31 cm besaß eine Mündungsgeschwindigkeit von über 1500 m/s und eine Reichweite von 146 Kilometern. Mit dieser Entwicklung stand Deutschland aber nicht allein. Ähnliche Überlegungen wurden offenbar auch in anderen Staaten gemacht. So wurden durch deutsche Spezialisten nach dem Sieg im Westen bei der französischen Firma Brand zwei großkalibrige Pfeilgeschosse mit Spreizleitwerken gefunden.

Die Entwicklung der Messerschmitt Me 262 geht auf das Jahr 1938 zurück, als die gleichnamige Firma den Auftrag erhielt, um die neuentwickelten Turbo-Triebwerke von Junkers eine Zelle zu konstruieren. Doch die Serienfertigung begann, nach etwelchen Behinderungen seitens Hitlers, erst im Mai 1944. Obwohl als Jäger ausgelegt und auch nur in dieser Form sinnvoll einsetzbar, ordnete Hitler an, den „Düsenjäger" als Bomber einzusetzen. Dieses typische Beispiel von Hitlers Starrsinn und Dilettantismus kostete wertvolle Monate, in denen diese „Geheimwaffe" zur wirkungsvollen Abwehr der in Deutschland immer massiver auftretenden englisch-amerikanischen Luftstreitkräfte fehlte. So wurden letztlich von den über 400 gefertigten Maschinen kaum mehr als 200 gegen die Alliierten eingesetzt.

Eine weitere „Geheimwaffe" war die Fernwaffe FZG 76 (V1-Vergeltungswaffe). Mit der V1 begann der Wandel in der Intention der deutschen Bombenkriegsführung zum unterschiedslosen Bombenkrieg. Diese neue Waffe wurde und konnte aus technischen Gründen nur unterschiedslos gegen großräumige Ziele eingesetzt werden, während die Bomber weiterhin militärisch relevante Punktziele angreifen sollten. Die Fernbombe V1 besaß eine Sprengladung von ca. 850 kg und eine Reichweite von ca. 210 km und wurde erstmals unter dem Code „Rumpelkammer" am 13. Juni 1942 gegen London eingesetzt. Bei der V1 handelte es sich um einen von zwei Tragflächen getragenen Flugkörper der von einer Katapultvorrichtung abgefeuert wurde. Den Marschflug übernahm ein über dem Flugkörper montiertes Staustrahltriebwerk. Bis zum Verlust der Abschussrampen an der nordfranzösischen Küste im September 44 wurden insgesamt 8892 V1 abgefeuert; danach ging die Offensive weiter über die Nordsee durch Abschuss von 1600 V1 ab umgerüsteten Flugzeugen He 111. Der Anteil an Versagern war relativ groß (ca. 3000 Stück), auch flog die V1 zu langsam (600–800 km/h), so dass sie nach kurzer Eingewöhnungszeit mit großem Erfolg (ca. 4000 Stk.) von der Fliegerabwehr (ideales Flakziel) und von Flugzeugen aus (z. B. ab Juli 1944 auch mit dem ersten englischen Düsenjäger Gloster Meteor) abgeschossen wurde. 2419 V1, die den Abwehrgürtel durchbrachen, töteten nach britischen Angaben insgesamt 6184 Personen. Damit war die angestrebte Wirkung gegenüber dem notwendigen Aufwand weit geringer, als es die politische Führung erhofft hatte.

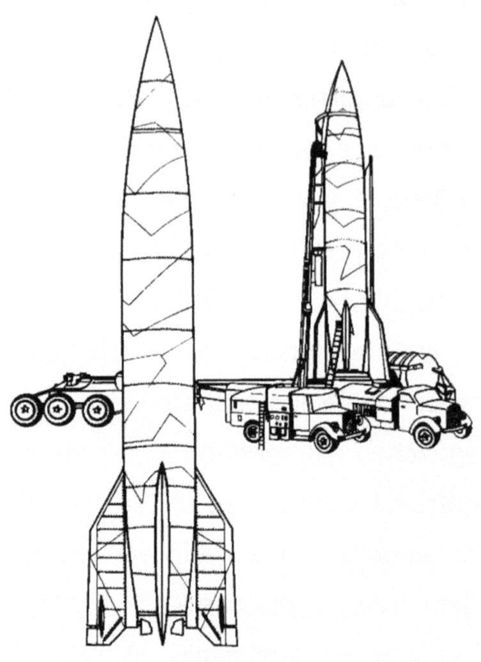

Die deutsche Rakete A4, besser bekannt unter dem Propagandanamen V2 (Hitler nannte sie „seine" Vergeltungswaffe)

Diese Fernwaffe mit einem Raketen-Flüssigkeitsantrieb wog 13,2 t, wobei rund 9,1 t auf den Treibstoff und nur 975 kg auf den Sprengstoff entfielen.

Die Entwicklung der V2 begann über verschiedene Vorstufen bereits 1930 auf einem Artillerie-Schießplatz in Kummersdorf. 1937 wurden die Erprobungen nach Peenemünde verlegt. Der eben 25-jährige Wernher von Braun wurde Technischer Direktor dieser Heeres-Versuchsanstalt. Anfangs 1942 wurde die erste V2 zusammengebaut und einer Triebwerkserprobung unterzogen. Das Triebwerk explodierte. Die zweite V2 fiel nach ca. 4900 m Steigflug infolge Defektes einer Treibstoffpumpe auf die Erde zurück und explodierte. Das dritte Modell durchbrach die Schallgrenze, explodierte ebenfalls und fiel in die Ostsee. Der vierte Abschuss am 3 Oktober 1942 wurde ein voller Erfolg. Daraufhin wurde die Produktion mit höchster Dringlichkeitsstufe aufgenommen, um ebenfalls London zu bombardieren. Um die erforderlichen Stückzahlen möglichst rasch zu erhalten, wurde eine Reihe von Fabriken in das Bauprogramm eingeschlossen. Im Südharz entstanden überdies unterirdische Fertigungsstätten, in denen tausende von Zwangsarbeitern und Arbeiterinnen unter schlechtesten Bedingungen V2-Raketen fertigen mussten.

In diesem Zusammenhang ist zu erwähnen, dass es trotz des Terrorregimes in Deutschland zu Betrugsfällen in der Kriegswirtschaft kam. Beispielsweise hatte ein viel zu spät erkannter Betrüger Millionenbeträge für die fristgerechte Herstellung der Leitwerke für die Lenkwaffe V2 erhalten. Nach Ablauf der Frist wurde festgestellt, dass das angebliche Fertigungswerk aus einer leeren Scheune bestand. Der verantwortliche Ingenieur der Luftwaffe war bestochen. Mit falschen Berichten hatte er seine vorgesetzte Dienststelle über den Fortgang der Produktion getäuscht.

Am 8. September 1944 startete die erste V2 gegen England. Um diese Zeit waren bereits 1800 Raketen eingelagert. Insgesamt wurden 1115 V2-Raketen gegen England abgeschossen. Gegen diese Waffe gab es keine Abwehr, sie flog so schnell, dass es auch keine Vorwarnung für die Bevölkerung geben konnte. Weit mehr V2 wurden nach der Invasion nach Antwerpen abgeschossen (1341), weil diese Hafenstadt nun große Bedeutung für den alliierten Nachschub bekam. Weitere 65 Raketen wurden auf Brüssel abgeschossen, 98 gegen Lüttich, 15 gegen Paris und schließlich noch 11 gegen die Brücke von Remagen, nachdem sie als erster Übergang der Amerikaner über den Rhein für das Naziregime schicksalhafte Bedeutung erhalten hatte.

Doch die V2 brachte ebenfalls nicht die erhoffte demoralisierende Wirkung beim Gegner und auch keine Entlastung im Luftkrieg. Zunehmend ungehindert trugen die Amerikaner ihre Luftangriffe am Tage vor, die Engländer bevorzugten die Nacht. Im Nachtkampf entbrannte ein eigentlicher Gegenwaffenkrieg. Beispielsweise entwickelten die Deutschen mit viel Aufwand taktische Maßnahmen und technische Gräte wie Bordradars zur Auffindung feindlicher Bomber. Während an der Entwicklung der Radargeräte ein ganzes Team und große Teile der spezialisierten Industrie gearbeitet hatten, ersann ein einzelner eine Einrichtung, „schräge Musik" genannt, die die Nachtjagd beinahe revolutionierte.

Der Anfang vom Ende des Zweiten Weltkrieges in Westeuropa begann am 10. Juli 1943 mit der Landung der Alliierten auf Sizilien. Unter dem Eindruck der sich bald abzeichnenden alliierten Erfolge brach nach kurzer Zeit das faschistische Regime Benito Mussolinis in Italien zusammen. Anfang September setzten englische und amerikanische Truppen auf die Südspitze Italiens über; vier Wochen später hatten sie bereits die Linie Foggia-Neapel gewonnen. Bis Ende des Jahres gelang ihnen der Durchbruch an den Sangro und zum Kloster Monte Cassino. Erst dort brachte

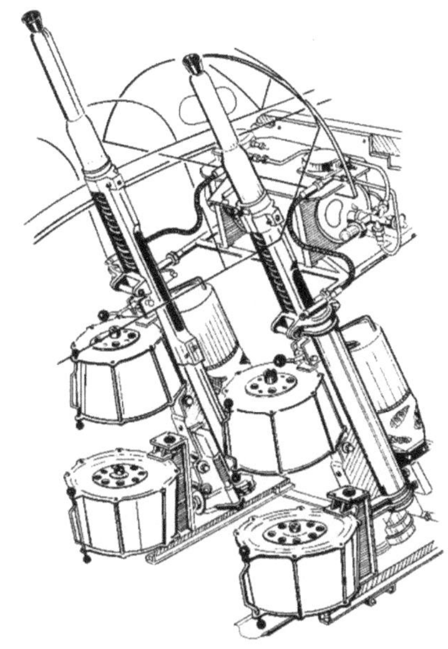

Angriff mit der »schrägen „Oerlikon" Musik«

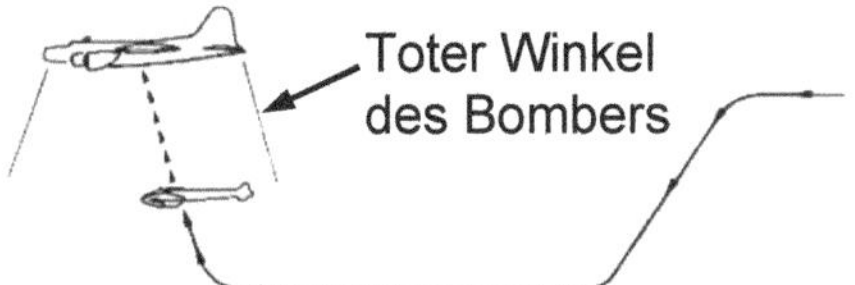

Der Jäger feuert mit zwei nach oben eingebauten „FF"-Kanonen aus dem toten Winkel unter dem Bomber schräg nach oben in die Tragfläche.

Die „schräge Musik": zwei in einem Winkel von etwa 75 Grad am hinteren Kabinenspant der schweren deutschen Nachtjäger angebrachte 20 mm Oerlikon FF Flügelkanonen. Mit dieser Bewaffnung schoss zum Beispiel ein Nachtjäger bei seinem ersten Einsatz 1943 innerhalb einer halben Stunde vier feindliche Bomber ab. Die Antwort der Gegenseite ließ nicht lange auf sich warten; mit einer beweglichen Bewaffnung an der Rumpfunterseite der Bomber wurde dieser Gefahr wirksam begegnet.

Feldmarschall Albert Kesselring den Angriff zum Stehen. Im Zuge dieser Entwicklung wurde die italienische Armee durch die Deutschen entwaffnet. Der erst gefangene und durch ein Sonderkommando wiederbefreite „Duce" proklamierte eine neue sozialistische Republik Italien. Doch die neue königliche Regierung erklärte dem Deutschen Reich den Krieg, aus dem ehemaligen Verbündeten war ein neuer, wenn auch schwacher Gegner geworden.

1943 wurde zudem Deutschlands einzige Waffe stumpf, die strategisch noch Erfolge bringen konnte, indem der U-Bootkrieg zusammenbrach. Waren anfangs nicht genug Boote gebaut worden, so waren die jetzt eingesetzten Typen technisch überholt. Das seitens der Engländer stark forcierte Radar machte den Nachtangriff über Wasser im Rudel unmöglich. Der Unterwasserangriff war ebenfalls dank verbesserter Horchgeräte sehr verlustreich geworden. Die aufgetaucht fahrenden Unterseeboote konnten ab 1943 bei Tag und Nacht sowohl bei klarem als auch bei unsichtigem Wetter von Flugzeugen auf sehr große und von Schiffen auf große Entfernung geortet werden. Die daraufhin auf den Unterseebooten eingeführten Radarwarngeräte zeigten wohl das Orten des Gegners an und warnten in vielen Fällen das entdeckte Boot rechtzeitig, die Boote wurden aber durch die Radarortung immer länger unter Wasser gedrückt. Nach Einführung des Radars auch bei den alliierten Jagdverbänden konnten die U-Boote sich in Gebieten feindlicher See- oder Luftherrschaft nur noch halten, wenn sie dauernd unter Wasser blieben. Dies wurde den Booten durch den nachträglichen Einbau des Schnorchels ermöglicht.

Zwangsläufig führte diese Entwicklung vom Tauchboot zum reinen Unterseeboot, das befähigt ist, dauernd unter Wasser zu bleiben, und dessen Typenmerkmale vornehmlich auf die Erfordernisse der Unter-Wasserfahrt abgestimmt sind. In den 69 Monaten des Zweiten Weltkriegs (September 1939 bis Mai 1945) kamen 863 deutsche U-Boote zum Fronteinsatz. 630 U-Boote gingen in dieser Zeit verloren. An Schiffsraum vernichteten die deutschen U-Boote insgesamt 2840 Handelsschiffe und 148 Kriegsschiffe. Was Seemacht durch Überwasserstreitkräfte bedeutet, zeigte sich für Deutschland einzig in der Ostsee, die auch in diesem Krieg unter deutscher Herrschaft blieb. Die Marine sicherte in diesem Seegebiet die Erzzufuhr aus Schweden, den Transport von Getreide und Kohle und die Unterstützung der Operationen des Heeres noch für lange Zeit.

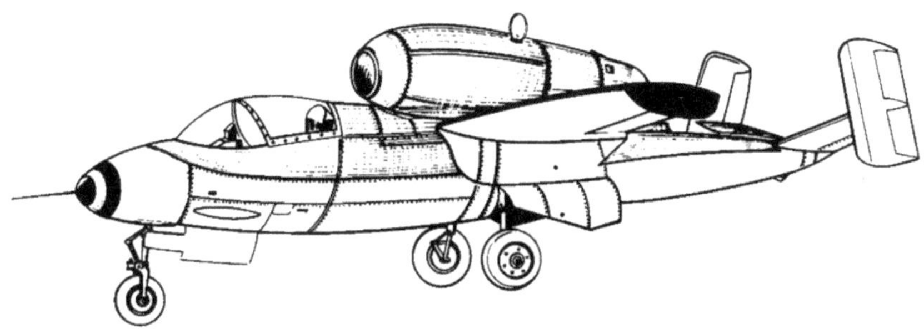

Ende 1944, innerhalb von ganz kurzer Zeit, wurde diese Maschine entworfen, gebaut und als „Volksjäger" bekannt. Das Flugzeug war sozusagen das letzte fliegerische Aufgebot der deutschen Luftwaffe gegen die einfliegenden Bomberströme. Die Heinkel He 162 Salamander erreichte eine Höchstgeschwindigkeit von 835 km/h in 6000 m Höhe. Die Gesamtproduktion dieses Flugzeuges erreichte bis zum Tage der Kapitulation 116 Maschinen. Es kamen aber nur wenige in den Einsatz.

Im August 1943 traten die Russen zum Großangriff gegen den Südflügel der deutschen Front an. Über Stalino stießen sie bis zum unteren Dnjepr vor, befreiten das ganze Donezgebiet und schnitten die deutschen Kräfte auf der Krim ab. Im Mittelabschnitt hatte der russische Vormarsch die Linie Kiew-Gomel-Witebsk erreicht, und drängte die dort stehende Heeresgruppe Mitte nach Norden ab. Insgesamt standen den nun vorstürmenden 5,1 Millionen Russen 1943 noch etwa 3 Millionen Deutsche und Verbündete gegenüber.

1944 nahm die rote Armee an der gesamten Front von Lappland bis zum schwarzen Meer den Angriff wieder auf und drang bis nach Ostpreußen vor. Erst an der Weichsel kam der Angriff zum Stehen. Gleichzeitig vernichteten die roten Truppen den deutschen Südflügel, nachdem sie die Ukraine und die Krim zurückerobert hatten. Ihre Divisionen standen bereits in Polen, an der Ostgrenze der Tschechoslowakei und in Rumänien, als am 6. Juni 1944 unter dem Schutz starker See- und Luftstreitkräfte die lang erwartete Invasion in der Normandie begann, der am 15. August eine zweite in Südfrankreich folgte. Der Angriff der anglo-amerikanischen, kanadischen und französischen Expeditionsarmee, der durch Partisanengruppen unterstützt wurde, durchbrach schon nach wenigen Wochen die deutschen Riegelstellungen; im August war Paris und in Südfrankreich Toulon und Marseille zurückerobert. Interessant in diesem Zusammenhang ist die Tatsache, dass die deutsche Führung um diese Zeit völlig vom Blitzkriegkonzept abgekommen war. Halten um jeden Preis im Osten wie im Westen war die Devise. Auch Rommel, der sich im Wüstenkrieg durch viele überraschende Operationen ausgezeichnet hatte, legte als Verantwortlicher für die Abwehr einer alliierten Invasion großen Wert auf starke Befestigungen an der Atlantikküste. Demgegenüber war sich sein alter Gegenspieler Montgomery als Oberbefehlshaber der Angriffskräfte an der Normandie bewusst, dass dank den nun zur Verfügung stehenden modernen Waffen und Mittel der Angriff gegenüber der Verteidigung wieder im Vorteil war.

In diese Zeit fiel das Attentat des Obersten Claus Schenk Graf von Stauffenberg auf Hitler (20. Juli 1944), das den letzten verzweifelten Versuch von Persönlichkeiten aller gesellschaftlichen Kreise, Konfessionen und eines Teils deutscher Militärs manifestierte, Hitler und damit das NS-System zu stürzen. Dieser „Aufstand des Gewissens" scheiterte, siegte aber als Symbol des Widerstandes im Sinne Generalmajors Henning von Tresckow, der im Sommer 1944 verlangt hatte: „Das Attentat auf Hitler muss erfolgen, coûte que coûte. [...] Denn es kommt nicht mehr auf den praktischen Zweck an, sondern darauf, daß die deutsche Widerstandsbewegung vor der Welt und der Geschichte unter Einsatz des Lebens den entscheidenden Wurf gewagt hat."

Unterdessen erreichten im Oktober 1944 die alliierten Armeen unter dem Oberbefehl General Dwight D. Eisenhowers die deutsche Grenze bei Aachen. Unter dem Eindruck der alliierten Erfolge im Westen wie im Osten stellten die Verbündeten Rumänien, Finnland, Bulgarien und Ungarn nacheinander den Kampf ein und stellten sich gegen das Reich. An allen

Frontabschnitten zogen sich die deutschen Truppen unter schwersten Bedingungen unaufhaltsam zurück, während ihre Kulturgüter infolge der immer noch weitergehenden Angriffe auf Stadt und Land durch die britisch-amerikanische Luftwaffe in Schutt und Asche sanken. Die Auswirkungen des Luftkrieges auf Deutschlands Städte illustriert ein Bericht Konrad Adenauers, des ersten Oberbürgermeisters nach dem Kriege: „Die Bilder der zerstörten Stadt Köln waren erschütternd. Das Ausmaß des Schadens, den die Stadt durch die Luftangriffe und weitere Auswirkungen des Krieges erlitten hatte, war ungeheuerlich. Von den Häusern und öffentlichen Gebäuden waren über die Hälfte völlig und fast alle anderen teilweise zerstört. Nur 300 Häuser waren unbeschädigt geblieben. [...] Es gab kein Gas, kein Wasser, keinen elektrischen Strom. Außerdem gab es keine Verkehrsmittel. Die Brücken über den Rhein waren zerstört. Schutt lag in den Straßen meterhoch. Überall erhoben sich riesige Geröllhalden von den zerbombten und zusammengeschossenen Häusern. Köln sah mit seinen zerstörten Kirchen, von denen viele tausend Jahre gestanden hatten, mit seinem geschändeten Dom, mit den aus dem Rhein ragenden Trümmern der einst so schönen Brücken und dem unendlichen Meer von zerstörten Häusern gespenstig aus.“

Diesem Elend gegenüber aber stand der Ausspruch Bert Brechts:
„Das sind die Städte, wo wir unser ‚Heil!‘
Den Weltzerstörern einst entgegenröhrten.
Und unsre Städte sind auch nur ein Teil
Von all den Städten, welche wir zerstörten.“

Mit der Ardennenoffensive, die am 16. Dezember 1944 losbrach, überraschte die deutsche Wehrmacht ihre Gegner noch einmal wie zu Beginn des Krieges. Aber innerhalb weniger Wochen hatten die Alliierten unter Führung des nunmehr zum Feldmarschall ernannten Bernard Montgomery die Initiative zurückgewonnen; amerikanische, kanadische, britische und französische Truppen drangen über den Rhein und stießen nach Nord- und Süddeutschland vor. Im gleichen Zeitraum traten die sowjetischen Truppen aus dem Baranowbrückenkopf (12.1.45) zum letzten Sturm auf Berlin an. Von der Ostsee bis nach Jugoslawien stießen die Armeen von Wassilewsky, Rokossowski, Schukow, Konew, Jeromenko, Malinowski und Tolbuchin ins Reich vor. Ende April trafen die Angriffsspitzen von Ost und West an der Elbe zusammen. Hitlers letztes Lebenszeichen per Funkspruch am 29.4.1945, um 23.00 Uhr an die Welt außerhalb des Berliner Führerbunkers lautete: „Es ist mir sofort zu melden: 1.) Wo Spitze Wenck? 2.) Wann tritt er an? 3.) Wo 9. Armee? 4.) Wo Gruppe Holste? 5.) Wann tritt er an?"

Als sich der Krieg in Europa seinem Ende näherte, waren so viele neue Waffen im Einsatz, dass ihre Funktionsweise, Wirkung, die Bezeichnungen usw. für den einzelnen in ihrer Gesamtheit nicht mehr erfassbar waren. Nur die großen Linien waren noch abzusehen. Vieles blieb auch im Dunkeln des militärischen Geheimnisses, der Schleier wurde daher erst nach dem Kriege gelüftet. Eine solche Geheimwaffe war zum Beispiel die Atombombe, die aus den USA die erste Supermacht der Welt machte.

Am 16. Juli 1945 explodierte in der Wüste bei Alamogordo (US-Staat New Mexiko) der erste nukleare Sprengsatz. Es war dies der Abschluss des bisher geheimsten, aufwendigsten, kostspieligsten, aber auch folgenschwersten wissenschaftlichen Forschungsprogramms aller Zeiten. Ursprünglich wurde angenommen, es sei möglich, mit ca. 30 hochrangigen Wissenschaftlern eine A-Bombe zu entwickeln. 1945 lebten und arbeiteten nahezu 3000 Personen an dem Projekt in Los Alamos. Zu Beginn des Forschungsprogramms kannte man nur die Grundprinzipien einer nuklearen Explosion. Es waren zwei Arten von Atomen bekannt, die sich unter Neutronenemission spalten ließen: Uran-235 und Plutonium-239.

Die Unsicherheit, welches Ausgangsmaterial sich als Sprengsatz eignen würde, führte zur Entwicklung zweier unterschiedlicher A-Waffen, der Uran-Bombe „Little Boy" und der Plutonium-Bombe „Fat Man". Die alle Vorstellungen sprengende Aufgabe, die Einstein aus Sorge, Nazideutschland könnte mit Vorsprung an solch einer Waffe arbeiten, durch einen persönlichen Brief an den amerikanischen Präsidenten Roosevelt anregte, wurde in nur 28 Monaten gelöst. Wie immer man über den Einsatz der Atomwaffe urteilt: Es war eine sowohl technisch-wissenschaftliche als auch organisatorische Glanzleistung der beiden Spitzenverantwortlichen Robert Oppenheimer und General Leslie Groves.

Neben vielen illustren Namen auf dem Gebiet der Physik der vierziger Jahre bestand das Gros der Beteiligten mehrheitlich aus jungen Physikern und Mathematikern, die sich durch die Herausforderung und das zu erwartende Abenteuer in der Wüste angesprochen fühlten, obwohl die wenigsten wussten oder übersehen konnten, an was sie überhaupt arbeiteten. Die Wehrtechnik hatte zu diesem Zeitpunkt ein Stadium an Komplexität erreicht, die es dem Einzelnen unmöglich machte, ein Projekt dieser Größe in all seinen Einzelheiten zu erfassen. Das alles Bisherige sprengende Vernichtungspotenzial der neuen Waffe entzog sie auch rein militärischen Einsatzüberlegungen und damit dem direkten Zugriff der Militärs. Die Nuklearwaffe wurde zum politischen Instrument, mit dem der Ausgang eines Krieges direkt beeinflussbar wurde. Es ist eine der großen Fügungen in der Menschheitsgeschichte, dass diese letzte, schreckliche Waffe in einem demokratischen Staat als erste entwickelt wurde, der dieses als „Ultima ratio" eingestufte Mittel nur unter größten Vorbehalten und dann nie wieder einsetzte.

Am 1. August 1945 wurde auf Tinian die A-Bombe „Little Boy" vorbereitet. Die Besatzung des B-29 Bombers unter Führung von Oberst Paul W. Tibbets machte sich zum Einsatz bereit, dessen Tragweite sie nur andeutungsweise kannte. Der nunmehrige amerikanische Präsident Truman fasste unter dem Eindruck der anhaltenden eigenen hohen Verluste (über 100 000 Japaner waren beispielsweise auf der dem Mutterland vorgelagerte Inseln Iwo Jima und Okinawa lieber gefallen, als sich wie die nur 7000 Überlebenden gefangenzugeben) erst nach langen Beratungen mit der gesamten amerikanischen Führungselite den folgenschweren Entschluss zum Einsatz der Nuklearwaffe gegen Japan. Am 6. August 1945 um 8.15 Ortszeit versank die japanische Stadt Hiroshima im Glutball der bisher größten Geheimwaffe. Die Uranbombe „Little Boy" zerstörte den größten Teil der Stadt. Von 136 000 Opfern kamen 45 000 schlagartig ums Leben, 19 000 starben einen Tag später und weitere 64 000 innerhalb von 4 Monaten und die Übrigen nach dieser Zeit an den Folgen der Kernexplosion. Drei Tage später fiel die Plutoniumbombe „Fat Man" auf Nagasaki, hier verübte die Explosion eine Gesamtzahl von 64 000 Opfern. Einen Tag danach war Japan bereit den Krieg zu beenden.

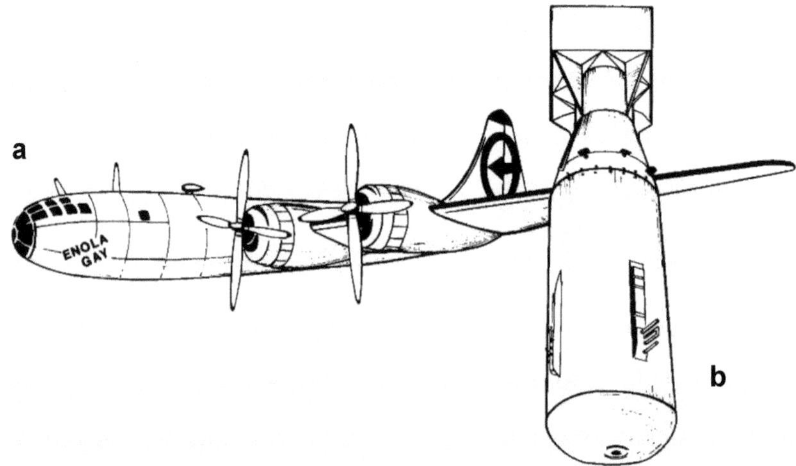

a) der amerikanische Bomber B-29, mit dem die A-Bombe über Hiroshima abgeworfen wurde,
b) die Hiroshima-Bombe, genannt „Little Boy", mit einer Sprengkraft von 20 000 Tonnen TNT.

Die Hiroshima-Bombe verfügte über eine Uran-Ladung. Diese wurde mit nur einer Sprengladung gezündet. Demgegenüber besaß die eiförmige Nagasaki-Bombe mit Plutoniumfüllung 64 kreisförmig angelegte Sprengladungen mit denen entsprechend viele subkritische Stücke Plutonium in einem zeitlich hochpräzisen Ablauf in die Hauptladung geschossen wurden, sie überkritisch machten und dadurch die Kettenreaktion auslösten.

Der zweite Weltkrieg, der in Europa am 7./8. Mai 1945 mit der bedingungslosen Kapitulation Deutschlands eingestellt wurde, endete im September 1945 endgültig mit der Kapitulation Japans. Am 15. August verkündete der japanische Kaiser Hirohito in einer Rundfunkansprache dem Volk das Ende des Krieges. Die letzten Kamikaze-Flieger stürzten ins Meer. Piloten und hohe Offiziere der kaiserlichen Marine mit Admiral Onishi an der Spitze versammelten sich vor dem Palast des Kaisers und begingen Harakiri. Am 2. September 1945, um 9 Uhr morgens, unterzeichnete der japanische Außenminister an Bord des Schlachtschiffes Missouri in der Bucht von Tokio die Kapitulationsurkunde. General Douglas MacArthur unterzeichnete als Oberbefehlshaber der Alliierten im Pazifik, gefolgt von Admiral Chester W. Nimitz für die USA und den Delegierten der anderen gegen Japan kriegsführenden Staaten.

Nach 6 Jahren endete der grausame Krieg. Das Kriegsende wurde entsprechend gefeiert. In Deutschland aber erfasste viele Verzweiflung und Hoffnungslosigkeit angesichts der auf sie zukommenden ungewissen Zukunft. Erinnert sei an die damalige Selbstmordwelle, die nicht nur führende Nationalsozialisten und hohe Militärs erfasste (Admiral von Friedeburg und Generalfeldmarschall Walter Model), sondern auch unzählige Namenlose. Dazu führte sicher nicht nur die erlittene Unbill im Zuge der Vertreibung aus dem Osten, die vielfach erlebten Hassausbrüche, einer durch die sowjetische Propaganda gezielt indoktrinierten russischen Soldateska (beispielsweise wurde der russische Major Lew Kopelew wegen „Mitleids mit dem Feind" eingekerkert, als er beim russischen Einmarsch in Ostpreußen Gräueltaten seiner Landsleute zu verhindern suchte) und der angesichts der umfassenden Zerstörungen im Land in der ersten Zeit als sinnlos empfundene Wiederaufbau sondern wohl auch die Scham über die nun konkret bekanntgewordenen ungeheuerlichen Verbrechen des NS-Staates, begangen vornehmlich an Juden, Fahrenden, geistig Behinderten, Kriegs- und Polit-Gefangenen sowie zwangsrekrutierten Arbeitskräften.

Während des Höhepunkts der Kampfhandlungen verfügten die Achsenmächte über 20 Millionen Mann (inbegriffen der finnischen, bulgarischen, ungarischen und rumänischen Streitkräfte an der russischen Front), während die Alliierten eine Streitmacht von fast 40 Millionen besaßen.

Seit den napoleonischen Kriegen hatte kein feindlicher Soldat mehr den Rhein zu Deutschland überschritten. Dies sollte nun anders werden. Mit der Proklamation der bedingungslosen Kapitulation durch die Alliierten legten sie ihre bis dato noch diffusen Kriegsziele im Sinne einer weiteren Verschärfung der Schuldfrage im klassischen Völkerrecht insofern fest, als Deutschland auf unbestimmte Zeit besetzt, geteilt und die Repräsentanten des „Dritten Reiches“ als Kriegsverbrecher abgeurteilt werden sollten. In diesem Sinne wurde ins Reich einmarschiert, ganz Deutschland sowie Österreich besetzt und in Besatzungszonen eingeteilt. Dem internationalen Militärtribunal der Siegermächte in Nürnberg entzogen sich durch Selbstmord: Adolf Hitler, Hermann Göring, Joseph Goebbels, Heinrich Himmler und Robert Ley. Am 17. Oktober 1946 wurden zehn Verantwortliche des „Dritten Reiches" hingerichtet, sieben erhielten langjährige Freiheitsstrafen, drei Angeklagte wurden freigesprochen. Weitere Todesurteile folgten, so auch in Tokio (sieben Todesurteile) in einem separaten Kriegsverbrecherprozess. In den ehemaligen eroberten Gebieten des Naziregimes erfolgten Abrechnungen mit den Sympathisanten des „Dritten Reiches". So wurden in Italien Mussolini und seine Getreuen ohne Gerichtsverfahren erschossen und öffentlich wie Vieh an den Füssen aufgehängt. Die Aburteilung durch die Siegermächte wurde bald als sehr problematisch empfunden. weil damit ihre eigene Verantwortung für Kriegsverbrechen nicht untersucht und noch weniger gesühnt wurde. Gerade in diesem Krieg zeigte sich die Unmöglichkeit, in der modernen Zeit einen „sauberen Krieg" zu führen. Selbst die neutrale Schweiz, die nicht am Kriegsgeschehen teilnahm, verstrickte sich durch den (nicht zu umgehenden) Umgang mit dem verbrecherischen Naziregime in Handlungen, die erst heute unter dem Druck des Auslandes aufgearbeitet werden.

Die Kriegsteilnehmer:

Staaten	Bevölkerung (1937)	Landarmee		Marine		Luftwaffe	
		Kriegs-beginn	Maximal-bestand	Kriegs-beginn	Maximal-bestand	Kriegs-beginn	Maximal-bestand
Deutschland	67.000.000	2.800.000	7.500.000	250.000 (1)	800.000	300.000 (1)	2.000.000
Italien	43.000.000	1.700.000	4.065.000	75.000		60.000	
Japan	70.000.000	2.000.000	3.610.000 (1)	350.000 (1)		40.000 (1)	
Frankreich	42.000.000	2.500.000		180.000		150.000	
England	47.000.000	900.000	2.900.000	150.000	800.000	118.000	1.000.000
Kanada	11.000.000	755.000		95.000		250.000	
übrige Commonwealth-Staaten (2)	480.000.000 (1)	3.075.000		61.000		258.000	
USA	132.000.000	1.500.000	8.300.000	400.000	3.700.000 (3)	100.000	2.400.000
UdSSR	171.000.000	9.000.000	13.000.000	50.000		200.000	500.000 (1)

(1) Schätzung

(2) Südafrika, Australien, Indien und Neuseeland

(3) Davon etwa 500 000 Marinesoldaten

Die Zahl links bezieht sich auf den Bestand bei Kriegsbeginn; die Zahl ganz rechts (oder wenn nur eine Ziffer bezeichnet ist) bezeichnet den Maximalbestand.

(Aus: Der Zweite Weltkrieg, Band III, Das Beste aus Reader´s Digest AG, Zürich 1971)

Der Weg in die Gegenwart

Die Atombombe beendete den Krieg in Japan. Doch sie löste die Probleme, die zum Krieg führten und die er hinterlassen hatte, nicht.

Bereits im April 1946 schrieb der amerikanische General George C. Marshall in einem Bericht: „Das Wissen um die Atomkraft gab uns Amerikanern Vertrauen in unser Schicksal, heute müssen wir aber äußerst vorsichtig sein, um nicht das Opfer eines überkompensierten Selbstvertrauens zu werden. Diese entsetzliche Erfindung wird nicht ausschließlich und ewig unser Alleineigentum bleiben." Im Zeitalter des unbeschränkten Schreckens, der tief in Raketensilos zu Lande und zu Wasser immer noch lauert, hat man lernen müssen, mit dieser ungeheuren Bedrohung zu leben und, ohne sie zu ignorieren, dennoch an eine Zukunft zu glauben. Die Atomwaffe in all ihren Variationen hat mit großer Wahrscheinlichkeit einen weiteren großen europäischen Krieg verhindert, nicht hingegen die begrenzten Kriege an der Peripherie der Machtblöcke. Erinnert sei an Korea, Vietnam, die Nahostkriege, Falkland/Malvinas, der Krieg am Golf, die Kriege in Afrika und in anderen Teilen der Welt. Auch die weltpolitisch wichtigen Ereignisse infolge der Wende im Osten 1989 mit dem anschließenden Zerfall der Sowjetunion führten beispielsweise im Gebiet des ehemaligen Jugoslawien zum Bürgerkrieg mit grausamen Folgen für die betroffene Bevölkerung. Konventionelle Waffen sind daher nach wie vor im Einsatz. Die Technik bleibt deshalb auch auf diesem Gebiet nicht stehen. Sie ist ein Teil unseres täglichen Lebens, wie schon Jahrtausende zuvor.

Das deutsche Volk musste einen hohen Blutzoll für Hitlers Angriffskriege bezahlen. Rund 10 Prozent der Bevölkerung waren während des Krieges gefallen, von Bomben in der Heimat getötet oder in der Gefangenschaft umgekommen. Insgesamt errechnete man etwa 6,5 Millionen Tote. Diese Verluste wurden nur von denen der sowjetischen Bevölkerung übertroffen, die auf weit über 20 Millionen gefallener, gestorbener oder vermisster Soldaten und Zivilisten geschätzt werden. Die Verluste aller am Zweiten Weltkrieg beteiligten Völker werden auf 50 bis 60 Millionen Opfer geschätzt. Im Gegensatz zum Ersten Weltkrieg war in diesem Krieg jeder zweite Tote ein Zivilist. Das lag einerseits an den Vernichtungsaktionen durch den nationalsozialistischen Rassenfanatismus und andererseits an der allgemeinen Barbarisierung der Kriegsführung auf beiden Seiten. Die Flächenbombardierungen durch die Luftstreitkräfte aller Kriegsführenden hatten daran einen wesentlichen Anteil. Mehr als 700 000 deutsche und englische Zivilisten starben während des Zweiten Weltkrieges allein durch deutsche und alliierte Bomben.

Die Kriegsführung und ihre Auswirkungen hatten damit einen neuen und bis anhin absoluten moralischen Tiefpunkt erreicht. Das mögen die nachfolgenden Schätzungen von Gefallenenquoten der Beteiligten in den europäischen Kriegen seit dem 12. Jahrhundert belegen:

12. Jh.: 2,5 %	*15. Jh.: 5,7 %*	*18. Jh.: 14,6 %*
13. Jh.: 2,9 %	*16. Jh.: 5,9 %*	*19. Jh.: 16,3 %*
14. Jh.: 4,6 %	*17. Jh.: 15,7 %*	*20. Jh.: 38,9 %*

(Aus: Der Dreißigjährige Krieg, Zürich Exlibris 1981)

Der amerikanische Einsatz von zwei Atombomben bildete den grauenhaften Abschluss eines grausamen Krieges. Von nun an beherrschte die Möglichkeit eines Atomkrieges jedes Denken und Planen kommender Kriegsführungen. Europa und die Welt stand am Anfang des Atomzeitalters. Neben der revolutionären Atomenergie nahmen sich die anderen rüstungstechnischen Entwicklungen relativ bescheiden aus, bewegten sie sich im Wesentlichen doch in der bisherigen konventionellen Entwicklungslinie. Erst mit der Zeit kristallisierten sich neue Möglichkeiten heraus im Flugzeug-, Raketen- und Panzerbau und ihrer Abwehrwaffen, in der Nachrichtentechnik, Datenverarbeitung usw., von denen viele Komponenten zum heutigen Raumzeitalter beitrugen.

Der Zweite Weltkrieg hatte noch viel radikaler als der Erste die politischen Gegebenheiten Europas und der Welt verändert. Die europäische Politik, die seit Jahrhunderten auf dem Nebeneinander von mehr oder weniger gleichrangigen Mächten beruhte, wurde nun beherrscht von zwei übermächtigen Superstaaten. Im Schatten dieser zwei, vor allem der Sowjetunion, die nicht als Befreier, sondern als stalinistischer Eroberer weit nach Westen vorgedrungen war, hatte sich das kriegszerstörte Europa, nun auch politisch geteilt in ein West- und Osteuropa, auf die neue Situation einzustellen und den Wiederaufbau (im Westen mit Amerikas Hilfe, „Marshallplan") in die Hand zu nehmen. Dies ging in einer Zeit vor sich, die beherrscht wurde vom „kalten Krieg" und den daraus resultierenden Militärbündnissen in West und Ost. Bereits 1949 wurde angesichts der Unfähigkeit Europas, sich allein gegen die als massiv empfundene Bedrohung aus dem Osten zu verteidigen, der Nordatlantikpakt (NATO) von 12 westlichen Staaten (darunter Frankreich, Großbritannien, Kanada und den USA) unterzeichnet. 1952 traten zwei weitere Staaten bei (Griechenland, Türkei).1955 wurde die Bundesrepublik Deutschland in die NATO aufgenommen. Als Gegengewicht entstand 1955 der Warschauer Pakt. Diesem Militärbündnis schlossen sich unter dem Diktat der Sowjetunion Albanien, Bulgarien, die Tschechoslowakei, die Deutsche Demokratische Republik, Ungarn und Polen sowie Rumänien an. Nach dem Zerfall der Sowjetunion ist der Warschauer Pakt obsolet geworden. Die NATO ist geblieben. Es ist ihre ständige Aufgabe sich den neuen Gegebenheiten anzupassen. Eine Entspannung der immer latent vorhandenen Kriegsgefahr in Europa ist nur bedingt eingetreten. Es herrscht ein trügerischer Friede. Die neuen Verhältnisse im Osten waren nicht konsolidiert und führten angesichts des immer noch vorhandenen militärischen Potenzials zu Kriegen in diesen ehemaligen Ostblock-Staaten selbst, und zu einer Bedrohung für das übrige Europa.

Epilog

Wir haben bis zur Entwicklung der Atombombe über 5000 Jahre Kriegsgeschichte mit Schwergewicht Europa und Übersee durchgenommen.
Die Geschichte der Menschheit in dieser Zeit zählt über 14 500 Schlachten und Kriege, in denen, nach einer Annahme, mehr als vier Milliarden
Menschen ihr Leben verloren. Wie viele unbeteiligte Opfer, Frauen, Kinder, Greise, im Verlauf der Jahrtausende durch die Kampfhandlungen zusätzlich umgekommen sind, lässt sich nicht einmal erahnen. Auch die eingesetzten Tiere, vor allem das Pferd, wollen wir an dieser Stelle nicht vergessen. Ihre Leiden sind ebenfalls unermesslich. Eine Szene aus dem
Ersten Weltkrieg mag dies stellvertretend illustrieren: „Da schlugen während einer Ruhezeit schwere Gasgranaten nächst der versteckten Aufstellung der Pferde ein. Giftgas umwölkte die angebundenen Tiere. Rasch
eilten Kanoniere zur Stelle, befreiten und trieben die Pferde aus der tod-
bringenden Zone. Zu spät! Weißer Schaum entströmte den keuchenden
Lungen, die Luft und wieder Luft begehrten. Da und dort brachen sie zusammen. Berge von Schaum häuften sich vor den Mäulern der ersticken-
den Pferde. Arme Tiere, welche Qualen musstet ihr erleiden, ehe euch
die erbarmende Pistolenkugel erlöste?" (Aus: Handbuch der bewaffneten
Macht. Kamerad Pferd. Ein Gebirgsartillerist erzählt.) Eine andere weit
grausamere Auswirkung des ersten und Zweiten Weltkrieges richtete sich
gegen die größte Tierart der Erde, die Wale. Bereits während des Ersten
Weltkrieges dienten Wale unerfahrenen alliierten Besatzungen von U-
Bootzerstörern als Ziele. Inoffizielle Berichte lassen die Annahme zu,

dass auf diese Weise einige Tausend Wale ums Leben kamen. Die meisten fielen dem Geschützfeuer zum Opfer, andere wurden beim Wasserbombentraining zu formlosen Massen zerfetzt. Wahrscheinlich ebenso viele oder noch mehr Wale wurden aus „Versehen" getötet, weil man sie für feindliche U-Boote hielt. Man mag einwenden, das sei nichts im Vergleich zum kommerziellen Waltöten. Zwischen 1904 und 1939 starben beispielsweise weit über 2 000 000 große Wale den Tod, den ihnen moderne Geschäftspraktiken vorschrieben. Im Zweiten Weltkrieg wurde den Walen noch schlimmeres zugefügt. Korvetten, Zerstörer und Fregatten, deren Zahl zuletzt in die Tausende ging, durchstreiften nun, mit modernster Sonartechnik ausgerüstet, die Meere. Diese Schiffe jagten mehr oder weniger aus Versehen, auch Wale, deren Sonar-Echos oft nicht von U-Booten zu unterscheiden waren. Als der Krieg immer heftigere Formen annahm, waren die treibenden Kadaver von Walen, die durch Bomben oder Wasserbomben getötet worden waren, ein vertrauter, aber in der Kriegsliteratur unterschlagener Anblick für die Besatzungen von Kriegs- und Handelsschiffen. Übrigens, nach dem Zweiten Weltkrieg hörten die militärischen Walmassaker nicht auf.

Diesem tierischen stand das menschliche Leid gegenüber. Im Zweiten Weltkrieg, der zwischen 50 bis 60 Millionen Menschen das Leben gekostet und Tausende von Städten und Dörfer in Schutt und Asche gelegt hat, wurden Sprengstoffe eingesetzt, deren gesamte Zerstörungskraft kaum 5 Megatonnen (MT) überstieg. Heute befinden sich auch nach dem Zerfall der Sowjetunion im Besitz der Nuklearstaaten trotz Verschrottungsaktionen immer noch atomare Sprengkörper mit X-tausendmal stärkerer Wirkung. In den 1970/'80er Jahren, als die Sowjetunion im Zenit ihrer Macht stand, hätte ein atomarer Schlagabtausch allein in der nördlichen Hemisphäre Kernladungen mit einer geschätzten Sprengkraft von mehreren Zehntausend Megatonnen ausgelöst. Angesicht dieser ungeheuren Bedrohung, die immer noch existent ist, darf man aber die Wirkung konventioneller Waffen (oder den falschen Glauben daran) nicht vernachlässigen. Beispielsweise wurde die deutsche Stadt Dresden mit konventionellen Bomben im Zweiten Weltkrieg praktisch ausradiert (Luftangriffe vom 13./14. Februar 1945 mit weit über 100 000 Opfern!). Der Luftkrieg schweißte aber das deutsche Volk zu einer Schicksalsgemeinschaft zusammen. Auch in Vietnam hatte der Bombenkrieg für die Amerikaner nicht die erhoffte Wirkung: 1965 begannen amerikanische Luftstreitkräfte, Nordvietnam zu bombardieren. Bis 1968 hatten sie auf Vietnam mehr Bomben abgeworfen als die gesamten alliierten Luftstreitkräfte während des Zweiten Weltkrieges. Aber selbst nach dieser massiven Konzentration an Vernichtungsmitteln gaben sich die Nordvietnamesen nicht geschlagen. Im Koreakrieg und in Vietnam forderten die Militärs die Kernwaffe, als sie einsehen mussten, dass dem Gegner mit begrenzten konventionellen Mitteln nicht beizukommen war. Doch in beiden Fällen zog die politische Führung nicht mit, zu groß war ihr das politische Risiko. Lieber in einem begrenzten Krieg begrenzte Ziele zu erreichen (Korea) oder sich gar geschlagen geben zu müssen (Vietnam), als zum letzten Mittel zu greifen, war und blieb in der Nachkriegszeit und bis heute die Devise.

Denn die Wirkung der Kernwaffen entzieht sich menschlichem Vorstellungsvermögen und macht ihren Einsatz irrational.

Ab dem Ersten Weltkrieg steigerte sich die Waffenwirkung, vor allem bei der Artillerie und den Flug-, Raketen- und Lenkwaffen markant und steigerte sich Ende des Zweiten Weltkrieges mit der Kernbombe ins unfassbare. Seither steht eine Waffe zur Verfügung, die sich in sich selbst ausschließt und daher jedem Einsatz entzogen bleiben muss. Angesichts der Wirkungsdaten von Kernwaffen hat man sich schon seit längerem gefragt, wo hier die Grenze liegt und ob es kein Zurück mehr gebe. Zwischenstaatliche Verträge versuchen eine Antwort darauf zu finden. Der „Rüstungswahnsinn" in der Menschheitsgeschichte hat aber nicht nur eine militärische, wirtschaftliche und politische Komponente, sondern auch eine menschliche. Die Kreativität als die wichtigste Waffe des Menschen, um zu überleben, hat sich naturgemäß im Wehrwesen, und der Wehrtechnik im Besonderen, sehr stark manifestiert.

„Um das Hauptgeschenk der Natur, nämlich die Freiheit, zu bewahren", schrieb Leonardo da Vinci vor rund 500 Jahren, „erfinde ich Angriffs- und Verteidigungsmittel für den Fall, dass wir von ehrgeizigen Tyrannen bedrängt werden." Diese Worte wurden schon oft zitiert, um die Bestrebungen für die Rüstung moralisch zu rechtfertigen. Weniger angesprochen werden hingegen die Skrupel, die Leonardo wegen seiner Tätigkeit befielen. Leonardo war selbstkritisch genug einzuräumen, dass nicht nur staatsbürgerliche oder finanzielle Notwendigkeit ihn dränge, Waffen zu entwickeln. Vielmehr zog ihn die wissenschaftliche Beschäftigung mit dieser destruktiven und zugleich auch konstruktiven Technik unerklärlich an. „Ich weiß nicht, was mich treibt", schreibt Leonardo um 1500 an einen Freund, „all jene Ballistas und Kriegsinstrumente zu konstruieren, die ich auf dem Reißbrett entwerfe. Obgleich sie tödlich scheinen, sind sie doch aufgrund ihrer Furchtbarkeit auch Mittel, den Krieg fernzuhalten." In den tausenden von Jahren Rüstungsentwicklung, indem sich die Zerstörungsmöglichkeiten vom einfachen Bogen über die Feuerwaffe bis zum möglichen atomaren Holocaust steigerten, ist das vielschichtige Problem wohl kaum je klarer umrissen worden.

Doch nicht erst seit Leonardo, sondern seit dem Zeitpunkt, da es Kriegs-Instrumente offensiver oder defensiver Natur gab, stellte sich immer die Frage nach ihrem zweckmäßigsten Einsatz. Taktik, Operation, Logistik und Strategie lieferten im Prinzip die Antwort auf diese Frage. Oft aber waren die Antworten unklar, missverständlich, ja geradezu gefährlich, dann nämlich, wenn nicht mit genügender Deutlichkeit für alle Beteiligten klar wurde, gegen wen man sich wo, wie und wann zu verteidigen hatte. Weder die Militärinstrumente als solche noch ihre Anwendungsweisen vermögen verbindliche Konzepte zu entwerfen: dazu bedarf es immer dessen, was man allgemein als Politik bezeichnet. Daher bilden Technologie, Strategie und Politik eine unlösbare Einheit. Ziel einer vernunftgesteuerten und dem Wohl des Ganzen (was immer man sich darunter in Vergangenheit und Gegenwart vorstellte und vorstellt) verantwortlichen Staatsführung muss es aber sein, diese Dreierbeziehung möglichst harmonisch und gerade dadurch widerstandsfähig zu gestalten. Disharmonie führte bis in unsere Gegenwart immer zu verzerrten, verspannten Situationen in den betroffenen Staatsgebilden, die sich selbst und andere gefährdeten. Die uralte Phantasie von der absoluten Verteidigung gibt es bis heute noch. Sie reicht im militärischen Bereich von der geschlossenen Phalanx griechischer Elitekrieger über die chinesische Mauer, dem römischen Limes, der Maginot-Linie und schweizerischen Réduit bis in die Gegenwart mit den immer noch einsatzbereiten atomaren Abwehrwaffen. In politischer Hinsicht ist die Idee des friedensstiftenden Universalreiches ebenfalls noch nicht ausgeträumt. Dafür gibt es in Europa in der Vergangenheit und Gegenwart genug Beispiele. So etwa das römische Reich, das Frieden, Sicherheit und absolute Verteidigung im Rahmen seiner damaligen (weltumspannenden) Grenzen für seine Bürger bot. Dass die „Barbaren" außerhalb blieben und diesen „Frieden" als Bedrohung empfanden, hat sich ebenfalls bis in unsere Gegenwart erhalten. Das Reich Karls des Großen, die Habsburgermonarchie, Frankreich unter Ludwig dem XIV., das Preußen Friedrichs des Großen, die angestrebte Hegemonie (Vorherrschaft) Frankreichs durch Napoleon I., Bismarcks Deutschland, das Großgermanische Reich Hitlers sowie die Sowjetunion Stalins und seiner Nachfolger sind Beispiele von Universalentwürfen, die bald zur existentiellen Bedrohung für die „Außenstehenden" führten.

Mit dem Vertrag von Maastricht wurde 1992 die Europäische Union gegründet. Obwohl eine Mehrheit der europäischen Bevölkerung der EU-Mitgliedschaft ihres Landes prinzipiell positiv gegenübersteht, zeigt sich

Skeptik, was die Institutionen der EU anbelangt. Diese Skepsis mag darin begründet liegen, dass traditionell nicht die EU, sondern der Nationalstaat den politischen Orientierungsrahmen der Europäer darstellt, in dem die Bürger ihre Interessen artikulieren. Die Sprachbarriere ist einer der Gründe, weshalb nach wie vor keine einheitliche europäische Öffentlichkeit existiert. Der zunehmende Machtanspruch der EU nach innen und außen führt auch bei diesem Universalentwurf nach Meinung von EU-Skeptikern zu existentiellen Bedrohungen für „Innen- und Außenstehende".

Die „Wende" von 1990 entsprang ja nicht dem Wunsch nach Frieden, sondern der Schwäche der Sowjetunion, welche im damaligen Rüstungswettlauf nicht mehr mithalten konnte. Im nicht besiegt, aber gedemütigt liegt eine der Ursachen der gegenwärtigen (wir schreiben das Jahr 2022) Situation im Osten Europas. Dessen Friedensbewegte, wie schon nach 1918, nach der Wende in der EU die Abrüstung durchsetzen und dabei den alten römischen Spruch „Si vis pacem parabellum" (Wer den Frieden will, rüstet zum Krieg) vergessen ließen.

Gar nie Eingang gefunden in unsere Denkweise hat leider eine Weisheit nach dem Tao-Te-King/Daodejing, die vieles was in diesem Buch angesprochen, verhindert hätte: „Spanne den Bogen, soweit du kannst, und du wirst wünschen, du hättest rechtzeitig eingehalten."

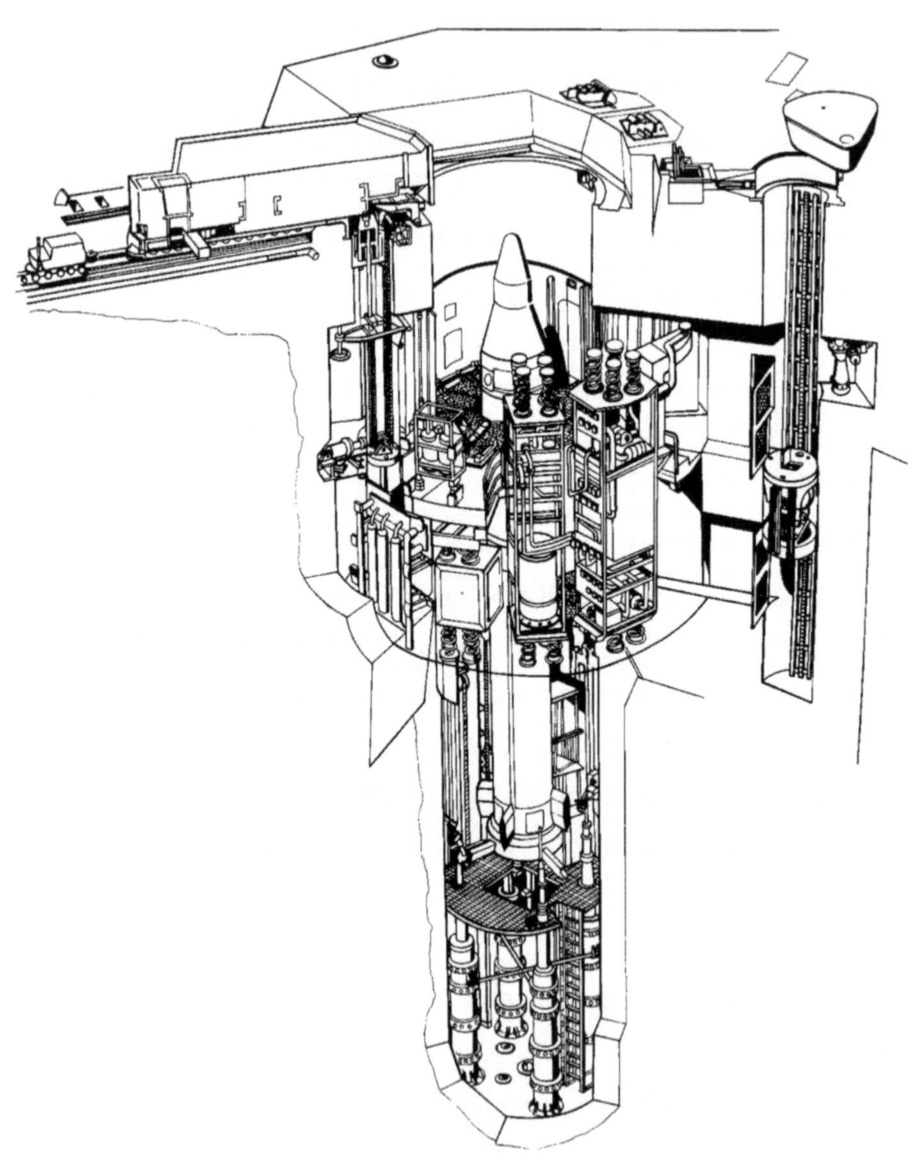

Europäische Atomwaffe der 1970er Jahre

*Ballistische Boden-Boden-Kernwaffe SSBS der französischen
Streitkräfte mit 150 Kilotonnen Sprengkraft und 3000 km Reichweite.*

Chronologie europäisch-atlantischer Schlachten und Kriege

vor Christus:

490	Schlacht bei Marathon. Griechische Hopliten besiegen unter Miltiades die Perser.
480	Seeschlacht bei Salamis, erste entscheidende Seeschlacht mit Sieg der Griechen über Persien.
424	Die Athener werden bei Delion durch die Spartaner geschlagen.
371	In der Schlacht bei Leuktra wird die Vormachtstellung der Spartaner durch die Thebaner unter Epaminondas und Pelopidas gebrochen.
338	Philipp, König von Makedonien, schlägt die vereinten Griechen bei Chaironeia.
331	Alexander der Große schlägt Darius bei Gaugamela/Arbela und erobert Persien.
295	Rom schlägt die Gallier, Samniten und ihre Verbündeten in der Schlacht bei Sentinum.
280	Pyrrhus schlägt die Römer bei Heraclea.
279	Schlacht bei Asculum, ein weiterer verlustreicher Sieg für Pyrrhus.
275	Pyrrhus kann die Römer bei Beneventum ein weiteres Mal nicht entscheidend schlagen.
264/241	Erster Punischer Krieg. Die Römer gewinnen Sizilien, 260 Seesieg der Römer über die Karthager, 255 die Karthager schlagen die Römer.

225	Die Römer schlagen die Gallier bei Telamon.
218/201	Zweiter Punischer Krieg. Hannibal erobert Sagunt, überquert mit Elefanten die Pyrenäen und die Alpen und schlägt die Römer bei Cannae, 216. Publius Scipio (Africanus) schlägt Hannibal bei Zama, 202.
168	Schlacht bei Pydna. Die makedonische Vorherrschaft in Griechenland wird durch die römischen Legionen gebrochen.
149/146	Dritter Punischer Krieg. Die Römer zerstören Karthago.
72	Spartakus gewinnt mehrere Schlachten gegen die Römer.
58	Schlacht bei Bibracte. Cäsar verhindert den Weiterzug der Helvetier. Die helvetische Schweiz kommt unter römische Herrschaft. Cäsar schlägt die Germanen unter Ariovist.
55/54	Expeditionen Cäsars nach Britannien.
48	Cäsar schlägt Pompeius bei Pharsalos.

nach Christus:

9	Varus mit seinen Legionen in Germanien geschlagen.
16	Schlacht von Idistaviso. Die Römer und verbündete Germanen unter Germanicus schlagen die Germanen unter Arminius.
70	Die Römer unter Titus nehmen Jerusalem ein.
161/166	Krieg der Römer gegen die Parther. Die Römer besetzen die wichtigsten Städte, doch konnte das Partherreich nicht endgültig geschlagen werden.

260	Der römische Kaiser Valerian erleidet gegen die Perser eine schmähliche Niederlage bei der syrischen Stadt Edessa. Der Kaiser blieb verschollen.
357	Die Schlacht von Argentoratum. Die Römer unter Julian schlagen die Germanen unter Chnodomar.
378	Die Goten schlagen ein römisches Heer bei Adrianopel. Damit beginnt der militärische Niedergang Roms.
410	Die Westgoten unter Alarich nehmen Rom ein.
451	Niederlage des Hunnenkönigs Attila in der Reiterschlacht bei Châlons.
455	Die Vandalen plündern Rom.
711	Arabisch-berberische Armeen überqueren die Straße von Gibraltar und erobern die spanische Halbinsel.
732	Karl Martel verhindert in der Schlacht zwischen Tours und Poitiers die Mauren am weiteren Vordringen nach Westeuropa.
886	Die Wikinger belagern Paris.
1066	Der Normannenkönig Wilhelm der Eroberer schlägt Harald von England in der Schlacht bei Hastings.
1096/1291	Kreuzzüge in den vorderen Orient.
1204	Die Kreuzritter erobern Konstantinopel.
1315	Schlacht bei Morgarten, „Bluttaufe" der Eidgenossen gegen die Habsburger.
1339	Schlacht bei Laupen, erstes eidgenössisches Heer (mit Bernern) schlägt ein Ritterheer.
1346	Im hundertjährigen Krieg besiegen englische Langbogenschützen ein französisches Ritterheer bei Crécy.

1388	Schlacht bei Näfels, die Glarner schlagen ein österreichisches Ritterheer.
1396	Schlacht bei Sempach. Die Eidgenossen schlagen ein Habsburgerheer.
1402/1408	Appenzellerkriege, die Schlacht am Stoos 1405.
1419/1437	Hussitenkriege. Kampf des böhmischen Rebellen Jan Ziska.
1436/1450	Der alte Zürichkrieg
1443/1450	Armagnakenkrieg am Oberrhein, Schlacht bei St. Jakob an der Birs.
1453	Die Türken erobern Konstantinopel nach vierzigtägiger Beschießung.
1474/1477	Die Burgunderkriege. Die Eidgenossen schlagen die Burgunder bei Grandson, Murten, Nancy. Damit zerfällt das Burgunderreich.
1477/1493	Kriege zwischen den Habsburgern und Frankreich um das burgundische Erbe.
1499	Der Schwabenkrieg. Krieg der Eidgenossen „ennet" dem Rhein, Siegreiche Schlacht bei Dornach.
1500/1515	Die italienischen Kriege. Schlacht und Niederlage der Eidgenossen bei Marignano 1515.
1525	Entscheidungsschlacht der italienischen Kriege bei Pavia.
1529	Die Türken belagern Wien.
1531	Schlacht bei Kappel. Reformationskrieg in der Schweiz.
1571	Seeschlacht bei Lepanto. Niederlage der Mohammedaner.
1588	Die Engländer besiegen die spanische Armada.
1618/1648	Der Dreißigjährige Krieg

1652/1654   Erster Englisch-Niederländischer Krieg

1653   Bauernkrieg in der Schweiz.

1655   Beginn des Krieges zwischen Schweden und Polen mit
            Teilnahme von Preußen, Brandenburg und Österreich.

1656   Der erste Villmergerkrieg in der Schweiz.

1663   Krieg des osmanischen Reiches gegen Österreich und das
            Reich.

1665/1667   Zweiter Englisch-Niederländischer Krieg

1672/1674   Dritter Englisch-Niederländischer Krieg

1683/1699   Großer Türkenkrieg. Die Türken belagern erneut Wien.

1701/1714   Spanischer Erbfolgekrieg. Marlborough und Prinz Eugen
            kämpfen gegen die Armeen Ludwigs XIV.

1709   Zar Peter I. (der Große) schlägt die Schweden unter
            Karl XII. bei Poltawa und gewinnt ab 1721 die Vorherrschaft
            im Ostseeraum.

1716/1718   Krieg Österreichs und Venedigs gegen die Türken.

1740/1748   Österreichischer Erbfolgekrieg

1745   Schlacht bei Fontenoy. Klassisches Beispiel für eine
            Schlacht in Angriffskolonnen.

1757   Schlacht bei Leuthen. Sieg Friedrichs des Großen im
            Siebenjährigen Krieg über die Österreicher.

1759   Englische Musketiere unter General James Wolfe siegen im
            Siebenjährigen Krieg über die Franzosen bei Quebec.

1775/1783   Amerikanischer Unabhängigkeitskrieg. 1777 Schlacht bei
            Saratoga. Amerikanische Unabhängigkeitskämpfer schlagen
            englische Linientruppen.

Chronologie

1780/1784 Vierter Englisch-Niederländischer Krieg

1792   Untergang der Schweizer in den Tuilerien am
           10. August 1792.

           Beginn der Koalitionskriege (1792–1815).

1793   Der französische Wohlfahrts-Ausschuss befielt die
           allgemeine Wehrpflicht.

1796   Napoleon I. gewinnt seinen ersten Feldzug in Italien.

1798   Einfall der Franzosen in die Schweiz.

1798/1799 Französischer Feldzug nach Ägypten, Niederlage gegen die
           Engländer in der Seeschlacht bei Abukir.

1805   Nelson gewinnt die Seeschlacht bei Trafalgar.

1805   Schlacht bei Austerlitz, ein Höhepunkt des
           Schlachtenlenkers Napoleon I.

1806   Napoleon I. schlägt die Preußen bei Jena und Auerstedt.

1809   Krieg Napoleons I. gegen Österreich. Niederlage bei
           Aspern, Sieg bei Wagram.

1812   Feldzug Napoleons I. nach Russland. Rückzug der großen
           Armee.

1812/1815 Amerikanisch-Englischer Krieg

1815   Die hundert Tage Napoleons I. Niederlage durch Wellington
           und Blücher bei Waterloo.

1847   Der Sonderbundskrieg in der Schweiz.

1848/1852 Dänisch-Deutscher Krieg

1853/1856 Krimkrieg

1859   Napoleon III. besiegt die Österreicher bei Solferino.

1861/1865 Amerikanischer Bürgerkrieg

1864   Dänisch-Deutscher Krieg

1866   Preußisch-Österreichischer Krieg

1870/1871 Deutsch-Französischer Krieg

1898   Amerikanisch-Spanischer Krieg.
            Die USA wird Großmacht.

1899/1902 Burenkrieg in Südafrika.

1904/1905 Russisch-Japanischer Krieg

1912/1913 Balkankriege

1914/1918 Erster Weltkrieg

1917/1923 Bürger- und Interventionskrieg in Sowjetrussland. Deutscher
            Feldzug gegen die Sowjetmacht im Baltikum (1919).

1936/1939 Spanischer Bürgerkrieg

1939/1945 Zweiter Weltkrieg

Glossar der Seemannssprache

Der seemännische Wortschatz ist in der Blütezeit der Seemannschaft entstanden. Der alte Segelschiffsmann orientierte sich grundsätzlich nach der Windrichtung, nach der allgegenwärtigen Linie von Luv nach Lee, die immer den Drehpunkt seines Schiffes schnitt. Luv ist oben, Lee unten, der Weg nach Luv musste erkämpft werden, nach Lee trieb man von selbst. Luv bedeutete für ein Kriegsschiff Handlungsfreiheit und damit Überlegenheit über den Gegner. Aus dieser Erkenntnis und ihren Folgerungen ergab sich die innere Logik der Seemannssprache. Wer sich für die Seemannschaft interessiert, kommt an seemännischen Ausdrücken nicht vorbei:

abreiten ein Schiff reitet einen Sturm ab: es liegt vor Anker oder wartet mit gestrichenen Segeln das Ende des Sturms ab

achtern hinten, bei allen Teilen eines Schiffes

auslaufen ein Schiff verlässt den Hafen

ausreeden ein Schiff wird zum Überwintern in den Hafen gebracht und vertäut

Backbord in Fahrtrichtung linke Schiffseite

bekalmen durch Vorbeifahren an der Luvseite einem gegnerischen Schiff den Wind wegfangen

Besegelung Alle Segel eines Schiffes bilden die Besegelung

Besteck Feststellen des geographischen Ortes eines Schiffes in See

Bruttoraumgehalt das Volumen aller Räume des Schiffsrumpfs und der Aufbauten. Wird in Bruttoregistertonnen (BRT) gemessen und angegeben

bunkern z. B. Übernahme von Kohlen oder andere Vorräte für die Reise

Carronade großkalibriges Kurzrohrgeschütz für den Schiff- und Schiffnahkampf

docken ein Schiff zum Überholen ins Dock bringen

Ducht Auf der Galeere Sitzbank für den Ruderer, heute Sitzbank im offenen Boot

Ebbe das Fallen des Wassers vom Hoch- zum Niedrigwasser

Etmal Die von einem Schiff in 24 Stunden, von 12.00 Uhr mittags bis 12.00 Uhr mittags des nächsten Tages zurückgelegte Entfernung

dwars Querab, rechtwinklig zur Kielrichtung

fieren herablassen, ablaufen lassen

Faden englisches Längenmaß zur Wassertiefenvermessung. 1 Faden = 1,829 m. Es ist dies ca. der tausendste Teil einer Seemeile

Fender außerbords angebrachter Puffer

Fockmast Vorderster Mast auf drei- und zweimastigen Schiffen

Fregatte Kriegsschiff des 17. Jahrhunderts, schneller Dreimaster mit ca. 50 Kanonen bestückt

Freibord Höhe der Schiffseite über dem Wasser bis zum tiefsten Punkt des Oberdecks eines beladenen Schiffes

Galerie Außenrundgang um das Heck eines Segel-Kriegsschiffes

Gangspill Winde zum Lichten der Anker, sie wird um eine senkrechte Achse mit Spillspaken gedreht

Gast (Bootsgast, Signalgast, Toppgast usw.) Bezeichnung für den Seemann mit einer bestimmten Funktion

glasen halbstündliche Zeitangabe durch Schlagen der Schiffsglocke

halsen Drehen des Schiffes mit dem Wind, vor dem Wind wenden

kalfatern Die Plankenfugen mit Werg und Pech abdichten

Kalm, kalmen Windstille, z. B. für die Region zwischen den beiden Passatgebieten gebräuchlich

Klarschiff die Gefechtsbereitschaft eines Schiffes, „Klarschiff überall!", der Befehl dazu

kielholen ein Schiff an Land auf die Seite legen um es am Kiel ausbessern zu können

Knoten Geschwindigkeitsmaß: Seemeilen pro Stunde

krängen seitliches Neigen des Schiffes

kreuzen der Zick-Zack-Kurs eines Segelschiffes, das gegen den Wind auf ein Ziel zusteuert (aufkreuzt). Das Kreuzen ist erforderlich, weil ein Segelschiff nur sehr nahe am Wind, nicht aber gegen den Wind segeln kann.

Lee die dem Wind abgekehrte Schiffseite

Linienschiff Kriegsschiff der ersten Linie (Hauptkampfschiff)

Log Instrument zum Messen der Schiffsgeschwindigkeit

Luv die dem Wind zugekehrte Seite des Schiffes

Mars Plattform als Abschluss des Untermastes, dient zum Ausspreizen der Seitenstützen (Wanten) des Mastes

Orlopdeck unterstes Deck

Poopdeck Hüttendeck, Heckaufbau oberhalb des durchlaufenden Oberdecks

Prise Übernahme eines feindlichen Schiffes während des Seekrieges

pullen rudern

Rah, Rahe waagrecht und drehbar am Mast befestigte Spiere (Rundholz) zum Anbringen der Segel

Rahsegel viereckiges, quer vor dem Mast an einer Rah angeschlagenes Segel

Riemen Ruder

Seegeltung wird als Gesamtheit aller maritimen Erscheinungen und Bestrebungen eines Staates in militärischer, wirtschaftlicher und politischer Hinsicht verstanden

Seemeile die einer Bogenminute (dem 60. Teil eines Längengrads am Äquator) gleichkommende Entfernung entspricht 1852 m

Seeherrschaft Die Nutzung der Seewege für eigene wirtschaftliche und militärische Transporte bei gleichzeitiger Behinderung der Gegenseite führt zu einem machtpolitischen Zustand

Speigatt Öffnung zum Ablaufen des Wassers auf dem Oberdeck

Stenge Verlängerung des Mastes

Steuerbord rechte Schiffseite von achtern aus

Steven Vordersteven, Achtersteven, Abschluss des Schiffskörpers vorn oder hinten

Takel starker Flaschenzug

Topp oberstes Ende des Mastes

Vormars Mars am Fockmast

Wanten Haltetaue zum seitlichen Abstützen des Mastes

Literaturnachweis

Aircraft Armament, Louis Bruchiss
    Aerosphere, Inc., New York 1945

Alexander der Grosse, Franz Hampl
    Musterschmied-Verlag, Göttingen 1958

Ammunition, Ian V. Hogg,
    The Illustrated Encyclopedia of Ammunition, Chartwell Books, Inc.

Armee abschaffen?, Walter Schaufelberger
    Verlag Huber, Frauenfeld 1988

Aufzeichnungen zur europäischen Geschichte, Winston S. Churchill
    Scherz Verlag, Bern 1965

August 1914, Barbara W. Tuchmann
    Buchclub Ex Libris, 1980

Aus der Steinzeit in den Weltraum
    Verlag das Beste GmbH, Stuttgart, Zürich, Wien 1975

Automatic Arms, Melvin M. Johnson und Charles T. Haven
    Their History, Development and Use,
    William Morrow and Co., New York

Automatische Waffen, P. Curti
    Verlag Huber & Co., Frauenfeld, Leipzig 1933

Balkan, Gerhard Herm
    ECON Verlag, Düsseldorf 1996

Bewaffnung und Ausrüstung der Schweizer Armee seit 1817
    diverse Bände, Verlag Stocker-Schmid, Dietikon – Zürich

Bilder im Spiegel der Zeit, Heinrich Denzler
    Ein Streifzug durch die Welt seit der Jahrhundertwende,
    Metz Verlag Zürich 1968

Literaturnachweis

Bismarck, Lothar Gall
   Ullstein GmbH, Frankfurt am Main 1981

Blanke Waffen
   Eine Auswahl und Dokumentation historischer Hieb-, Stich- und Stoß-
   waffen vom frühen Mittelalter bis zur Neuzeit,
   Emil Vollmer Verlag, Wiesbaden

Blankwaffen, Karl Stüber, Hans Wetter
   Festschrift Hugo Schneiders zu seinem 65. Geburtstag,
   Th. Gut & Co. Verlag, Stäfa (Zürich) 1982

Blätter aus der Schweizer Militärgeschichte, Walter Schaufelberger
   Nr. 15 der Schriftenreihe der Schweiz. Gesellschaft für
   Militärhistorische Studienreisen, Zürich 1995

Blitzkrieg 1940, Ward Rutherford
   Gallery Books, New York 1985

Blitzkrieg, Charles Messenger
   Bastei Lübbe, 1976

Blitzkrieg ohne Blitzkriegkonzept, Karl-Heinz Frieser
   Militärgeschichte Heft 1,
   Verlag E.S. Mittler & Sohn, Herford und Bonn 1991

Bomber 1914–1919, Kenneth Munson
   Orell Füssli Verlag, Zürich 1978

Bomber 1939–1945, Kenneth Munson
   Orell Füssli Verlag, Zürich 1969

Britische und amerikanische Panzer des Zweiten Weltkrieges
   P. Chamberlain, Chris Ellis, J.F. Lehmanns Verlag, München 1972

Buch der Waffen, William Reid
   Econ, Düsseldorf Wien 1976

Burgenkunde, Otto Piper
Weltbild Verlag GmbH, Augsburg 1984, Nachdruck von 1912

Cäsar, Christian Meier
Ex Libris, Zürich

Chassepot-Gras-Lebel, Morion Reprint Band 33
Intersico Press AG, Zürich, Buchclub LIDOC International 1980

Codex Manesse, Ingo Walther
Die Miniaturen der großen Heidelberger Liederhandschrift,
Büchergilde Gutenberg, Frankfurt am Main 1988

Das Feldgeschütz mit langem Rohrrücklauf, K. Haussner
Geschichte meiner Erfindung, R. Oldenbourg Verlag, München 1928

Das Flugzeug im spanischen Bürgerkrieg, J.S. Larrazàbal
Motorbuch Verlag, Stuttgart 1973

Das Geschütz im Mittelalter, Bernhard Rathgen
Klassiker der Technik, VDI-Verlag

Das Gewehr, G.W.P. Swenson
Die Geschichte einer Waffe, Motorbuchverlag, Stuttgart

Das grosse Buch des Automobils
Delphin Verlag, München, Zürich 1985

Das Jahrhundert Asiens, Jan Romein
Francke Verlag, Bern 1958

Das Kriegswesen im Wandel der Zeiten, Johannes Ullrich
Wegweiser Verlag GmbH, Berlin 1939

Das Luftschiff, Fred Gütschow
Geschichte, Technik, Zukunft, Motorbuchverlag, Stuttgart 1985

Das Maschinengewehr, F.W.A. Hobart
Motorbuchverlag, Stuttgart 1971

Literaturnachweis

<u>Das Panzerabwehrbuch</u>, Major von Trippelskirch
  Verlag offene Worte, Berlin 1937

<u>Das Reduit</u>, Louis Couchepin
  Schweizer Spiegel Verlag, 1943

<u>Das römische Heer von Cäsar bis Trajan</u>, Michael Simkins
  Wehr & Wissen, Bonn 1981

<u>Das Schiff</u>, Björn Landström
  Vom Einbaum zum Atomboot,
  Verlagsgruppe Bertelsmann GmbH, Gütersloh 1973

<u>Das Zündnadel-Gewehr</u>, W. von Plönnis
  Morion Reprints, Intersico Press AG, Zürich
  Buchclub LIDOC International 1976

<u>Days of War</u>, Cesare Salmaggi, Alfredo Pallavisini
  2194 Days of War, an Illustrated Chronology of the Second World
  War, Windward, New York, London 1977

<u>Der 2. Weltkrieg</u>
  Bilder, Daten, Dokumente, C. Bertelsmann Verlag, München 1983

<u>Der Blitzkrieg</u>, Robert Wenick
  Der Zweite Weltkrieg, Time Life Bücher, Amsterdam 1979

<u>Der Bürgerkrieg</u>, Gajus Julius Caesar
  mit einer Einleitung, Carl Schünemann, Verlag Bremen 1964

<u>Der deutsche Staat</u>, Gottfried Feder
  Auf nationaler und sozialer Grundlage,
  Verlag F. Eher GmbH, München 1931

<u>Der Dreißigjährige Krieg in Augenzeugenberichten</u>
  herausgegeben von Hans Jessen, dtv 1971

<u>Der Dreißigjährige Krieg</u>, Herbert Langer
  Buchclub Ex Libris, Zürich 1981

Der Erste Weltkrieg, Otto-Ernst Schüddekopf
    Bilder, Daten, Dokumente, Verlagsgruppe Bertelsmann GmbH
    Lexikon Verlag, Gütersloh 1977

Der Gallische Krieg, Gajus Julius Cäsar
    Reclam, Stuttgart 1968

Der Hammer des Nordens, Magnus Magnusson
    Mythen, Sagas und Heldenlieder der Wikinger,
    Verlag Herder, Freiburg im Breisgau 1977

Der Kampf um die Weltmeere, Hellmut Diwald
    Buchclub Ex Libris, Zürich 1982

Der Krieg gegen Frankreich 1870–1871, Theodor Fontane
    Manesse Verlag, Zürich

Der Krieg im Zeitalter der Technik und des Verkehrs, Alfred Meyer
    Verlag B.G. Teubner, Leipzig 1909

Der Krieg in der Wüste, Richard Collier
    Der Zweite Weltkrieg, Time-Life Bücher, Amsterdam 1982

Der Nationalsozialismus, Walther Hofer
    Dokumente 1933–1945, Fischer Bücherei, Frankfurt am Main 1957

Der russische Feldzug von 1812, Carl von Clausewitz
    Magnus Verlag, Essen

Der Schweizer Soldat in der Kriegsgeschichte, Dr. A. Maag
    Verlag Hans Huber, Bern 1931

Der schweizerische Radfahrerrevolver Ordonnanz 1882/93,
    Jürg A. Meier, Deutsches Waffenjournal, Ausg. 6/1981

Der strategische Bombenkrieg, Horst Boog
    Militärgeschichte, Heft 2
    Verlag E.S. Mittler & Sohn, Herford und Bonn 1992

Literaturnachweis

Der Untergang der Arche Noah, Farley Mowat
    Rowohlt Verlag GmbH, Reinbek bei Hamburg 1987

Der Versailler Vertrag und die Schuldfragen des Ersten Weltkrieges
    Walter Schwengler, Militärgeschichtliches Beiheft Nr. 6,
    Verlag E.S. Mittler & Sohn, Herford und Bonn 1987

Der Zukunftskrieg und seine Waffen, Hans Ritter
    Verlag K.F. Koeler, 1924

Der Zweite Weltkrieg, Janusz Piekalkiewicz
    1939–1945 (3 Bände)

Der Zweite Weltkrieg, Christian Zentner
    Unipart Verlag, Stuttgart 1981

Deutsche Flug-Abwehr, Otto Wilhelm von Renz
    Verlag E.S. Mittler & Sohn GmbH, Berlin 1960

Deutsche Kampfpanzer und Kampffahrzeuge 1934–1945
    Bruce Culver, Bill Murphy, Podzun-Pallas Verlag, 1976

Deutsche Militärgeschichte 1648–1939
    Manfred Pawlak Verlagsgesellschaft mbH, Herrsching 1983

Deutsche U-Boote 1906–1966, Bodo Herzog
    J.F. Lehmanns Verlag, München 1968

Die Alpen in Frühzeit und Mittelalter, Ludwig Pauli
    Buchclub Ex Libris, Zürich 1980

Die Armada, Garrett Martingly
    Piper & Co. Verlag, München 1960

Die Armbrust, Egon Harmuth
    Akademische Druck- u. Verlagsanstalt, Graz/Austria

Die Armee August des Starken, Reinhold Müller
    Das sächsische Heer von 1730 bis 1733, Militärverlag der DDR 1984

Die Artilleriewissenschaften, Neujahrsblätter
   Steiger Druck und Verlag AG, Bern

Die Befestigungsweisen der Vorzeit und des Mittelalters
   August von Cohausen, Weltbild Verlag Augsburg 1995,
   Nachdruck von 1898

Die britischen und amerikanischen Infanteriewaffen, A.J. Barker
   Die britischen und amerikanischen Infanteriewaffen des
   zweiten Weltkrieges, Motorbuchverlag, Stuttgart

Die deutsche Kriegswirtschaft 1939–1945, Alan S. Milward
   Deutsche Verlagsanstalt, Stuttgart 1966

Die deutsche Luftfahrt, Orlovius-Schulz
   Jahrbuch 1938, Verlag Fritz Knapp, Frankfurt am Main 1938

Die deutschen Geschütze, Senger und Etterlin
   J.F. Lehmanns Verlag, München 1960

Die deutschen Marine-Luftschiffe, Paul Schmalenbach
   Koelers Verlagsgesellschaft mbH, Herford 1977

Die deutschen Waffen und Geheimwaffen des 2. Weltkrieges
   Rudolf Lusar, J.F. Lehmanns Verlag, München 1971

Die Entwicklung des Geschützwesens in der Schweiz, E.A. Gessler
   Mitteilungen der Antiquarischen Gesellschaft in Zürich 1918

Die ersten 5000 Jahre, C.V. Wedgwood
   List Verlag, München 1987

Die explosiven Stoffe, Fr. Böckmann
   Ihre Geschichte, Fabrikation, Eigenschaften, Prüfung und praktische
   Anwendung, A. Hartleben's Verlag, Wien/Pest/Leipzig 1880

Die Frühzeit des Menschen, George Constable
   Rowohlt Taschenbuchverlag 1977

Literaturnachweis

Die Funkmessgeräte, Adolf Eckard und Hoffmann Heyden
    Die Funkmessgeräte der deutschen Flakartillerie,
    Verkehrs und Wirtschafts-Verlag GmbH, Dortmund

Die Gefahren eines Nuklearkrieges, Jewgeni Tschasow
    APN Verlag, Moskau 1982

Die Geschichte der deutschen Flakartillerie, Adalbert Koch
    Podzun Pallas Verlag, Nachdruck von 1954

Die Geschichte der deutschen Schiffsartillerie, Paul Schmalenbach
    Koelers Verlagsgesellschaft, Herford 1968

Die geschichtliche Entwickelung der Handfeuerwaffen, M. Thierbach
    Akademische Druck- und Verlagsanstalt, Graz 1965,
    Nachdruck der Ausgabe Dresden 1888

Die geschichtliche Entwicklung der Fliegerabwehr, H. Born
    Verlag Flugabwehr und Technik/Huber & Co., Frauenfeld 1963

Die Handfeuerwaffen, Rudolf Schmidt
    Akademische Druck- und Verlagsanstalt, Graz 1968

Die Handwaffen, Eckardt und Morawietz
    Helmuth Gerhard Schulz Verlag, Hamburg 1973

Die Heeresreform der Oranier und die Antike, Werner Hahlweg
    Studien zur Geschichte des Kriegswesens,
    Biblio Verlag, Osnabrück 1987

Die heutige Feldartillerie mit Rohrrücklauf, Roskoten
    Ihr Material, technische Hilfsmittel, Schiessverfahren, Organisation
    und Taktik, Verlag von R. Eisenschmidt, Berlin 1909

Die Hunnen, Hermann Schreiber
    Weltbild Verlag GmbH, Augsburg 1997

Die japanischen Infanteriewaffen, George Markham
Die japanischen Infanteriewaffen des zweiten Weltkrieges,
Motorbuchverlag, Stuttgart

Die Kriegskunst der Germanen, Kurt Pasternaci
Adam Kraft Verlag, Karlsbad, Leipzig 1942

Die Landsknechte, Douglas Miller
Wehr & Wissen, Bonn 1980

Die Lehre vom Schuss, Max Schmuderer-Maretsch
Verlagsbuchhandlung Paul Parey, Berlin 1926

Die leichten Waffen der deutschen Armeen, Ludwig Bär
Journal Verlag Schwend GmbH, Schwäbisch Hall 1976

Die Luftschlacht um England, Leonard Mosley
Der zweite Weltkrieg, Time Life Bücher, Amsterdam 1980

Die Manessische Liederhandschrift in Zürich, Ausstellungskatalog
Schweizerisches Landesmuseum, Zürich 1991

Die Massenpsychologie des Faschismus, Wilhelm Reich
Buchclub Ex Libris, Zürich 1971

Die österreichisch-ungarische Armee, Albert Seaton
In der Zeit der Napoleonischen Kriege, Wehr & Wissen, Bonn 1979

Die Patronen der Rückladungsgewehre, A. Mattenheimer
Morion Reprints, Intersico Press AG, Zürich,
Buchclub LIDOC International 1975

Die Römer, Hans Dieter Stöver
Econ Verlag, Düsseldorf 1976

Die römische Flotte, H.D.L. Viereck
Nikol Verlagsvertretungen GmbH, Hamburg 1996

Literaturnachweis

Die russischen Infanteriewaffen, A.J. Barker und John Walter
Die russischen Infanteriewaffen des zweiten Weltkrieges,
Motorbuchverlag, Stuttgart 1974

Die Schlacht um England, Len Deighton
Wilhelm Heyne Verlag, München 1985

Die Schützengesellschaft der Stadt Zürich, Fritz Marti
Festschrift, Selbstverlag der Schützengesellschaft, Zürich 1898

Die Schweizer Flieger und Fliegerabwehrtruppen, Werner Rutschmann
Aufträge und Einsatz 1939–1945, Ott Verlag, Thun

Die schweizerische Flugwaffe von 1914 bis heute, Ernst Wetter
Dr. T. Weder-Greiner, World Traffic Editions, Vevey 1961

Die schweizerische Landesverteidigung, Robert Frick und Fred Kuenzi,
Ernst Uhlmann Verlag Gottfried Schmid, Zürich 1953

Die Seeschlachten im Zweiten Weltkrieg, Geoffrey Bennett
Wilhelm Heyne Verlag, München 1984

Die Technik im Weltkriege, M. Schwarte
Ernst Siegfried Mittler & Sohn, Berlin 1920

Die teuflische Waffe, Edwyn Gray,
Geschichte und Entwicklung des Torpedos
Verlag Gerhard Stalling, Oldenburg und Hamburg 1975

Die unbekannte Armee, Nikolaus Basseches
Wesen und Geschichte des russischen Heeres, Europa Verlag,
Zürich/New York 1942

Die unheimlichen Waffen, Lothar Rendulic
Schild-Verlag GmbH, München, Lochhausen 1957

Die Vereinigten Staaten von Amerika
Fischer Verlag GmbH, Frankfurt am Main 1977

Die Waffen der Völker des alten Orients, Hans Bonnet
    J.C. Hinrichs'sche Buchhandlung, Leipzig 1926

Die Wehrmacht-Untersuchungsstelle, Alfred M. de Zayas
    Heyne Verlag, München 1981

Die Welt der Römer, Henri Stierlin
    Edito-Service S.A., Genf 1983

Die Weltkrieg II-Flugzeuge, Kenneth Munson
    Motorbuch Verlag, Stuttgart 1981

Entscheidung im Pazifik, Friedrich Ruge
    Schweizer Druck- und Verlagshaus AG, Zürich 1951

Erinnerungen eines Soldaten, Heinz Guderian
    Kurt Vowinckel Verlag, Heidelberg 1951

Eroberung eines Kontinents, Max Mittler
    Der große Aufbruch in den amerikanischen Westen,
    Atlantis Verlag, Zürich 1968

Europäische Hieb- und Stichwaffen, Heinrich Müller und Hartmut Kölling
    Militärverlag der Deutschen Demokratischen Republik, Berlin 1981

Famous Guns, Hank Wieand Bowman
    Famous Guns from the Smithsonian Collection, Arco, New York 1967

Faustfeuerwaffen, G. Bock, W. Weigel, G. Seitz
    J. Neumann, Neudamm, Melsungen, Berlin, Basel, Wien 1978

Festungsbaukunst und Festungsbautechnik, Hartwig Neumann
    Bernard & Graefe Verlag, Bonn 1988

Feuerwaffen, Major F. Myatt
    Die große Enzyklopädie der Feuerwaffen des 19. Jahrhunderts,
    Buch Vertriebs-Gesellschaft, Zürich 1980

Feuerwaffen, Dudley Pope
    Entwicklung und Geschichte, Edito-Service S.A., Genf 1971

Literaturnachweis

<u>Feuerwaffen</u>
Emil Vollmer Verlag, Wiesbaden 1974

<u>Feuerwaffen</u>, Howard Ricketts
Parkland Verlag, Stuttgart

<u>Flak-Kommandogeräte</u>, Alfred Kuhlenkamp
VDI-Verlag GmbH, Berlin 1943

<u>Flint, Flintenstein, Pierre a Fusil</u>, Wolfgang Seel
Deutsches Waffenjournal, Ausg. 10/1981

<u>Flotten des 2. Weltkrieges</u>, Antony Preston
Verlag Gerhard Stalling, Oldenburg und Hamburg 1976

<u>Flugabwehr</u>, Alfred Kuhlenkamp
VDI-Verlag GmbH, Berlin 1942

<u>Flugzeugbewaffnung</u>, Manfred Schliephake
Motorbuchverlag, Stuttgart 1977

<u>Friedrich der Grosse</u>
Verlag Lothar Borwsky, München

<u>Friedrich der Grosse und sein Heer</u>, Johannes Müller
Wehr & Wissen, Bonn 1981

<u>Führer zu den Landungsstränden in der Normandie</u>, Patrice Boussel
Presses de la Cité, Paris 1974

<u>Führung und Verführung</u>, Hans-Jochen Gamm
Pädagogik des Nationalsozialismus, List Verlag, München 1964

<u>Gesammelte Schriften</u>, Ulrich Wille
Fretz Verlag AG, Zürich 1941

<u>Geschichte der Deutschen</u>, Veit Valentin
Ex Libris, Zürich 1981

Geschichte der deutschen Nachtjagd 1917–1945, Gebhard Aders
  Motorbuchverlag, Stuttgart 1977

Geschichte der Luftfahrt, Kurt W. Streit und John W.R. Taylor
  Sigloch Service Edition, Künzelsau 1975

Geschichte der Waffe, Courtland Canby
  Editions Rencontre and Erik Nitsche International

Geschichte der Waffen-SS, Georg H. Stein
  Droste Verlag, Düsseldorf 1967

Geschichte der Welt, Hugh Thomas
  Deutscher Bücherbund GmbH, Stuttgart/München 1984

Geschichte des Dreißigjährigen Krieges, Martin Philippson
  Historischer Verlag Baumgartel, Berlin

Geschichte des europäischen Kriegswesens, Theodor Fuchs
  Teil 1: Vom Altertum bis zur Aufstellung der stehenden Heere,
  Truppendienst Taschenbuch J.F. Lehmanns Verlag, München 1972

Geschichte des europäischen Kriegswesens, Theodor Fuchs
  Teil 2: Von der Aufstellung der ersten stehenden Heere bis zum
  Aufkommen der modernen Volksheere,
  Truppendienst Taschenbuch, J.F. Lehmanns Verlag München 1974

Geschichte des römischen Weltreiches, Leopold von Ranke
  Verlag Hallwag, Bern 1939

Geschichte des U-Bootkrieges 1939–1945, Leonce Peillard
  Wilhelm Heyne Verlag, München 1983

Geschichte des Zweiten Weltkriegs, Liddell Hart
  Bastei Lübbe 1972

Geschichte Friedrich des Grossen, Franz Kugler und Adolf V. Menzel
  Verlag E. A. Seemann, Köln

Geschosse ohne Drall, Schriften der deutschen Akademie der
    Luftfahrtforschung, Geheime Kommandosache, Berlin 1943

Geschütz und Schuss, Dr. Ludwig Hänert
    Verlag Julius Springer, Berlin 1940

Griechen und Römer, John Warry
    Die Kriegskunst der Griechen und Römer,
    Buch und Zeit Verlagsgesellschaft mbH, Köln 1981

Grosse Landschlachten, Cyril Falls
    Ariel Verlag, Frankfurt am Main 1964

Grosse Seeschlachten, Oliver Warner
    Ariel Verlag, Frankfurt am Main 1963

Grundformen der Wirtschaftskriminalität, Heinz Egli
    Kriminalistik Verlag, Heidelberg 1985

Haig, Duff Cooper
    Ein Mann und eine Epoche, Vorhut Verlag Schlegel GmbH, Berlin

Handbuch der bewaffneten Macht 1938, Karl Hegedüs
    Elbemühl Verlag, Wien

Handbuch der Metallbeizerei, Otto Vogel
    Verlag Chemie, Berlin 1943

Handfeuerwaffen, Jaroslav Lugs
    Deutscher Militärverlag, Berlin 1956

Handfeuerwaffen, John Weeks
    II. Weltkrieg Handfeuerwaffen, Wehr und Wissen

Hand- und Faustfeuerwaffen, Schweiz. Schützenverein
    Schweizerische Ordonnanz 1817 bis 1975
    Verlag Huber, Frauenfeld 1971

Harnische, Bruno Thomas
    Kunstverlag Wolfrum, Wien 1974

Heere international, Oberst a.D. Reinhard Hauschild
Militärpolitik, Strategie, Technologie, Wehrgeschichte,
Verlag E.S. Mittler & Sohn GmbH, Herford 1981

Held oder Feigling, Elmar Dinter
Die körperlichen und seelischen Belastungen des Soldaten im Krieg,
Verlag Mittler & Sohn GmbH, Herford 1982

Heller als tausend Sonnen, Robert Jungk
Sachbuch, Rowohlt Verlag, Reinbek bei Hamburg 1964

Herstellung der Sprengstoffe, A. Voigt
Verlag Wilhelm Knapp, Halle 1913

Hitler, Joachim C. Fest
Verlag Ullstein GmbH, Frankfurt am Main 1973

Hitlers Einsatzgruppen, Helmut Krausnick
Fischer Verlag GmbH, Frankfurt am Main 1985

Hitlers Weisungen für die Kriegsführung
dtv Dokumente 1965

Hundert Jahre Schweizer Wehrmacht, Oberst i. Gst. Dr. Feldmann
Verlag Hallwag, Bern 1935

Illustrierte Geschichte der Artillerie
Edita S.A., Lausanne

Imperial Japan, A.J. Barker, R. Heiferman, I.V. Hogg
The Rise and Fall of Imperial Japan, Bison Books Corp.,
Grennwich USA 1976

Infanteriegewehr M/71, Gesammelte Schriften
Morion Reprints, Intersico Press AG, Zürich
Buchclub LIDOC International 1981

Literaturnachweis

Infanterie-Gewehr Modell Mauser 98, K. Trotter
  Aus der Fertigung des Infanterie-Gewehrs Modell Mauser 98,
  Otto Elsner Verlagsgesellschaft, Berlin 1937

Infanterie im Angriff und strategische Operation, Emil Sonderegger
  Verlag Huber & Co., Frauenfeld, Leipzig 1929

Infanterie-Präzisionswaffen, Hermann Weygand
  Morion Reprints, Intersico Press AG, Zürich
  Buchclub LIDOC International 1977

Infanteriewaffen Gestern, Reiner Lidschun und Günter Wollert
  Brandenburgisches Verlagshaus 1991

Jagdgewehre, Richard Akehurst
  Erlesene Liebhabereien, Parkland Verlag, Stuttgart

Japan, Jonathan N. Leonard
  Rowohlt Taschenbuchverlag GmbH, Reinbek bei Hamburg 1974

Kampfflugzeuge 1914–1919, Kenneth Munson
  Orell Füssli Verlag, Zürich 1976

Karabiner 98k, Richard D. Law
  Karabiner 98k 1934–1945, Motorbuch Verlag, Verlag Stocker-Schmid

Klassiker der Kriegskunst, Werner Hahlweg
  Wehr und Wissen Verlagsgesellschaft mbH, Darmstadt 1960

Know Your Antitank Rifles, E.J. Hoffschmidt
  Blacksmith Corp. Stanford, Conn.

Konstruktion und Werkstoff der Geschützrohre und Gewehrläufe,
  Prof. Dr. W. Schwinning, VDI-Verlag GmbH, Berlin 1934

Krieg der Panzer, Janusz Piekalkiewicz
  Südwest Verlag, München 1981

Kriege des 20. Jahrhunderts,
  Albatros Verlag AG, Zollikon

Kriegsfeuerwaffen I, Karl von Elgger
    Morion Reprints, Intersico Press AG, Zürich
    Buchclub LIDOC International 1978

Lexikon des Zweiten Weltkrieges, Christian Zentner
    Gustav Lübbe Verlag GmbH, Bergisch Gladbach 1979

Logistik für jedermann, E. Müller
    Gesamtverteidigung und Armee, Band 12,
    Verlag Huber, Frauenfeld 1984

Luftkrieg 1939–1945, Janusz Piekalkiewicz
    Wilhelm Heyne Verlag, München 1982

Meine Kriegserinnerungen, Erich Ludendorff
    Ernst Siegfried Mittler & Sohn, Berlin 1919

Menschen auf der Flucht (Aufbewahren für alle Zeit), Lew Kopelew
    Verlag das Beste aus Reader's Digest AG, 1982

Menschheit und Mutter Erde, Arnold Toynbee
    Die Geschichte der großen Zivilisationen,
    Claasen Verlag GmbH, München 1981

Mistel, Arno Rose
    Die Geschichte der Huckepack-Flugzeuge, Motorbuchverlag, Stuttgart

Mit Gott für König und Vaterland, Georg Ortenburg
    Das preußische Heer 1807–1914,
    C. Bertelsmann Verlag, München 1979

Mit Pulver und Blei, Hans-Dieter Götz
    Goldmann Ratgeber Verlag, München 1972

Montgomery, Alan Moorehead
    Scherz Verlag, Bern 1947

Napoleon, Vincent Cronin
    Bertelsmann Reinhard Mohn OHG, Gütersloh

Literaturnachweis

Napoleons Artillerie, Robert Wilkinson-Latham
   Wehr & Wissen, Bonn 1980

Napoleons Verbündete in Deutschland, Otto von Pivka
   Wehr & Wissen, Bonn 1979

Napoleon und die Grosse Armee in Russland,
   Phillippe Paul Graf von Ségur,
   Carl Schünemann Verlag, Bremen 1965

Panzer
   Illustrierte Geschichte der Kampfwagen, Edita Lausanne

Panzerabwehr, Oberstleutnant Walther Nehring
   Eine Untersuchung über ihre Möglichkeiten,
   Verlag E.S. Mittler & Sohn, Berlin 1936

Panzer und Panzerabwehr, Karl Konrad Steiner
   Verlag Beruf und Wissenschaft, Groppengiesser, Zürich

Perkussionsschlösser, Natale de Beroaldo-Bianchini,
   Morion Reprints, Intersico Press AG, Zürich
   Buchclub LIDOC International 1975

Praktische Sprengstoff und Munitionskunde, Franz Hoffmann
   Wehr und Wissen Verlagsgesellschaft mbH. Darmstadt 1961

Radartechnik, Robert Feller
   Grundlagen und Anwendungen der Radartechnik,
   Fachschriftenverlag Aargauer Tagblatt AG, Aarau 1975

Repetier- und Automatische Handfeuerwaffen, Konrad von Kromar
   Journal Verlag GmbH Schwäbisch Hall, Nachdruck 1976

Riesengeschütze und schwere Brummer einst und jetzt, Rudolf Lusar
   J.F. Lehmanns Verlag, München 1972

Ritter und Rüstungen, Terence Wise
   Wehr & Wissen, Bonn 1980

Rommel, David Irving
   Buchclub Ex Libris, Zürich 1978

Roosevelt, Comton Mackenzie
   Büchergilde Gutenberg, Zürich 1946

Russian Military Power, Air Vice Marshal Steward Menaul
   Bonanza Books, New York 1982

Russland im Krieg, Alexander Werth
   Ex Libris, Zürich 1965

Rüstung und Sicherheit,
   Spektrum der Wissenschaft Verlagsgesellschaft mbH & Co.,
   Heidelberg 1985

Rüstungen und Kriegsgerät der Ritter und Landsknechte,
   L. & F. Funcken, Mosaik Verlag GmbH, München 1980

Schiffe, Edward V. Lewis, Robert O'Brien
   Time Life International 1967

Schlachten die Geschichte machten, Fletscher Pratt
   Econ Verlag, Wien, Düsseldorf 1965

Schöne alte Waffen und Rüstungen, Vigo von Michaelis
   Die kunstvollsten Waffen des Abend- und Morgenlandes in über 100
   Abbildungen, Gondrom Verlag, Bayreuth 1979

Schweizer Kriegsgeschichte,
   Benteli AG, Bümpliz Bern 1915

Schweiz im Krieg 1933–1945, Werner Rings
   Ein Bericht, Verlag Ex Libris, Zürich 1974

Schweizer Pioniere der Wirtschaft und Technik,
   Verein für Wirtschaftshistorische Studien, Zürich 1973

Literaturnachweis

<u>Schweizer Waffenschmiede</u>, Hugo Schneider
Schweizer Waffenschmiede vom 15. bis 20. Jahrhundert,
Orell Füssli Verlag 1976

<u>Schweizer Schlachten</u>, Hans Rudolf Kurz
Francke Verlag, Bern 1962

<u>Seemacht</u>, E.B. Potter, Ch. W. Nimitz, J. Rohwer
Von der Antike bis zur Gegenwart,
Manfred Pawlak Verlagsgesellschaft mbH, Herrsching 1982

<u>Sie starben in den Stiefeln</u>, Dietmar Kügler
Revolvermänner des wilden Westens,
Gondrom Verlag GmbH, Bindlach 1995

<u>Skagerrak 1916</u>, John Costello Terry Hughes
Wilhelm Heyne Verlag, München 1981

<u>So entstand die Gegenwart</u>, Lorenz Stucki
Weltgeschichte von Versailles bis heute, Verlag Ex Libris, Zürich 1971

<u>Soldaten im Feuer</u>, S.L.A. Marshall
Verlag Huber & Co., Frauenfeld 1951

<u>Soldatenpflicht</u>, K.K. Rokossowski
Militärverlag DDR 1968

<u>So lebten die Völker der Urzeit</u>, Ivar Lissner
dtv 1979

<u>Stalingrad</u>, Heinz Schröter
Eduard Kaiser Verlag

<u>Strategie</u>, B.H. Liddel Hart
Rheinische Verlags-Anstalt, Wiesbaden

<u>Strategie gestern heute morgen</u>, Urs Schwarz
Die Entwicklung des politisch militärischen Denkens in Amerika
Econ Verlag, Düsseldorf, Wien 1965

Taschenbuch der Tanks, Fritz Heigl
J.F. Lehmanns Verlag, München 1930

Taschenbuch für Artilleristen, Wilhelm Speisebecher
Wehr & Wissen, Koblenz 1977

Taschenbuch für Logistik, Johannes Gerber
Wehr & Wissen Verlagsgesellschaft mbH, Koblenz 1977

Technik des Kriegswesens, Paul Hinneberg
Verlag B.G. Teubner, Leipzig 1913

Technologie, Strategie und Politik, Michael Salewski
Militärgeschichtliches Beiheft Nr. 2,
Verlag E.S. Mittler & Sohn, Herford und Bonn 1987

Todesstrafe, Karl Bruno Leder
Ursprung, Geschichte, Opfer
Meyster Verlag GmbH, Wien, München 1980

Uniformi, Frederick Wilkinson
Arnoldo Mondadori, Milano 1978

Unsere Welt ist die Erde
Hösch AG, Dortmund, Jahresgabe 1992

Unser Heer
Verlag Herbert St. Führlinger, Wien 1963

Unser Jahrhundert im Bild
Bertelsmann Lexikon Verlag 1964

Unternehmen Barbarossa, Paul Carell
Verlag Ullstein GmbH 1963

Unterseebootsbau, Ulrich Gabler
Wehr und Wissen Verlagsgesellschaft m.b.H., Darmstadt

Verwundetentransport gestern und heute, Karl-Wilhelm Wedel
Bernard & Graefe Verlag, Koblenz 1984

Literaturnachweis

Vom Eingreifen Amerikas bis zum Zusammenbruch, Karl Helfferich
    Ullstein Verlag & Co, Berlin 1919

Vom Einzelschuss zur Feuerwalze, Hans Linnenkohl
    Bernard & Graefe Verlag, Bonn 1996

Vom Kriege, Carl von Clausewitz
    Weltbild Verlag GmbH, Augsburg 1990

Vom Kriegswesen im 19. Jahrhundert, Otto von Sothen
    Verlag B.G. Teubner, Leipzig 1904

Waffen auf See, Peter Padfield, Delius Klasing
    Verlag Delius, Klasing & Co., Bielefeld 1973

Waffen und Rüstungen, Paul Martin
    Waffen und Rüstungen von Karl dem Großen bis zu Ludwig XIV.,
    Office du Livre, Fribourg 1967

Waffen und Rüstungen, Vesey Norman
    Parkland Verlag, Stuttgart

Waffenlehre, Major Heinz Dathan
    Verlag WEU, Bonn

Waffenlehre, Anton Korzen und Rudolf Kühn
    Gebirgsgeschütze, Kommissions-Verlag L.W. Seidel & Sohn, Wien

Wallenstein, Golo Mann
    Fischer Verlag GmbH, Frankfurt am Main 1971

Weapons of World War II, Major General G.M. Barnes
    D. Van Nostrand Company, Inc., New York 1947

Weltreich der Cäsaren, Theodor Mommsen
    Phaidon Verlag 1955

Wörterbuch zur deutschen Militärgeschichte, R. Brühl
    Militärverlag der DDR, Berlin 1985

<u>Zur Geschichte der Sprengstoffe und des Pulvers</u>, Dr. V. Muthesius
Westfälisch Anhaltische Sprengstoff-AG Chemische Fabriken,
Berlin 1941

<u>Zwingli</u>, Sigmund Widmer
Theologischer Verlag, Zürich, Sonderausgabe 1984

Der Autor

Adolf Kellenberger, geboren 1940, lebt in Bassersdorf in der Schweiz. Während seiner langjährigen Berufstätigkeit arbeitete er unter anderem über zwei Jahrzehnte in leitender Stellung in einem bekannten schweizerischen Rüstungsbetrieb. Dort hatte Kellenberger Gelegenheit, sich in die Entwicklung, Erprobung und Qualitätssicherung der Waffenanlage des 35 mm Flakpanzers „Gepard" einzubringen. Der Experte publizierte diverse Artikel in Waffen-Fachzeitschriften, ist u. a. Co-Autor des *Oerlikon Taschenbuches* und leistete den 26-seitigen Beitrag *Karl May – Seine Waffen, der Henrystutzen und der Versuch, Unmögliches möglich zu machen*, veröffentlicht in einem Almanach mit dem Titel *Karl-May-Welten V*, erschienen im Karl-May-Verlag.